制冷技术与工程应用

金 文 杜 鹃 主编
吕砚昭 主审

化学工业出版社
·北京·

本书共分为 11 章,以空气调节系统中普遍采用的冷源设备——蒸气压缩式制冷装置为主进行阐述,主要内容包括蒸气压缩式制冷原理、制冷剂、载冷剂和润滑油、制冷压缩机等制冷设备、制冷系统、制冷机组、水系统、空调制冷站设计、吸收式制冷、热泵和蓄冷技术等。

本书充实并强化了空调冷冻站工程设计实例的内容,突出理论与工程实践的有机结合,并着意反映该领域的最新技术进展。

本书可作为高等院校建筑环境与能源应用工程等相关专业的教材,也可供相关专业工程技术人员参考与自学使用。

图书在版编目(CIP)数据

制冷技术与工程应用/金文,杜鹃主编. —北京:化学工业出版社,2019.2(2025.1重印)
ISBN 978-7-122-33453-4

Ⅰ.①制… Ⅱ.①金… ②杜… Ⅲ.①制冷技术
Ⅳ.①TB66

中国版本图书馆 CIP 数据核字(2018)第 286470 号

责任编辑:高 钰　　　　　　　　　　　　　文字编辑:陈 喆
责任校对:杜杏然　　　　　　　　　　　　　装帧设计:刘丽华

出版发行:化学工业出版社(北京市东城区青年湖南街 13 号　邮政编码 100011)
印　　装:涿州市般润文化传播有限公司
787mm×1092mm　1/16　印张 18　字数 443 千字　2025 年 1 月北京第 1 版第 7 次印刷

购书咨询:010-64518888　　售后服务:010-64518899
网　　址:http://www.cip.com.cn
凡购买本书,如有缺损质量问题,本社销售中心负责调换。

定　　价:68.00 元　　　　　　　　　　　　　　　　　版权所有　违者必究

前言

本书是根据建筑环境与能源应用工程专业的课程教学要求，结合多年的教学经验和工程实践编写的。

本书介绍了蒸气压缩式制冷原理、制冷剂、载冷剂和润滑油、制冷压缩机等制冷设备、制冷系统、制冷机组、水系统、空调制冷站设计、吸收式制冷、热泵和蓄冷技术等内容，并附有多个工程设计实例，突出理论与工程实践的有机结合。

本书在编写过程中，编写人员结合高等学校建环专业本科指导性专业规范的指导意见，多次组织对本书的大纲及内容进行研讨，参考了相关专业书籍，并虚心听取了设计院、施工企业的技术专家和制冷系统运行管理一线技术人员的意见和建议，力求严谨、实用，遵循理论与实践相结合的原则，突出对学生工程实践能力的培养，内容上深入浅出，符合认知规律。

本书由不同高校中多年从事制冷技术课程教学的老师和设计院的暖通设计师共同编写，主编为金文教授和杜鹃副教授（分别是"制冷技术"国家级精品资源共享课程的负责人和主讲教师）。各章节具体编写情况为：绪论和第 11 章由长安大学宋慧编写，第 1 章由西安航空学院金文编写，第 2 章和第 5 章由西安科技大学张进编写，第 3 章和第 6 章（6.1、6.2 和 6.3）由西安航空学院王巧宁编写，第 4 章和第 6 章（6.4）由西安航空学院卢攀编写，第 7 章、第 8 章和第 9 章（9.1、9.2 和 9.3）由西安航空学院杜鹃编写，第 9 章（9.4）由西安市建筑设计研究院姚琳编写，第 10 章由西安工程大学文力编写。

本书的内容已制作成用于多媒体教学的 PPT 课件，并将免费提供给采用本书作为教材的院校使用。如有需要，请发电子邮件至 cipedu@163.com 获取，或登录 www.cipedu.com.cn 免费下载。

本书由金文、杜鹃主编，吕砚昭主审。本书在编写过程中得到了西安市建筑设计研究院暖通总工程师吕砚昭教授级高工的大力支持和帮助。吕砚昭教授级高工对本书进行了细致的审阅，提出了宝贵的修改意见和建议，在此表示衷心的感谢。

本书在编写过程中参考了相关的教材、专著、论文、规范和图集，在此一并表示衷心的感谢。由于编者水平有限，时间仓促，书中难免有不足之处，恳请专家和使用本书的读者批评指正。

编　者

2018 年 10 月

目录

绪　论

0.1　制冷的概念

通俗地说，制冷就是研究如何制备低温并维持这个低温的一门科学技术。为了获得低温，通常有两种方法：一种是利用自然界存在的天然冷源，另一种就是利用制冷技术制备的人工冷源。天然冷源主要是指冬天储存下来的冰和夏季使用的深井水，天然冷源价格低廉，不需要复杂的工艺技术设备等，但它受到时间、地区和气候等的影响，且只能用于温度要求不是很低的空调和少量食品的短期储存。要想获得较低温度且能维持住这个低温，必须采用人工制冷的方式来实现。

所谓人工制冷，是借助一种专门的制冷装置，以消耗一定量的外界能量为代价，使热量从温度较低的被冷却物体或空间转移到温度较高的周围环境中，以获取和维持低于环境温度的低温的技术。这种专门装置称为制冷装置或制冷机。由于热量总是自发地从高温物体向低温物体传递，因此制冷必须消耗外界的能量为代价才能得以实现，所消耗的能量形式可以是机械能、电能、热能、太阳能等形式。制冷机中的流动工质为制冷剂，制冷剂在制冷机中循环流动，实现从低温物体吸收热量，并释放到高温物体中去。

0.2　制冷技术的应用

制冷最早是用来保存食物和降低房间温度的，随着科学技术与社会文明的发展，制冷技术的应用几乎渗透到工业、农业、建筑、医疗、国防等各个科学领域。

(1) 空气调节

空调工程是制冷技术应用最为广泛的领域。所有的空调系统都需要冷源，需要利用制冷装置来控制空气的温度、湿度在一个合理的范围内。空气调节根据使用场合的不同，可以分为舒适性空调和工艺性空调。舒适性空调主要是满足人们工作和生活对室内温度、湿度、新鲜空气等的要求，为室内人员创造舒适健康环境的空调系统。工艺性空调是为生产工艺过程或设备运行创造必要环境条件的空调系统，主要是满足生产工艺过程对室内环境的温度、湿度、洁净度等的要求。

(2) 食品的加工和冷藏

在食品工业中应用制冷技术的场合很多。生产和加工乳制品、奶酪和其他一些饮品时，制冷是必不可少的。还有一些易腐食品，如肉类、海鲜类食品、部分水果蔬菜从加工到生产、储存、运输与销售的各个环节，均需要保持必要的低温环境，以避免食物变质。

(3) 医疗卫生

一些医疗手术，如心脏、肿瘤的切除以及低温麻醉等，都需要制冷技术提供低温环境，还有一些药物、血浆、疫苗以及特殊药品、器官或尸体的冷藏等均需要低温保存。

(4) 工业生产

工业的许多生产过程都需要在低温下进行，比如石油脱蜡、天然气液化、石油裂解以及合成纤维和化肥的生产等均需要在低温环境下进行。在材料回收方面，目前低温技术是回收钢结构轮胎中橡胶的唯一有效的方法，采用的是低温粉碎技术（利用材料在低温状态下的冷脆性能，对物料进行粉碎）。

(5) 国防工业与科学研究

高寒地区的汽车、坦克发动机等需要做环境模拟实验，火箭、航天器也需要在模拟高空的低温条件下进行实验，超导体的应用、半导体激光、红外线探测等都需要人工制冷技术。

除此之外，制冷技术在农业、生物技术、建筑工程、冰上运动、新型材料、微电子技术等领域也起着十分重要的作用。

0.3　制冷技术的发展及分类

最初，人们有计划地储存和应用天然冰用于夏季的食品冷藏和防暑降温。14 世纪后，开始使用冰和氯化钠的混合物冻藏食品。16 世纪，出现水蒸发冷却空气。1748 年，柯伦证明乙醚在真空下蒸发会产生制冷效应。1834 年，美国成功研制第一台乙醚制冷机。1856 年，以 CO_2、SO_2、NH_3 为制冷剂的压缩式制冷机问世。1875 年，以氨做制冷剂的制冷机大大减小了制冷设备的体积，这使得压缩式制冷机在制冷装置的生产和应用中占了统治地位。1929 年，通用公司发现了氟利昂，氟利昂的出现极大地推动制冷装置的发展，为制冷技术带来了新的变革，制冷技术迅速发展。直至 20 世纪 70 年代以后，随着科学技术的发展，特别是计算机、新型材料等的迅速发展，人们对食品、舒适和健康方面的需求，以及在空间技术、国防建设和科学实验方面的需要，使得民用和工艺性空调所需求的制冷量飞速增长。制冷空调技术已经成为造福人类、开创未来不可或缺的技术。

制冷技术领域非常广，涵盖了制冷技术与设备、人工环境、冷藏与冻结以及一些低温行业等。制冷技术根据制冷温度的不同，大致可以分为三类：一类是普通制冷，其制冷温度高于−120℃；第二类是深度制冷，其制冷温度介于−120℃和 20K 之间；第三类为低温和超低温制冷，其制冷温度位于 20K 以下。空气调节用制冷技术属于普通制冷的范畴。

0.4　人工制冷的方法

在制冷技术中，人工制冷方法很多，目前广泛使用的制冷方法有以下几种。

(1) 相变制冷

物质有三态：固态、液态、气态。物质的状态发生改变称为相变。相变过程中，由于物质分子重新排列和分子热运动速度的改变，会吸收或放出热量，这种热量称为潜热。一般固体融化为液体、固体升华为气体、液体汽化为气体都要产生吸热效应。

所谓相变制冷就是利用物质在一定的低温下相变吸热来制冷。有制冷效应的相变过程有熔解、汽化和升华，其中广泛应用的是液体汽化制冷，它常见的应用形式有四种：蒸气压缩式制冷、吸收式制冷、吸附式制冷和蒸汽喷射式制冷。在空气调节用制冷技术中，蒸气压缩式制冷和吸收式制冷应用最为广泛。

1）蒸气压缩式制冷

在普通制冷温度范围内，蒸气压缩式制冷是应用最为广泛的制冷系统，它属于液体汽化相变制冷，以消耗一定的电能或机械能为代价实现热量由低温物体向高温物体的转移。系统流程图如图0-1所示，蒸气压缩式制冷系统由蒸发器、压缩机、冷凝器、膨胀阀4个基本部件构成，通过制冷剂管道将它们连接为一个系统。

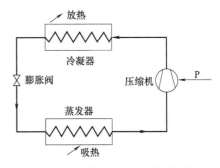

图 0-1　蒸气压缩式制冷系统流程图

其工作过程为：低温低压的制冷剂液体在蒸发器内吸收被冷却物体的热量（制备冷量）汽化为低温低压的制冷剂蒸气，被压缩机吸入、压缩为高温高压的制冷剂蒸气，进入到冷凝器，将热量释放给冷却介质水或空气后，高温高压的制冷剂蒸气冷凝为高温高压的制冷剂液体，再进入膨胀阀节流降压为低温低压的制冷剂液体，之后又进入到蒸发器吸收被冷却物体的热量实现制冷，如此循环往复。

2）吸收式制冷

在普通的制冷温度范围内，吸收式制冷的应用也比较广泛。吸收式制冷也是利用制冷剂液体在低温下吸热汽化来实现制冷，与蒸气压缩式不同的是消耗热能而非机械能。吸收式制冷的工作与原理如图0-2所示，系统主要由四个热交换设备组成，即发生器、冷凝器、蒸发器和吸收器组成，它们组成两个循环：制冷剂循环和吸收剂循环。

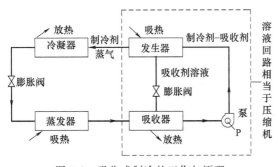

图 0-2　吸收式制冷的工作与原理

其工作过程为：图0-2左半部分所示的为制冷剂循环，蒸发器内的制冷剂吸收了被冷却物体的热量变成制冷剂蒸气，被吸收器内的吸收剂吸收后，由溶液泵输送至发生器，在发生器内吸收外界的热量，制冷剂从制冷剂-吸收剂溶液中分离出来进入到冷凝器，在冷凝器中向环境介质放热，冷凝为高压常温液体后，经节流装置节流成低温低压的气-液混合物进入蒸发器，在蒸发器中吸收被冷却物体的热量，汽化成低温低压的制冷剂蒸气，如此循环往复。图0-2所示的右半部分为吸收剂循环（图中虚线部分），属正循环，主要有吸收器、发生器和溶液泵组成。吸收器中的液体吸收剂不断吸收蒸发器中产生的低压制冷剂蒸气，以达到维持蒸发器内低压的目的。吸收剂吸收制冷剂蒸气后形成的制冷剂-吸收剂溶液，经溶液泵升压后进入发生器。在发生器中，该溶液吸收外界供给的热量后被加热、沸腾，其中低沸点的制冷剂汽化形成高压气态制冷剂，与吸收剂分离进入冷凝器，浓缩后的吸收剂溶液经降压后返回吸收器，再次吸收来自蒸发器的低温低压的制冷剂蒸气。整个吸收剂循环相当于蒸气压缩式制冷循环中的制冷压缩机。

3）蒸汽喷射式制冷

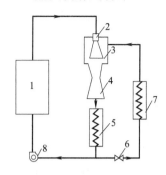

图 0-3 蒸汽喷射式制冷系统图
1—锅炉；2—喷嘴；3—混合室；
4—扩压器；5—冷凝器；6—膨胀阀；
7—蒸发器；8—循环泵

蒸汽喷射式制冷和吸收式制冷相同，都是通过消耗一定的热能、利用液体汽化时吸收热量来实现制冷。蒸汽喷射式制冷系统图如图 0-3 所示，系统主要由喷射器、冷凝器、蒸发器、节流阀、锅炉及泵几部分组成，其中喷射器由喷嘴、混合室和扩压器三部分组成。

工作过程：用锅炉产生高温高压的工作蒸汽，将其送入喷嘴，膨胀并高速流动（流速可达 1000m/s 以上），于是在喷嘴出口处，造成很低的压力，由于混合室和蒸发器相连，所以蒸发器中的压力也会很低，低温低压的部分水吸热汽化，将未汽化的水温度降低，这部分低温水用来制冷，蒸发器中产生的制冷剂水蒸气和工作蒸汽在喷嘴出口处混合，一起进入扩压器，在扩压器中，流速降低压力升高后进入冷凝器，被外部的冷却水冷却而变成液态冷凝水再经冷凝器分两路流出，一路经节流降压后进蒸发器，继续蒸发制冷，另一路经泵升压后回锅炉，重新生产工作蒸汽。

蒸汽喷射式制冷的特点：可以利用余热、废热，结构简单，加工方便，没有运动部件，使用寿命长，但它对工作蒸汽的要求较高，喷射器（包括喷嘴、混合室和扩压器）的流动损失大，效率比较低。

4）吸附式制冷

吸附式制冷和吸收式制冷相同，都是通过消耗一定的热能、利用液体汽化时吸收热量来实现制冷，其系统图如图 0-4 所示。吸附式制冷系统由吸附器、蒸发器、冷凝器以及膨胀阀等几部分组成。

工作过程：首先是利用固体吸附剂对某种制冷剂有吸附作用，吸附能力与吸附温度有关。固体吸附剂受热，吸附床内压力不断上升，上升到冷凝压力开始解析出制冷剂，并在冷凝器里冷凝为液体，节流降压后进入蒸发器。同时，当固体吸附剂冷却后，吸附床内压力下降，下降到低于蒸发压力时开始吸附制冷剂蒸气，蒸发器中的制冷剂吸热汽化产生冷量，实现制冷过程。

从工作过程可以看出，由加热、解吸、冷凝与冷却、吸附、蒸发交替进行，它是一种间歇式制冷。要实现连续制冷输出，就必须采用两台或多台吸附器，通过多台吸附器加热/冷却运行状态的切换，实现连续供冷。

目前，比较成熟的工质对有：活性炭-甲醇、沸石-水、活性炭-氨、硅胶-水、金属氢化物-氢、氯化钙-氨以及氯化锶-氨等，目前应该用最广泛的是活性炭-甲醇。

吸附式制冷的特点：吸附式制冷可以以太阳能、工业余热等低品位能源作为驱动力，采用非氟氯烃类物质为制冷剂，系统中运动部件少，有节能、环保、结构简单、无噪声、运行稳定等优点，但是系统循环周期太长、制冷量相对较小、COP 有待进一步提高。

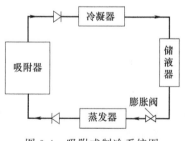

图 0-4 吸附式制冷系统图

（2）热电制冷

热电制冷的机理完全不同于蒸气压缩式制冷、吸收式制冷。热电制冷利用的是温差电效应（珀尔帖效应）的原理来实现制冷的。

1834 年法国物理学家珀尔帖在铜丝的两头各接一根铋丝，在将两根铋丝分别接到直流电源的正、负极上，通电后，发现一个接头变热，另一个接头变冷，这说明两种不同材料组成的电回路在有直流电通过时，两个接头处分别发生了吸、放热现象，这就是珀尔帖效应。它就是热电制冷的依据。

珀尔帖效应的大小主要取决于两种材料的热电性。纯金属的导电性好、导热性好，其金属电偶回路产生的珀尔帖效应也很小，制冷效率不到 1%。半导体材料内部结构的特点，决定了它产生的温差电效应要比其他金属更加显著，所以热电制冷都采用半导体材料，故热电制冷也称为半导体制冷。其原理图如图 0-5 所示，它由金属片 Ⅰ、Ⅱ、Ⅲ 和导线将 P 型半导体和 N 型半导体连接成一个回路，回路由低压直流电源供电。当电流经金属片 Ⅰ 进入 N 型半导体时，在连接处就会放出热量，形成热端；当电流由 N 型半导体进入金属片 Ⅲ 时，连接处就会吸收热量，形成冷

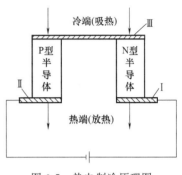

图 0-5　热电制冷原理图

端；当电流由金属片进入到 P 型半导体时，在与金属片 Ⅱ 的连接处会放出热量，形成热端。

热电制冷是靠 P 型半导体中的空穴和 N 型半导体中的电子在运动中直接传递能量来实现的，不需要制冷剂来实现能量的转移。热电制冷没有压缩机、没有机械装置，工作时无噪声、无污染，设备尺寸小、重量轻、启动快、使用灵活；但是热电制冷用的半导体材料价格高、耗电多、效率低，因此不适合在大规模的用冷场合。

（3）气体膨胀制冷

气体膨胀制冷是人工制冷方法中发明最早的方法之一，是利用高压气体的绝热膨胀来达到低温，并利用膨胀后的气体在低压下的复热过程来制冷，其原理如图 0-6 所示。气体膨胀制冷系统由制冷换热器、压缩机、冷却器以及膨胀机四部分组成。

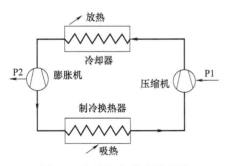

图 0-6　气体膨胀制冷原理图

工作过程：低温低压的空气或制冷剂在制冷换热器中低压吸热升温后进入压缩机，被绝热压缩升温升压，然后进入冷却器冷却到常温（将热量释放给环境介质水或空气）后进入膨胀机，在膨胀机内进行绝热膨胀，降温降压后进入制冷换热器内继续吸收被冷却物体的热量（实现制冷），温度升高后又被吸入到压缩机进行新的循环。

常用的制冷工质为空气、二氧化碳、氮气等。

（4）涡流管制冷

涡流管制冷与蒸气压缩式制冷、吸收式制冷的制冷机理完全不同。它是一种借助涡流管的作用使高速气流产生漩涡分离出冷、热两股气流，利用冷气流而获得制冷的方法。涡流管主要由喷嘴、涡流室、冷端管、热端管、热端控制阀以及压缩气体等组成，其工作原理如图 0-7 所示。压缩气体进入涡流管后，在喷嘴中膨胀减压增速，从切线方向射向涡流室，在涡流室中高速旋转，形成自由涡流，经过自由涡流

层与层之间的动能和热量交换，产生能量分离效应，分离成温度不同的两部分气流。中心部分的气流温度较低，外层部分的气流温度较高。高温流体经过热端控制阀的边缘部分流出，低温流体碰撞热端控制阀中心部位后返流至涡流室冷孔板中心孔流出，可以同时获得制冷和制热两种效应。通过调节热端控制阀的开度可以调节冷、热气流的比例，可以得到最佳制冷效应或最佳制热效应。

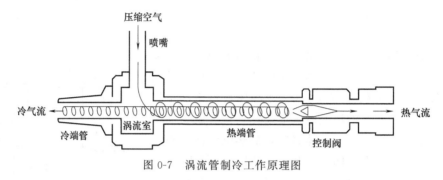

图 0-7   涡流管制冷工作原理图

涡流管制冷无运动部件、启动快、轻巧、方便携带，不需要用电、制冷剂等，但是涡流管制冷效率较低、噪声较大，适用于有高压气源或可以廉价获得高压气体的场合。

0.5   制冷的发展趋势

(1) 环保

臭氧层的破坏和全球气候变暖是当今世界所面临的主要环保问题。由于制冷装置广泛采用的制冷剂 HCFC（据研究表明氟利昂中的一个氯原子可以破坏约一万个 O_3 分子）使平流层中 O_3 浓度大幅度减少，让太阳产生的到达地球表面的紫外线大大增加，对人类的健康以及地球的生态环境产生了非常不利的影响。1992 年通过了《蒙特利尔议定书哥本哈根修正案》，议案规定：1995 年年底停止使用 CFCs（氯氟烃）物质，发达国家于 2030 年完全停止消费 HCFCs（氢氯氟烃）物质，2040 年完全停止消费 HCFCs。目前我国的空调、制冷机组、热泵以及其他制冷装置中的制冷剂主要是 R22 和 R134a。基于环保的需要，研究主要集中在新型制冷剂的研发以及与新型制冷剂有关的新技术、新设备、新材料和新的制冷理论和实践两方面。

当前对新型制冷剂的发展趋势主要是 HFC（氢氟烃）和自然工质。在 HFC 的研究中，作为 R22 替代物的 R407C、R401A 以及一些共沸制冷剂都有一定量的使用，这些制冷剂在满足特定需要的同时，也有一定的节能效果。但 HFC 虽然解决了臭氧层问题，可其产生的温室效应不容忽视。从与环境的相容性来说，自然工质是最好的替代物，如 NH_3、CO_2 等，如果能解决其与润滑油、材料的相容性、能效等问题，自然工质是最完美的选择。当然在研发新型制冷剂时还应考虑其他环境因素，如设计出的新型制冷剂是否会在一定条件下发生分解等产生一些潜在危险（如毒性或形成酸雨）。

除了新型制冷剂以及相关新技术新设备等的研究外，新的制冷技术也有突破，代表性的有热声制冷和磁制冷研究。它们与传统的蒸气压缩式制冷相比具有很大的优势：它们无需使用传统的制冷剂，不会导致臭氧层的破坏和温室效应，无需往复运转的设备以及密封、润滑等构件，寿命大大延长。其中热声制冷在红外传感、雷达、计算机芯片以及其他低温电子器件的降温中已有应用；磁制冷在卫星、宇宙飞船等航天器中有应用；高温磁制冷还在进一步的研究中。

（2）节能

随着我国经济发展的突飞猛进，用能需求也迅猛增长，同时节能减排指标迅速提高，使得新能源有了巨大的发展空间。建筑能耗占社会总耗能的 20%～30%，其中冷热源设备及系统占建筑能耗的 60%左右。可见，在国家大力提倡节能与能源合理利用、推行清洁能源工程、鼓励开发可再生能源的前提下，冷热源系统的节能对于建筑节能起着举足轻重的作用。

节能，一方面是减少各种损失，改善各种设备的效率；另一方面是提高各种低位能源的品位来达到节能的目的。目前制冷节能新技术中发展迅速的有热泵技术和冰蓄冷技术。

热泵是备受全世界关注的新能源技术。它是一种将低位热源的热能转移到高位热源的装置。热泵通常从自然界的空气、土壤或水中获取低位热能，再以消耗一定的功为代价，可以为热用户提供可利用的高品位热能。热泵技术不断创新，发展十分迅速，在空调领域应用越来越广泛。

冰蓄冷利用夜间电网低谷期制冰将冷量储存在蓄冰装置中，白天电网高峰时段再将蓄冰装置中的冰融化释放冷量来满足空调负荷需求。冰蓄冷对于电网来说，实现削峰填谷，平衡电力负荷、改变发电机组效率；对于制冷机组而言，可以改善制冷机组运行效率以及减少系统的装机容量。业内人士普遍认为，蓄冷空调是节能、节约投资的最佳技术之一。

（3）智能化

制冷系统是一个封闭系统，要求有很好的密闭性。为了保障制冷设备的正常运转，并达到所有要求（如空调系统负荷运行工况多、干扰因素较多、温湿度相关联等），需要把控制温度、压力、流量、湿度等许多热工参数的一些热工仪表、调节元件等组合起来，形成一个控制系统。通过控制系统可以对制冷系统各设备参数进行及时的检测、调节，一个综合节能控制的制冷空调系统节能效果会更加客观。

随着计算机技术的不断发展，整个制冷系统都在向全自动化方向发展。对制冷装置有关参数的最佳综合调节、实现系统整体节能等是制冷系统的必然趋势。

思考与练习

1. 什么叫制冷？实现制冷由哪两种途径？
2. 什么叫人工制冷？人工制冷有哪些方法？最常用的是什么方法？
3. 根据制冷温度的不同，制冷技术分为哪几类？
4. 制冷目前在人类社会中有哪些应用？
5. 制冷技术的发展趋势是什么？

第①章

单级蒸气压缩式制冷原理

目标要求：

① 理解蒸气压缩式制冷系统的基本组成及各部分功能；

② 熟悉单级蒸气压缩式制冷循环的经济性评价指标及影响因素；

③ 掌握单级蒸气压缩式制冷热力学基础以及理想制冷循环、理论制冷循环、实际制冷循环特点和工程应用方法；

④ 熟练应用压焓图对单级蒸气压缩式制冷循环进行热力计算。

制冷是指用人工的方法将被冷却对象的热量转移到周围环境介质，使得被冷却对象达到比环境介质更低的温度，并在所需的时间内维持这个低温。制冷与冷却都是一个降温过程，但冷却是热量从高温对象传向低温对象的过程，是一个自发的过程；而制冷是将热量从低温对象传给高温对象，是一个非自发的过程，需要使用一定的设备，消耗外界能量作为补偿。同时，热量的转移需要一种能够携带热量的工作物质来完成，这种工作物质在制冷系统中称为制冷剂。制冷就是通过制冷剂热力状态不断发生变化来完成的。

蒸气压缩式制冷是利用制冷剂液体在汽化过程中从周围介质（被冷却物）吸收热量（汽化潜热）而产生冷效应来实现的。我们知道，液体工质在不同压力下其饱和温度（沸点）不同，液体压力越低，对应的饱和温度越低，因此只要创造一定的低压条件，就可以利用液体汽化的方法获取所要求的低温。

1.1 蒸气压缩式制冷的基本原理

1.1.1 制冷的热力学基础

(1) 热力学定律

在制冷系统中，能量的相互转移与转换需要通过制冷剂吸热或放热、膨胀或压缩等变化来完成，因此制冷的理论基础就是研究能量相互转换过程中所应遵循的科学规律，即热力学。热力学是从宏观角度研究物质的热运动性质及其规律的学科，主要是从能量转化的观点来研究物质的热性质，它揭示了能量从一种形式转换为另一种形式时遵从的宏观规律，总结了物质的宏观现象而得到的热力学理论，它研究系统在整体上表现出来的热现象及其变化发展所必须遵循的基本规律，其主要内容为热力学第一定律和热力学第二定律。

热力学第一定律是普遍的能量守恒和转化定律在一切涉及宏观热现象过程中的具体表现。热力学第一定律确认，在任何发生能量转换的热力过程中，转换前后能量的总量维持恒定，即制冷系统从周围介质吸收的热量、对工作介质所做的功和系统内能增量之间在数量上守恒。热力学第一定律仅指出能量转换在数量上的关系，然而遵循热力学第一定律的过程却未必能实现，还需同时遵循热力学第二定律，热力学第二定律揭示了能量交换和转换的条件、深度和方向。

热力学第二定律是限定实际热力学过程发生方向的热力学规律。它证实熵增原理成立，也就是说，热力学第二定律要求孤立系统中发生的过程沿着熵增加的方向进行，即达到平衡态的热力学系统的熵最大。热力学第一定律和热力学第二定律一起，构成了热力学理论的基础，它阐述了热量传递是不可逆的，热量总是自发地从高温物体传递到低温物体，而相反的过程是不可能自发地进行的，即不可能把热量从低温物体传递到高温物体而不产生其他影响。所以，热力学第一定律告诉我们热量是可以转移的，热力学第二定律告诉我们热量在什么条件下可以朝着什么方向转移。并且，由热力学第二定律引出的卡诺定理指出了提高制冷机经济性的方向和限度。

(2) 压焓图

制冷技术是利用热力学定律分析研究制冷过程中各种能量的转换关系，为了对制冷过程做定性定量分析计算，对制冷系统进行设计和优化，这就需要借助一种分析工具，帮助我们研究整个制冷循环，直观地表述制冷循环中各过程状态变化及其过程特点，这个工具就是制冷剂的压焓图和温熵图，这些制冷剂的热力状态图不仅可以对制冷循环进行分析和计算，而且还能使问题解决得到简化。

压焓图的结构如图 1-1 所示。以绝对压力为纵坐标（为了缩小图面，使低压部分表示清楚，通常采用对数坐标，即 $\lg p$），以比焓值为横坐标，即 h。图上可以表示出一点、二线、三区域、五种状态、六条等值参数线。

"一点"为临界点 K；

"二线"是以 K 点为界，K 点左边为饱和液体线（称下界线）；右边为干饱和蒸气线（称上界线）；

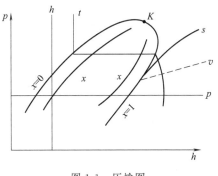

图 1-1 压焓图

"三区"是利用临界点 K 和上、下界线将图分成三个区域，下界线以左为过冷液体区；上界线以右为过热蒸气区；二者之间为湿蒸气区（即两相区），制冷剂在该区域内处于气、液混合状态；

"五种状态"包括过冷液体区内制冷剂液体状态；上界线上的饱和制冷剂液体状态；两相区中制冷剂湿蒸气状态；下界线上的饱和制冷剂气体状态；过热蒸气区内制冷剂气体状态；

"六条等值参数线"簇分别为：

① 等压线——水平线。其大小从下向上逐渐增大。

② 等焓线——垂直线。其大小从左向右逐渐增大。

③ 等温线——液体区几乎为垂直线，湿蒸气区与等压线重合为水平线，过热区为向右

下方弯曲的倾斜线。其大小从下向上逐渐增大。

④ 等熵线——向右上方倾斜，且倾角较大的实线。注意等熵线不是一组平行线，越向右走，等熵线越平坦，其值变化越大。其大小从上向下逐渐增大。

⑤ 等容线——向右上方倾斜，但比等熵线平坦的虚线。其大小从上向下逐渐增大。

⑥ 等干度线——只在湿蒸气区域内，下界线为干度 $x=0$ 的等值线；上界线为干度 $x=1$ 的等值线；湿蒸气区域内等干度线方向大致与饱和液体线或饱和蒸气线相近。其大小从左向右逐渐增大。

压焓图是进行制冷循环分析和计算的重要工具，应熟练掌握和应用。本书附录中列出了几种常用制冷剂的压焓图。

(3) 温熵图

温熵图结构如图1-2所示。它以熵为横坐标，温度为纵坐标。一点、二线、三区域、六条等值参数线如图1-2所示。

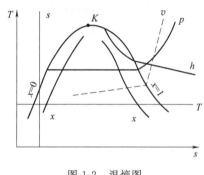

图1-2 温熵图

图中临界点 K 的左边实线为饱和液体线，右边实线为饱和蒸气线；这两条线将温熵图划分为三个区域，饱和液体线以左为过冷液体区，饱和蒸气线以右为过热蒸气区，两线之间为湿蒸气两相区；在两线和三区上分别表示制冷剂的五种状态，即过冷液体区内制冷剂液体状态，饱和液体线上的制冷剂饱和液体状态，湿蒸气区中制冷剂气液混合状态；饱和蒸气线上的制冷剂饱和气体状态；过热蒸气区内制冷剂气体状态；制冷剂的状态由其状态参数表示：

① 温度——等温线为水平实线。

② 比熵——等熵线为垂直实线。

③ 压力——等压线在湿蒸气区与等温线重合，为水平线；在过冷液体区等压线密集于饱和液体线附近，可近似用 $x=0$ 的线代替；过热蒸气区等压线为向右上方弯曲的倾斜线。

④ 比焓——湿蒸气区和过热蒸气区内，等焓线均为向右下方弯曲的倾斜线，但两者斜率不同，湿蒸气区内等焓线的斜率更大一些；液体过冷区的制冷剂焓值可近似用同温度下饱和液体的焓值代替。

⑤ 比容——等容线为向右上方倾斜的虚线。

⑥ 干度——等干度线只在湿蒸气区域内，其方向大致与饱和液体线或饱和蒸气线相近。

在温度、压力、比容、焓、熵、干度等参数中，只要知道其中任意两个状态参数，就可在压焓图或温熵图上确定其状态点，其余参数便可直接从图中读出。对于饱和液体和饱和气体，只需要一个状态参数就可以确定其状态。

对于一个制冷系统，制冷剂在制冷过程中不断发生状态变化，将其各个状态点表示在压焓图或温熵图上，就形成一个封闭的循环回路，即制冷循环。因此，一个制冷过程只能在压焓图或温熵图上画出一个制冷循环。

在表示制冷剂状态参数的多种图线中，制冷剂的温熵图，由于此图中热力过程线下面的面积为该过程所吸收的热量，很直观，便于分析比较，常常用于制冷循环的定性分析中；而制冷过程的吸热量、放热量以及绝热压缩过程的耗功量都可用过程初、终状态的制冷剂的焓值变化来计算，所以压焓图常被用于制冷循环的定量计算，因此压焓图在制冷工程设计中应用更为广泛。

1.1.2 单级蒸气压缩式制冷系统组成

　　蒸气压缩式制冷属于液体汽化法，是采用制冷剂液体蒸发时从周围被冷却物中吸收热量，从而实现被冷却物温度降低。为了使制冷连续地进行，把已蒸发的气体经压缩再冷凝，使之重新变为液体，再继续蒸发并吸热，这就是蒸气压缩式制冷。蒸气压缩式制冷有单级、多级和复叠式等多种形式。所谓单级压缩，是指制冷剂在制冷工作循环过程中只经历了一次压缩，单级蒸气压缩式制冷目前应用最为广泛。

　　单级蒸气压缩式制冷系统基本组成如图 1-3 所示，它包括压缩机、冷凝器、节流机构和蒸发器四部分。对于液体汽化法，首先需要一个换热设备能使制冷剂从被冷却介质中吸热汽化从而实现制冷目的，这个设备称为蒸发器。制冷剂进入蒸发器时是液体，离开时变为气体，为了将气态制冷剂变回液体，使制冷剂能够循环工作，这就需要冷凝器。冷凝器也是一种热交换设备，在冷凝器中，制冷剂向环境（环境介质通常为空气或水）释放热量，制冷剂由气态冷凝变回液态，即进入冷凝器时是气体制冷剂，离开时变为液

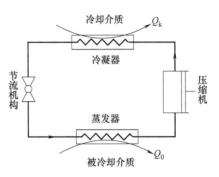

图 1-3　单级蒸气压缩式制冷系统图

体制冷剂。但是，制冷剂冷凝是向常温常压下的环境介质放热，而制冷后离开蒸发器的气态制冷剂温度很低，低于环境温度（制冷的定义告诉我们制冷是使被冷却物低于环境温度并保持的），这个低温的制冷剂是无法向环境自发放热冷凝的，这就需要一种设备将蒸发器出口的低温低压的气态制冷剂，变为冷凝器入口的高温高压气态的制冷剂，这个设备就是压缩机。压缩机是耗能设备，通过对制冷剂蒸气做功，将低温低压制冷剂压缩为高温高压制冷剂。这样，我们发现制冷剂在蒸发器处于低温低压状态，在冷凝器处于高温高压状态，蒸发器与冷凝器不能直接连接，蒸发器出口与冷凝器入口通过压缩机提高压力实现连接，那么冷凝器出口与蒸发器入口也要有一个完成降压作用的连接设备，这就是节流机构。节流机构一方面将高温高压液态制冷剂节流降压，满足蒸发器工作条件，另一方面还可以调节蒸发器的供液量，满足被冷却物降温变化的要求。因此，完成一个制冷过程所需最基本的组成设备包括压缩机、冷凝器、节流机构和蒸发器，它们通常称为制冷四大件。其中，压缩机是制冷系统的"心脏"，负责压缩和输送制冷剂蒸气；冷凝器输出热量，将制冷剂蒸气变回液体；节流阀是节流降压设备，供给蒸发器需要的制冷剂状态和流量；蒸发器吸收热量（输出冷量）从而实现制冷。

1.1.3 单级蒸气压缩式制冷循环过程

　　压缩机、冷凝器、节流机构和蒸发器四个部件依次用管道连接成封闭的系统，充注适当制冷剂，就组成了最简单的制冷机。其工作过程如下：

　　压缩机吸入来自蒸发器的低温低压（蒸发温度 t_0，蒸发压力 p_0）制冷剂蒸气，经压缩机压缩，变为高温高压（冷凝温度 t_k，冷凝压力 p_k）制冷剂蒸气，之后送入冷凝器，在冷凝压力 p_k 条件下向冷却介质（通常是常温常压下的水或空气）放出热量，并由高温高压气态冷凝成高温高压液体。液化后的高温高压制冷剂液体进入节流机构，通过节流降温降压，

达到蒸发压力 p_0 后进入蒸发器。由于在饱和状态下制冷剂压力由 p_k 降为 p_0，导致其中部分液体会汽化，因此节流后的制冷剂为低温低压的两相混合物，其中低温低压制冷剂液体在蒸发压力 p_0 条件下吸收被冷却介质的热量，汽化沸腾变成低温低压的蒸气，随即再次被压缩机吸入，重复上述过程；而两相混合物中的气体进入蒸发器并不能够吸热汽化，因此也无制冷能力，这部分气体被称为闪发蒸气。制冷剂在制冷系统中周而复始的发生状态变化的工作过程叫作制冷循环。通过制冷循环制冷剂不断吸收周围空气或物体的热量，从而使室温或物体温度降低，以达到制冷的目的。

在制冷过程中，蒸发器源源不断地从被冷却介质中吸收热量 Q_0，即对被冷却介质产生制冷量 Q_0，而这些热量通过制冷剂载送到冷凝器，再释放给冷却介质，同时制冷剂在传送热量过程中需要压缩机做功耗能 W，在冷凝器也一并释放给冷却介质，因此冷凝器传出的热量包括两个方面，即制冷量 Q_0 和压缩功率，这部分热量称为冷凝热负荷 Q_k。制冷过程热量传递情况如图 1-4 所示。

$$Q_k = Q_0 + W \tag{1-1}$$

在蒸气压缩式制冷循环中，制冷剂不断发生状态变化，并有多种状态存在于系统当中，为了更好地了解制冷剂在不同位置所处的状态，我们可以将制冷系统横向分为两部分，如图 1-5（a）所示，上部为高压部分，制冷剂在这部分处于高压——冷凝压力 p_k 状态下，下部为低压部分，制冷剂在这部分处于低压——蒸发压力 p_0 状态下；将制冷系统纵向也可分为两部分，如图 1-5（b）所示，左部为液态部分，以液体制冷剂为主要存在形式（含少量闪发蒸气），右部为气态部分，制冷剂在此为气体状态。

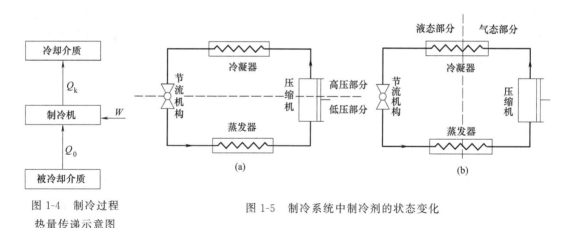

图 1-4 制冷过程
热量传递示意图

图 1-5 制冷系统中制冷剂的状态变化

1.2 蒸气压缩式制冷的理想循环

1.2.1 理想制冷循环

由两个等温过程和两个绝热过程组成的可逆正循环叫作卡诺循环，在给定的两个高低温热源条件下，按卡诺循环工作，热效率最高，卡诺热机是效率为 100% 的理想热机，在实际中是不存在的。如果工质按卡诺循环的逆向循环进行工作，则叫作逆卡诺循环，逆卡诺循环是理想制冷循环，其热力过程如图 1-6 所示，工质的工作过程 1→2→3→4→1 是按照逆时针方向运行：工质从点 1 状态沿等熵线 1→2 被绝热压缩至点 2 状态，温度由 T'_0 升至 T'_k；之后，工质在高温热源温度 T'_k 条件下，沿等温线 2→3 由点 2 状态等温压缩放热至点 3 状态，向高温热源放出热量 q_k；随后，工质沿等熵线 3→4 从点 3 状态绝热膨胀至点 4 状态，温度由 T'_k 降至 T'_0；最后，工质在低温热源温度 T'_0 条件下，沿等温线 4→1 由点 4 状态吸热膨胀至点 1 状态，从低温热源吸收热量 q_0，实现对低温热源制冷目的。

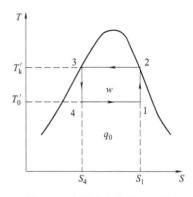

图 1-6　理想制冷循环 T-S 图

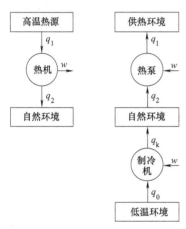

图 1-7　热机、热泵、制冷机类比关系图

逆卡诺循环 1→2→3→4→1 是存在于高温热源 T'_k 和低温热源 T'_0 之间的理想制冷循环，它是在两个恒温热源之间，由两个定温过程和两个绝热过程组成的。完成逆卡诺循环的结果是，消耗了一定数量的机械功，并从冷源取得热量一起排给热源。由于热量由低温向高温转移，类似采用泵将水从低处送到高位处，所以按逆卡诺循环工作的"机器"称为制冷机或热泵。三者之间的关系如图 1-7 所示。

从热力学理论上讲，每一次制冷循环，通过单位制冷剂将热量 q_0 从低温热源（被冷却介质）转移至高温热源（冷却介质），同时消耗了机械功 w，并且也转化为热量传给高温热源（冷却介质），传出总热量 q_k。

这样，通过单位质量制冷剂在每一个制冷循环中可制取冷量 q_0，消耗功量 w，两者之比即为该制冷循环的性能指标——制冷系数 ε。制冷系数表示为单位耗功量所能制取的冷量，定义式为：

$$\varepsilon = \frac{q_0}{w} \tag{1-2}$$

对于理想制冷循环，即逆卡诺循环来说制冷系数为：

$$\varepsilon_c = \frac{q_0}{w} = \frac{T'_0(S_1 - S_4)}{T'_k(S_1 - S_4) - T'_0(S_1 - S_4)} = \frac{T'_0}{T'_k - T'_0} \tag{1-3}$$

由上式可知：

① 在一定温度条件下，理想制冷循环的制冷系数 ε_c 最大，任何实际制冷循环的制冷系数 ε 都小于 ε_c；

② 理想制冷循环的制冷系数 ε_c 只与两个热源（冷却介质和被冷却介质）的温度有关，与制冷剂性质等其他因素无关；

③ 冷热源温差（$T'_k - T'_0$）越大，理想制冷循环的制冷系数 ε_c 就越小，制冷循环的经济性就越差；

④ 冷源（被冷却介质）的温度变化比热源（冷却介质）温度变化对制冷系数影响更大，从下面偏导数分析中可以看出：

因为　　　　$$\left| \frac{\partial \varepsilon_c}{\partial T_k} \right| = \frac{T'_0}{(T'_k - T'_0)^2}$$

$$\left|\frac{\partial \varepsilon_{c}}{\partial T_0'}\right| = \frac{T_k'}{(T_k' - T_0')^2}$$

所以

$$\left|\frac{\partial \varepsilon_{c}}{\partial T_0'}\right| \geqslant \left|\frac{\partial \varepsilon_{c}}{\partial T_k'}\right|$$

从热泵角度进行分析，热泵是凭借消耗机械功将热量从自然环境转移至需要的较高温度的环境中去，它可以有效地利用低温热源的热量，是目前研究及应用的热点。热泵的经济性用供热系数来衡量。供热系数是单位耗功量所能获取的热量，定义式为：

$$\eta = \frac{q_k}{w} = \varepsilon + 1 \tag{1-4}$$

从这里可以看出，热泵的经济性大于制冷机，而且热泵的供热量永远大于所消耗的功，其效率必大于 1，因此，热泵是能源综合利用很有价值的装置。

1.2.2　制约理想制冷循环的主要因素

理想制冷循环实现的关键条件是：高、低温热源恒定，制冷剂在冷凝器和蒸发器中与两个热源间无传热温差，制冷工质流经各个设备中不考虑任何损失，因此，逆卡诺循环是理想制冷循环，它的制冷系数是最高的。

但是在实际工程中，要想满足理想制冷循环的几个关键条件是不现实的，也是无法实现的，主要表现在：

① 压缩过程在湿蒸气区中进行，危害性很大。若压缩机吸入的是湿蒸气，在压缩过程中必会产生湿压缩，而湿压缩危害很大，容易产生液击，有时候还会因缸壁温度骤降而收缩，造成与活塞环"咬死"事故，严重时甚至毁坏压缩机，在实际运行时湿压缩应严禁发生。因此，在实际蒸气压缩式的制冷循环中必须采用干压缩，即进入压缩机的制冷剂为干饱和蒸气或过热蒸气。

② 膨胀机进行等熵膨胀不现实。因为蒸气压缩式制冷循环中，制冷剂液体在绝热膨胀前后体积变化很小，而节流损耗较大，以致使所能获得的膨胀功不足以克服机器本身的工作损耗，且高精度的膨胀机很难加工。因此，在实际蒸气压缩式制冷循环中，均由节流机构（如节流阀、膨胀阀、毛细管等）代替膨胀机。

③ 在实际工程中，无温差传热是不可能实现的，否则理论上要求蒸发器和冷凝器应具有无限大传热面积，这在实际中当然是不可能的。所以在实际制冷循环过程中，制冷剂工作的温度与两个热源的温度必须存在一定温差，即：制冷剂的蒸发温度（T_0）低于低温热源的温度（被冷却介质 T_0'），制冷剂的冷凝温度（T_k）高于高温热源的温度（冷却工质 T_k'），这样制冷剂才能从低温热源吸热，再通过制冷循环传到高温热源中去。

因为：制冷剂的蒸发温度（T_0）≠被冷却介质的温度（低温热源 T_0'），

制冷剂的冷凝温度（T_k）≠冷却介质的温度（高温热源 T_k'）。

且：制冷剂的蒸发温度（T_0）<被冷却介质的温度（低温热源 T_0'），

制冷剂的冷凝温度（T_k）>冷却介质的温度（高温热源 T_k'）。

所以，对于实际蒸气压缩式制冷循环是在制冷剂的冷凝温度（T_k）和蒸发温度（T_0）之间进行的，而非两个稳定的高低温热源之间进行，制冷剂与高低温热源之间的传热也将导致制冷循环效率降低。如图 1-8 所示，低温热源平均温度为 T_0'，高温热源平均温度为 T_k'

时，逆卡诺循环为图 1-8 中 $1' \to 2' \to 3' \to 4' \to 1'$。由于有传热温差存在，在蒸发器内制冷剂的蒸发温度 T_0 应低于被冷却物体温度 T_0'，即 $T_0 = T_0' - \Delta T_0$；而冷凝器内制冷剂的冷凝温度 T_k 应高于冷却介质温度 T_k'，即 $T_k = T_k' + \Delta T_k$。此时有传热温差的制冷循环可用图 1-8 中的 $1 \to 2 \to 3 \to 4 \to 1$ 表示。从图中可以看出，有传热温差的制冷循环所消耗的功量增大了，多消耗的功量为图中两部分阴影面积 $2'233'2'$ 与 $11'4'41$ 之和，而制冷量却减少了，减少量为 $11'4'41$ 面积。这时制冷循环的制冷系数为：

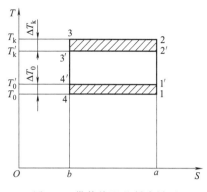

图 1-8　带传热温差制冷循环

$$\varepsilon = \frac{q_0}{w} = \frac{T_0(S_a - S_b)}{T_k(S_a - S_b) - T_0(S_a - S_b)}$$

$$= \frac{T_0}{T_k - T_0}$$

$$= \frac{T_0' - \Delta T_0}{(T_k' + \Delta T_k) - (T_0' - \Delta T_0)}$$

$$= \frac{T_0' - \Delta T_0}{(T_k' - T_0') + (\Delta T_k + \Delta T_0)}$$

$$< \frac{T_0'}{T_k' - T_0'} = \varepsilon_c$$

上式推导出 $\varepsilon < \varepsilon_c$，这表明具有传热温差的制冷循环的制冷系数总要小于逆卡诺循环的制冷系数。

由于一切实际制冷循环均为不可逆循环，因此，实际循环的制冷系数 ε 总是小于工作在相同热源温度下的逆卡诺循环的制冷系数 ε_c。实际制冷循环的制冷系数 ε 与逆卡诺循环的制冷系数 ε_c 之比称为热力完善度，定义式为：

$$\eta = \frac{\varepsilon}{\varepsilon_c} \tag{1-5}$$

热力完善度 η 是小于 1 的数，它愈接近 1，表明实际循环的不可逆程度越小，循环的经济性越好，它的大小反映了实际制冷循环接近逆卡诺循环的程度。

综上可知，虽然逆卡诺循环制冷系数最大，但只是一个理想制冷循环，在实际工程中无法实现，但是通过该循环的分析所得出的结论对实际制冷循环具有重要的指导意义，对提高制冷系统经济性指出了重要的方向。

1.3　蒸气压缩式制冷的理论循环

1.3.1　理论制冷循环

由于理想制冷循环的制约因素限制，因此，根据实际情况将制冷循环进行调整，成为现实中可以采用的制冷循环，这就是蒸气压缩式制冷的理论循环，它是由一个绝热干压缩过程和一个绝热节流过程，以及两个等压条件下的换热过程组成的。

（1）绝热干压缩过程

如图 1-9 所示，用干压缩代替了湿压缩，即压缩机吸气状态由湿蒸气 1′状态调整到饱和蒸气 1 状态，这一过程可由蒸发器将制冷剂汽化到饱和状态点。从图 1-9（b）可以看出，压缩机吸气状态 1 可以在过热蒸气区进行 1→2 等熵压缩，这一变化使单位质量制冷量增加了 Δq_0（即面积 11′a′a），同时压缩机单位耗功量增加了 Δw_0（即面积 11′2′2），综合分析，制冷系数将略有降低。但是考虑压缩机运行的安全性，故实际蒸气压缩式制冷循环都是采用干压缩。

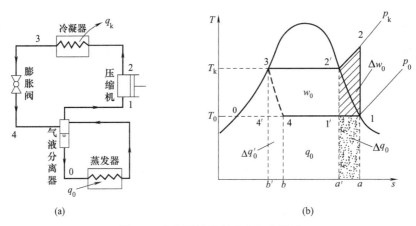

图 1-9 蒸气压缩式制冷的理论循环

为了保证干压缩，还可以在压缩机前设置气液分离器，湿蒸气进入其中，气体由于速度降低而发生运动方向改变，液滴由于相对密度大、靠惯性沉于底部，实现气液分离，这样，只让气体进入压缩机保证干压缩，而液体流回蒸发器继续制冷；气液分离器另一个用途是分离高压液体节流后的闪发蒸气，只让液体进入蒸发器，因为闪发蒸气进入蒸发器不制冷且占据空间，影响制冷效率。

（2）绝热节流过程

节流过程是流体流动时由于通过截面突然缩小而使压力降低的热力过程。绝热节流前后流体的动能没有变化时，其焓值保持不变，但熵增加。因此，节流阀无法完成等熵节流，而是等焓节流。如图 1-9 所示，等焓节流 3→4 代替等熵节流 3→4′，单位质量制冷量减少了 $\Delta q_0'$（即面积 44′b′b）；而放出的单位冷凝热量未变，所以单位耗功量增加了 $\Delta w_0'$（即面积 034′）。显然，采用节流阀理论上制冷系数降低了，其降低程度称为节流损失，这是不利之处，但由于节流阀结构简单，操作方便，目前广泛采用。

节流损失大小与冷凝温度和蒸发温度之差有关，$T_k - T_0$ 越大，节流损失越大；同时，节流损失还与制冷剂的性质有关，由温熵图可见，制冷剂的饱和液线越平缓，比潜热越小，节流损失越大。

（3）等压条件下的换热过程

为了保证干压缩，压缩机吸入的是干饱和蒸气，则制冷剂吸气状态点 1 位于饱和蒸气线上，那么制冷剂的绝热压缩过程就必定在过热蒸气区进行，压缩终了状态点 2 成了过热蒸气。因此，制冷剂在冷凝器放热，首先进行的是显热交换，制冷剂由过热蒸气 2 变为饱和蒸气 2′，这个过程在等压条件下完成（等温过程不可实现）；之后饱和蒸气 2′继续放热进行冷凝相变，而两相区等温线和等压线一致，则相变既是等温变化过程也是等压变化过程，因此，冷凝器中的这个状态变化过程并非单纯的定温凝结过程，而是等压降温和等压冷凝过程。所以，制冷剂在蒸发器和冷凝器中进行的状态变化过程是等压换热。

综合上述，蒸气压缩式制冷的理论循环由等熵压缩、等压冷凝、等焓节流和等压蒸发四个过程组成。

1→2 表示制冷剂在压缩机中等熵压缩。制冷剂的压力由蒸发压力 p_0 升高到冷凝压力 p_k，温度由蒸发温度 T_0 升高到冷凝温度 T_k，成为 p_k 压力下的过热蒸气。

2→2′→3 表示制冷剂在冷凝器中等压冷凝放热。其中 2→2′ 为过热蒸气冷却为饱和蒸气，放出显热；2′→3 为饱和蒸气冷凝为饱和液体，放出潜热。

3→4 表示制冷剂在节流阀中等焓节流。节流后，制冷剂压力由冷凝压力 p_k 降到蒸发压力 p_0，温度由冷凝温度 T_k 降到蒸发温度 T_0（因部分液体汽化所致），但焓值不变。

4→1 表示制冷剂在蒸发器中等压汽化吸热。

显然，上述制冷过程是经过简化后的理论制冷循环，与实际情况还是有偏差的，但便于进行分析研究，且可作为讨论实际循环的基础，因此单独加以详细分析和讨论。

1.3.2 理论制冷循环热力计算

对一个制冷循环进行热力计算，主要目的在于设计一个经济性高的制冷系统，使之运行安全、稳定、节能。而一个最简单的制冷系统由压缩机、冷凝器、节流机构和蒸发器四个设备组成，这四个设备怎样选用，它们之间能否匹配，这些问题都与设备的选型参数有关，这就需要对这个制冷循环进行定量计算，即热力计算。进行制冷循环的热力计算之前，首先应确定制冷循环的工作参数，即确定制冷循环的工作压力和工作温度，其中主要为蒸发温度和冷凝温度；然后确定完成制冷循环的制冷剂，在该制冷剂的压焓图上绘制制冷循环过程，确定循环各有关状态点的参数值；最后计算出制冷循环的性能指标，为制冷设备选择提供原始数据。

（1）确定制冷循环的工作参数

① 蒸发温度 t_0：即制冷工质在蒸发器中汽化吸热时的温度。它主要取决于被冷却介质的温度、冷却方式和蒸发器的结构形式，取值方法见表 1-1。

表 1-1 蒸发温度的确定

蒸发器形式	蒸发温度计算式/℃	说　明
冷却液体的直立管式和螺旋管式蒸发器	$t_0 = t_{d2} - \Delta t$	t_{d2}——蒸发器出口被冷却液体温度，由生产工艺条件确定 Δt——蒸发器出口被冷却液体温度与蒸发温度之差，当被冷却液体为水时取 4～6℃，当被冷却液体为盐水时取 2～3℃
冷却液体的卧式壳管式蒸发器(包括满液式和干式)	$t_0 = \dfrac{t_{d1} + t_{d2}}{2} - \overline{\Delta t}$	t_{d1}——蒸发器入口被冷却液体温度，被冷却液体进出口温差对氨取 3～5℃，对氟利昂取 4～6℃ t_{d2}——蒸发器出口被冷却液体温度，由生产工艺条件确定 $\overline{\Delta t}$——蒸发器平均传热温差，对氨蒸发器取 4～6℃，对氟利昂蒸发器取 6～8℃
冷库或环境试验装置用的冷却排管或冷风机	$t_0 = t_{d2} - \Delta t$	t_{d2}——蒸发器出口空气干球温度，即室温，由生产工艺条件确定 Δt——室温与蒸发温度之差，一般取 10℃；当环境试验装置室温较低(<50℃)时取 4～8℃，温度越低取值越小；对冷库的冷却物冷藏间用的冷风机，当室内相对湿度为 90% 时取 5～6℃，80% 时取 6～7℃，75% 时取 7～9℃

续表

蒸发器形式	蒸发温度计算式/℃	说　明
空气调节用直接蒸发式蒸发器	$t_0 = t_{d2} - \Delta t$	t_{d2}——蒸发器出口空气干球温度,由空气调节要求确定 Δt——蒸发器出口空气干球温度与蒸发温度之差,一般取 8~10℃(注意不得低于冰点)
压缩空气除湿装置用的壳管式蒸发器	$t_0 = t_{d2} - \Delta t$	t_{d2}——压缩空气压力下的露点温度,由工艺条件确定 Δt——露点温度与蒸发温度之差,一般取 8~10℃

② 冷凝温度 t_k：即制冷工质在冷凝器中凝结放热时的温度。它取决于当地气象、水文条件、选用冷却介质和冷凝器的结构形式,取值方法见表 1-2。

表 1-2　冷凝温度的确定

冷凝器形式	冷凝温度计算式/℃	说　明
立式壳管式冷凝器 卧式壳管式冷凝器 套管式冷凝器 组合式冷凝器	$t_k = \dfrac{t_{g1}+t_{g2}}{2} + \overline{\Delta t}$	t_{g1}——冷凝器冷却水进口温度,按当地冷却水水源温度计算 t_{g2}——冷凝器冷却水出口温度 $\overline{\Delta t}$——冷凝器平均传热温差,一般取 4~7℃;当 $t_1 \leqslant 25℃$ 时取上限值,当 $t_1 \geqslant 30℃$ 时取下限值;氨冷凝器取值较小,氟利昂冷凝器取值较大
风冷式冷凝器	$t_k = t_{g1} + \Delta t$	t_{g1}——冷凝器进口空气干球温度,按当地夏季室外通风温度(干球)计算 Δt——冷凝温度与冷凝器进口空气干球温度之差,一般取 10~15℃
蒸发式冷凝器	$t_k = t_s + \Delta t$	t_s——冷凝器进口空气湿球温度,按当地夏季空气调节室外计算湿球温度计算 Δt——冷凝温度与冷凝器进口空气湿球温度之差,一般取 8~15℃,通风良好或干燥地区可取较小值

(2) 绘制制冷循环的压焓图

选用已确定的制冷剂的压焓图,根据工作参数在压焓图上绘制蒸气压缩式制冷的理论循环,如图 1-10 所示：

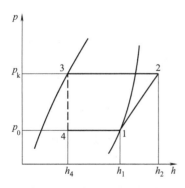

图 1-10　蒸气压缩式制冷理论循环

① 在压焓图上绘出冷凝压力 p_k 和蒸发压力 p_0 等值线。

② 状态点 1 表示蒸发器出口和进入压缩机的制冷剂的状态。它是蒸发压力 p_0 下的干饱和蒸气,在压焓图上为蒸发压力 p_0 等值线与干饱和蒸气线的交点。

③ 状态点 2 表示压缩机排气及进入冷凝器的制冷剂状态。它是冷凝压力 p_k 下的过热蒸气,在压焓图上为状态点 1 在过热蒸气区沿等熵线与冷凝压力 p_k 等值线的交点。

④ 状态点 3 表示制冷剂离开冷凝器的状态。它是冷凝压力 p_k 下的饱和液体,在压焓图上为冷凝压力 p_k 等值线与饱和液体线的交点。

⑤ 状态点 4 表示制冷剂离开节流阀进入蒸发器的状态。它是蒸发压力 p_0 下的湿蒸气,在压焓图上为状态点 3 在湿蒸气区沿等焓线与蒸发压力 p_0 等值线的交点。

⑥ 将状态点 1、2、3、4、1 连成一个回路,就是一个完整的制冷理论循环。过程线 1→2 为压缩机等熵压缩过程,通过消耗外功使制冷剂压力、温度升高;过程线 2→3 为制冷剂

在冷凝器中等压冷凝过程，过热蒸气区部分为冷却过程，放出过热热量，温度降低，两相区部分为冷凝过程，放出冷凝潜热，温度不变；过程线 3→4 为节流阀的等焓节流过程，节流前后制冷剂的焓值不变，压力、温度降低，并有部分液体制冷剂闪发成饱和蒸气（闪发蒸气），由于节流过程是不可逆过程，因此一般在图上用虚线表示；过程线 4→1 为制冷剂在蒸发器中等压蒸发过程，在这一过程中利用制冷剂液体在低压低温下汽化吸收被冷却物体的热量使其温度降低而达到制冷的目的。

（3）单级蒸气压缩式制冷理论循环的热力计算

在压焓图上绘制好制冷循环后，就可以查出四个状态点的状态参数。一般制冷循环的热力计算需要已知的状态参数主要有四个状态点的焓值 h_1、h_2、h_3、h_4（其中 $h_3 = h_4$），和压缩机吸气点的比容 ν_1。

① 单位质量制冷量 q_0：即 1kg 制冷剂在蒸发器内完成一次制冷循环所制取的冷量。该值与蒸发器的制冷量有关，折算为蒸发器制冷量 Q_0，这是蒸发器的选型参数——蒸发面积的计算依据。

$$q_0 = h_1 - h_4 \quad (\text{kJ/kg}) \tag{1-6}$$

② 单位容积制冷量 q_v：即制冷压缩机每吸入 1m³ 制冷剂蒸气在该制冷系统内所能制取的冷量。该值能够评价在制取一定冷量时制冷系统体积的大小。

$$q_v = \frac{q_0}{\nu_1} = \frac{h_1 - h_4}{\nu_1} \quad (\text{kJ/m}^3) \tag{1-7}$$

式中　ν_1——压缩机吸入制冷剂蒸气的比容，m³/kg。

③ 制冷剂质量流量 M_R：制冷系统中制冷剂每秒流通的制冷剂质量，主要针对液态制冷剂。该值可将制冷系统中的各个参数单位量，折算为总量。

$$M_R = \frac{Q_0}{q_0} \quad (\text{kg/s}) \tag{1-8}$$

式中　Q_0——制冷系统的制冷量，kW。

④ 制冷剂体积流量 V_R：制冷系统中压缩机每秒吸入的气体制冷剂体积量，针对的是制冷剂气体。假定制冷系统没有泄漏，该值也称为压缩机实际输气量，它与压缩机的选型参数——压缩机理论输气量 V_h 有着直接关系。

$$V_R = M_R \nu_1 = \frac{Q_0}{q_v} \quad (\text{m}^3/\text{s}) \tag{1-9}$$

⑤ 单位冷凝热负荷 q_k：即 1kg 制冷剂在冷凝器内对外所释放的热量。该值与冷凝器选择计算有关。

$$q_k = h_2 - h_3 \quad (\text{kJ/kg}) \tag{1-10}$$

⑥ 冷凝器热负荷 Q_k：单位时间冷凝器与冷却介质进行热交换量。该值是计算冷凝器的设计选型参数——冷凝换热面积的依据。

$$Q_k = M_R q_k \quad (\text{kW}) \tag{1-11}$$

⑦ 单位理论功 w_0：制冷压缩机每压缩 1kg 制冷剂蒸气所消耗的功。该值与制冷压缩机及其配备电动机选择计算有关。

$$w_0 = h_2 - h_1 \quad (\text{kJ/kg}) \tag{1-12}$$

⑧ 压缩机理论耗功率 P_{th}：制冷压缩机在压缩制冷剂蒸气过程中所消耗的功率。功率是制冷压缩机匹配的电动机的选型参数。

$$P_{th} = M_R w_0 = M_R (h_2 - h_1) \quad (kW) \qquad (1\text{-}13)$$

⑨ 理论制冷系数 ε_0：指理论制冷循环中，制冷系统制取冷量与所消耗功率的比值。该值评价制冷系统的经济性，即投入多少功率，能产出多少冷量。

$$\varepsilon_0 = \frac{Q_0}{P_{th}} = \frac{q_0}{w_0} = \frac{h_1 - h_4}{h_2 - h_1} \qquad (1\text{-}14)$$

⑩ 热力完善度 η：表示理论制冷循环接近理想制冷循环的程度。

$$\eta = \frac{\varepsilon_0}{\varepsilon_c} \qquad (1\text{-}15)$$

例 1-1 某空气调节系统需制冷量 20kW，假定循环为单级蒸气压缩式制冷理论基本循环，且选用氨作为制冷剂，工作条件为：蒸发温度 $t_0 = 5℃$，冷凝温度 $t_k = 40℃$。试对该理论制冷循环进行热力计算。

解 工作条件：蒸发温度 $t_0 = 5℃$，冷凝温度 $t_k = 40℃$

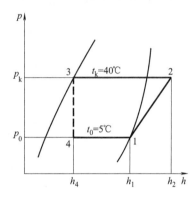

图 1-11 例题 1-1 图

在制冷剂氨的压焓图上画出相应的制冷循环（图 1-11）：根据 $t_0 = 5℃$ 和 $t_k = 40℃$ 在压焓图上绘制两条等压线，与两条饱和线分别交出制冷压缩机吸气点 1 和冷凝器出液点 3，过点 1 作等熵线得制冷压缩机排气点 2，过点 3 作等焓线得蒸发器入口点 4，1→2→3→4→1 组成该理论制冷循环。

在氨的压焓图上查取相应的热力状态参数值：
$h_1 = 1461.69 kJ/kg$
$h_2 = 1633.47 kJ/kg$
$h_3 = h_4 = 390.25 kJ/kg$
$v_1 = 0.24114 m^3/kg$

① 单位质量制冷量：
$$q_0 = h_1 - h_4 = 1461.69 - 390.25 = 1071.44 \ (kJ/kg)$$

② 单位容积制冷量：
$$q_v = \frac{q_0}{v_1} = \frac{1071.44}{0.24114} = 4443.23 \ (kJ/m^3)$$

③ 质量流量：
$$M_R = \frac{Q_0}{q_0} = \frac{20}{1071.44} = 0.0187 \ (kg/s)$$

④ 体积流量：
$$V_R = M_R v_1 = 0.0187 \times 0.24114 = 0.00450 \ (m^3/s)$$

⑤ 单位冷凝热负荷：
$$q_k = h_2 - h_3 = 1633.47 - 390.25 = 1243.22 \ (kJ/kg)$$

⑥ 冷凝器热负荷：
$$Q_k = M_R q_k = 0.0187 \times 1243.22 = 23.248 \ (kW)$$

⑦ 单位理论功：
$$w_0 = h_2 - h_1 = 1633.47 - 1461.69 = 171.78 \ (kJ/kg)$$

⑧ 压缩机理论耗功率：
$$P_{th} = M_R w_0 = M_R (h_2 - h_1) = 0.0187 \times 171.78 = 3.212 \ (kW)$$

⑨ 理论制冷系数：

$$\varepsilon_0 = \frac{Q_0}{P_{th}} = \frac{20}{3.212} = 6.23$$

⑩ 热力完善度：

$$\varepsilon_c = \frac{T_0'}{T_k' - T_0'} = \frac{273+5}{(273+40)-(273+5)} = 7.94 \quad （不考虑传热温差）$$

$$\eta = \frac{\varepsilon_0}{\varepsilon_c} = \frac{6.23}{7.94} = 78\%$$

讨论　制冷理论循环中，$q_0 + w_0 = q_k$

$$Q_0 + N_0 = Q_k$$

符合能量守恒的基本原则。

例 1-2　某冷水机组制冷量 20kW，采用 R407C 做制冷剂，要求将冷冻水水温由 12℃降至 7℃，冷却水水温由 32℃升至 37℃。不考虑其他实际因素影响，试对该冷水机组的理论制冷循环进行热力计算。

解　工作条件由表 1-1 和表 1-2 可得：

蒸发温度：$t_0 = \dfrac{t_{d1}+t_{d2}}{2} - \overline{\Delta t} = \dfrac{12+7}{2} - 6 = 3.5$（℃）

冷凝温度：$t_k = \dfrac{t_{g1}+t_{g2}}{2} + \overline{\Delta t} = \dfrac{32+37}{2} + 5 = 39.5$（℃）

$h_1 = 412.4\text{kJ/kg}$

$h_2 = 436.2\text{kJ/kg}$

$h_3 = h_4 = 255.5\text{kJ/kg}$

$v_1 = 0.0407\text{m}^3/\text{kg}$

① 单位质量制冷量：

$$q_0 = h_1 - h_4 = 412.4 - 255.5 = 156.9 \text{（kJ/kg）}$$

② 单位容积制冷量：

$$q_v = \frac{q_0}{v_1} = \frac{156.9}{0.0407} = 3855.0 \text{（kJ/m}^3\text{）}$$

③ 质量流量：

$$M_R = \frac{Q_0}{q_0} = \frac{20}{156.9} = 0.1274 \text{（kg/s）}$$

④ 体积流量：

$$V_R = M_R v_1 = 0.1274 \times 0.0407 = 0.0052 \text{（m}^3/\text{s）}$$

⑤ 单位冷凝热负荷：

$$q_k = h_2 - h_3 = 436.2 - 255.5 = 180.7 \text{（kJ/kg）}$$

⑥ 冷凝器热负荷：

$$Q_k = M_R q_k = 0.1274 \times 180.7 = 23.02 \text{（kW）}$$

⑦ 单位理论功：

$$w_0 = h_2 - h_1 = 436.2 - 412.4 = 23.8 \text{（kJ/kg）}$$

⑧ 压缩机理论耗功率：

$$P_{th} = M_R w_0 = M_R(h_2 - h_1) = 0.1274 \times 23.8 = 3.03 \text{（kW）}$$

⑨ 理论制冷系数：

$$\varepsilon_0 = \frac{Q_0}{N_0} = \frac{20}{3.03} = 6.60$$

⑩ 热力完善度：

$$\varepsilon_c = \frac{T_0'}{T_k' - T_0'} = \frac{273 + (12+7)/2}{[273 + (32+37)/2] - [273 + (12+7)/2]} = 11.3$$

$$\eta = \frac{\varepsilon_0}{\varepsilon_c} = \frac{6.60}{11.3} = 58\%$$

1.4 蒸气压缩式制冷的实际循环

1.4.1 带液体过冷的制冷循环

蒸气压缩式制冷的理论循环存在节流损失，还会产生一定量的闪发蒸气，使单位质量制冷量减少。为了弥补这种损失，在实际制冷循环中常常将冷凝器出口的制冷剂液体进行再次降温处理，再进入节流机构，使饱和液态制冷剂降温成为过冷液体，这种处理方法叫作液体过冷。

此时，液态制冷剂的温度低于冷凝压力下的饱和温度，这个温度称为过冷温度，用符号 t_{gl} 表示；而过冷温度与饱和温度的差值称为过冷度，用符号 Δt_{gl} 表示。带有液体过冷的制冷循环也称为过冷循环。

带液体过冷的制冷循环过程：

1→2：等熵压缩；

2→3：等压放热冷凝；

3→3′：等压传热，过冷处理；

3′→4′：等焓节流；

4′→1：等压吸热制冷。

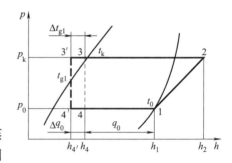

图 1-12　过冷循环

从图 1-12 中可以看到，制冷剂节流后变为湿蒸气，而湿蒸气干度的大小，直接影响到单位质量制冷量的大小。理论制冷循环 1→2→3→4→1，当采用液体过冷处理后，饱和液体点 3 继续放热冷却成为过冷液体点 3′，然后再节流、蒸发制冷，过冷制冷循环为 1→2→3→3′→4′→1。进入蒸发器的湿蒸气由理论循环的点 4 变为过冷循环的点 4′，如图 1-12 所示，未过冷的节流点 4，含闪发蒸气量多；而过冷后节流点 4′，虽然还在湿蒸气区，但更靠近饱和液体线，即干度变小，闪发蒸气含量比前者减少了，单位质量制冷量增加。

对比两个制冷循环，如表 1-3 所示。

表 1-3　理论循环与过冷循环比较

比较	理论循环 1-2-3-4-1	过冷循环 1-2-3-3′-4′-1
单位质量制冷量	$q_0 = h_1 - h_4$	$q_0' = h_1 - h_{4'} = q_0 + \Delta q_0$　（增加）
单位理论功	$w_0 = h_2 - h_1$	$w_0' = h_2 - h_1$　（不变）
制冷系数	$\varepsilon_0 = \dfrac{q_0}{w_0}$	$\varepsilon_0' = \dfrac{q_0'}{w_0'} = \varepsilon_0 + \dfrac{\Delta q_0}{w_0}$　（增加）

由上分析，在冷凝压力一定的情况下，若能进一步降低节流前液体的温度，使其处于低于冷凝温度的过冷液体状态，则可减少节流后产生的闪发蒸气量，增加单位质量制冷量，使制冷系数提高。因此应用液体过冷对改善循环的性能总是有利的，提高了制冷循环的经济性。

在实际制冷装置中，常采用以下措施来实现液体过冷：

① 在冷凝器中过冷：设计选型时，适当增大冷凝器面积。

② 采用过冷器过冷：冷凝器后装过冷器（或称再冷器），利用温度较低的冷却水首先通过串接于冷凝器后的过冷器，使制冷剂的温度进一步降低，实现液体过冷。常用于大型制冷装置，结构如图 1-13 所示。

③ 制冷系统中设置回热器，采用回热循环，用于氟利昂制冷系统。

液体过冷的制冷循环，单位质量制冷量增加了，循环的压缩比功并未增加，使过冷循环的制

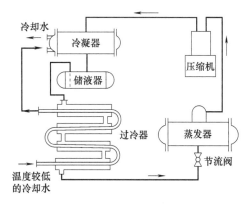

图 1-13　采用过冷器的制冷装置

冷系数提高了。但是，采用液体过冷必须增加工程初投资和设备运行费用，因此在选用时应进行全面经济技术分析比较。通常，对于大型的氨制冷系统，且蒸发温度在 −5℃ 以下多采用液体过冷，过冷度一般取 3℃ 左右；对于空气调节用的制冷系统一般不单独设置过冷器，而是通过适当增加冷凝器的传热面积的方法，实现制冷剂在冷凝器内过冷。此外，在小型制冷系统中，尤其是氟利昂系统中，常常采用回热器实现液体过冷，这一点将在本节 1.4.3 带回热的制冷循环论述。

在带液体过冷的制冷循环热力计算中，液体过冷过程中每千克液体制冷剂放出的热量称为过冷负荷，计算如下：

$$q_{gl} = h_3 - h_{3'} \qquad (kJ/kg) \qquad (1\text{-}16)$$

若采用增大冷凝器面积的方法进行过冷，该负荷应加到冷凝器负荷中；若采用过冷器，则单独计算，该值是过冷器的选型设计依据；若采用回热器，该值与回热器设计、运行调节有关。

1.4.2　带蒸气过热的制冷循环

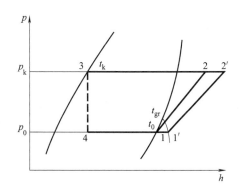

图 1-14　蒸气过热制冷循环

在实际制冷循环中，来自蒸发器的低温低压蒸气，在通过蒸发器到制冷压缩机之间的吸气管路中，由于制冷剂温度低于环境温度，会在流动过程中吸收周围空气的热量而使蒸气温度升高，成为过热蒸气，使压缩机吸气温度和比容增大，这种情况称作蒸气过热。带有蒸气过热的制冷循环由于压缩机吸入过热蒸气，从而确保干压缩，因此可有效防止压缩机发生液击。

如图 1-14 所示，蒸气过热循环为 $1' \to 2' \to 3 \to 4 \to 1 \to 1'$。为便于比较，图中表示出了理论制冷循

环 1→2→3→4→1。压缩机吸入的气态制冷剂的温度高于蒸发压力下的饱和温度，这个温度称为过热温度（压缩机吸气温度），用符号 t_{gr} 表示；而制冷剂过热温度与其饱和蒸发温度的差值称为过热度，用符号 Δt_{gr} 表示。带有蒸气过热的制冷循环也称为过热循环。

带蒸气过热的制冷循环过程：

$1'→2'$：等熵压缩；

$2'→3$：等压放热冷凝；

$3→4$：等焓节流；

$4→1$：等压吸热制冷；

$1→1'$：等压传热，过热处理。

在实际制冷装置中，常采用以下措施来实现蒸气过热：

① 选用蒸发器面积大于设计所需面积，多出的传热面积用于过热。由于制冷剂蒸气过热吸收的热量来自被冷却介质，可产生有用的制冷效果，因此称有效过热。如使用热力膨胀阀的氟利昂制冷系统（热力膨胀阀是利用过热度调节开启度的）。

② 蒸发器与压缩机间的连接管道吸取外界环境热量而过热。由于制冷剂蒸气过热吸收的热量来自被冷却介质以外的其他物质，无制冷效果，因此称有害过热。这里应注意，有害过热由于吸收的热量不是被冷却物的，这部分热量不能计入制冷量中，对提高制冷系数没有帮助，但是，有害过热一样有助于解决压缩机干压缩问题，对制冷循环是有益的，不要因"有害"一词而否定其作用。

③ 系统中设置回热器。有害过热，但伴随有过冷循环。详见本节 1.4.3。

带有蒸气过热后，制冷循环的运行变得安全可靠，但同时要也为此付出代价。如吸气温度升高造成排气温度大幅升高，导致压缩机内润滑油效率降低、冷凝器负担增加；增加设备及附属部件，使一次投资和运行费用增加；蒸气过热导致压缩机吸气比容增大，输出制冷剂质量流量减小；过热循环压缩机耗功增大，对制冷循环经济性产生不利影响等，还有制冷剂性质的制约过热度等因素，均要求我们在实现蒸气过热时，应从技术和经济两方面综合考虑，选择合适的方法和适度的过热度。一般氨制冷系统允许有一点过热度以防液击，但过热度不宜过大，允许吸气过热如表 1-4 所示；氟利昂制冷系统一般吸气温度不超过 15℃，但也不能过低。

表 1-4　氨压缩机允许吸气温度和过热度　　　　　　　　　　　　　　℃

蒸发温度	±0	−5	−10	−15	−20	−25	−28
吸气温度	+1	−4	−7	−10	−13	−19	−18
过热度	1	1	3	5	7	9	10

1.4.3　带回热的制冷循环

在压缩机的吸气管路上设置一个回热器（气-液热交换器），使节流前的常温液体制冷剂与蒸发器出来的低温制冷剂蒸气进行热交换，这样不仅可以增加节流前的液体过冷度，提高单位质量制冷量，而且又能保证压缩机吸入具有一定过热度的蒸气，保证干压缩。这种循环称为回热循环。

回热循环过程如图 1-15 所示。来自蒸发器的低温气态制冷剂 1，在进入压缩机前先经过回热器。在回热器中低温蒸气与来自冷凝器的饱和液 3（或再冷液）进行热交换，低温蒸气

1 定压过热到状态 $1'$，而温度较高的液体 3 被定压再冷却到状态 $3'$。如图 1-16 所示，回热循环 $1'→2'→3→3'→4'→1→1'$ 中，$3→3'$ 为液体的再冷却过程，$1→1'$ 为低压蒸气的过热过程。

带回热的制冷循环过程：

$1'→2'$：等熵压缩；

$2'→3$：等压放热冷凝；

$3→3'$：等压放热液体过冷；

$3'→4'$：等焓节流；

$4'→1$：等压吸热制冷；

$1→1'$：等压吸热蒸气过热。

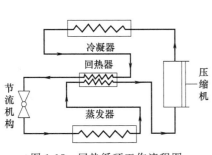

图 1-15　回热循环工作流程图

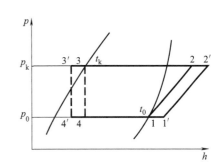

图 1-16　回热循环压焓图

根据稳定流动连续定理，流经回热器的液态制冷剂和气态制冷剂的质量流量相等。因此，在对外无热损失情况下，每千克液态制冷剂放出的热量应等于每千克气态制冷剂吸收的热量。也就是说，单位质量液态制冷剂放出的热量 Δq_0 ($\Delta q_0 = h_3 - h_{3'} = h_4 - h_{4'}$) 等于单位质量气态制冷剂所吸收的热量 $\Delta q_h (h_{1'} - h_1)$。即回热器的单位热负荷：

$$q_h = h_3 - h_{3'} = h_{1'} - h_1 \quad (\text{kJ/kg}) \tag{1-17}$$

使用回热器的制冷循环，虽然单位质量制冷能力有所增加，但是，压缩机的耗功量也增加了 Δw_0（因为等熵线不是平行线）。因此，回热式蒸气压缩式制冷循环的理论制冷系数是否提高，应具体分析。实际上这要取决于制冷剂的物理性质，其判别式为：

$$C_{p0} T_0 > q_0 \tag{1-18}$$

式中　C_{p0}——蒸发温度 t_0 时制冷剂定压比热，kJ/(kg·K)；

　　　T_0——蒸发温度，K；

　　　q_0——单位质量制冷量，kJ/kg。

满足上式条件的制冷剂，采用回热循环后制冷系数可以提高，在实际制冷循环中可以采用回热循环。计算表明，回热循环一般对制冷剂氨不利，而对制冷剂如氟利昂 R134a 等是有利的，R22 不明显。除此之外，不仅回热循环将提高压缩机的排气温度，还存在回热器中阻力损失使压缩比增大等不利因素，所以，实际制冷系统是否值得采用回热循环，应从多方面综合考虑。

在实际制冷装置中，常采用以下措施来实现回热循环：

① 系统中设置回热器。

② 吸气管与供液管绑扎。小型氟利昂制冷装置一般不单设回热器，而是将高压液体管与低压回气管包扎在一起，以达到回热的效果。

例 1-3　某蔬果冷藏库需制冷量 55kW，制冷剂采用氟利昂 22，要求蒸发温度 $t_0 = -10℃$，冷凝温度 $t_k = 40℃$。①采用过冷器过冷，过冷度为 5℃；②采用管道过热循环，过热度为 10℃；③设置回热器，吸气温度为 0℃。试分别进行制冷循环的热力计算。

解　① 采用过冷器过冷：

工作条件：蒸发温度 $t_0 = 5℃$，冷凝温度 $t_k = 40℃$，过冷温度 $t_{gl} = 40 - 5 = 35$（℃）。

在制冷剂 R22 的压焓图上画出相应的制冷循环（图 1-12）：根据 $t_0 = -10℃$ 和 $t_k = 40℃$ 在压焓图上绘制两条等压线，与两条饱和线分别交出制冷压缩机吸气点 1 和冷凝器出液点 3，过点 1 作等熵线与 t_k 等压线交为压缩机排气点 2，过点 3 向液体区作等压线，与 $t_{gl} = 35℃$ 等温线相交得节流点 3′，再过点 3′ 作等焓线与 t_0 等压线交为蒸发器入口点 4′，1→2→3→3′→4′→1 组成该过冷循环。

查取相应的热力状态参数值：$h_1 = 401.6$kJ/kg

$$h_2 = 439.5\text{kJ/kg}$$
$$h_3 = 249.7\text{kJ/kg}$$
$$h_{3'} = h_{4'} = 243.5\text{kJ/kg}$$
$$v_1 = 0.06534\text{m}^3/\text{kg}$$

单位质量制冷量：$q_0 = h_1 - h_{4'} = 158.1$（kJ/kg）

单位容积制冷量：$q_v = \dfrac{q_0}{v_1} = 2419.651$（kJ/m³）

质量流量：$M_R = \dfrac{Q_0}{q_0} = 0.348$（kg/s）

体积流量：$V_R = M_R v_1 = 0.023$（m³/s）

单位冷凝热负荷：$q_k = h_2 - h_3 = 189.8$（kJ/kg）

冷凝器热负荷：$Q_k = M_R q_k = 66.050$（kW）

单位过冷负荷：$q_{gl} = h_3 - h_{3'} = 6.2$（kJ/kg）

过冷器负荷：$Q_{gl} = M_R q_{gl} = 2.158$（kW）

单位理论功：$w_0 = h_2 - h_1 = 37.9$（kJ/kg）

压缩机理论耗功率：$P_{th} = M_R w_0 = 13.189$（kW）

理论制冷系数：$\varepsilon_0 = \dfrac{q_0}{w_0} = 4.17$

② 采用管道过热循环：

工作条件：蒸发温度 $t_0 = -10℃$，冷凝温度 $t_k = 40℃$，吸气温度 $t_{gr} = -10 + 10 = 0$（℃）。

在制冷剂 R22 的压焓图上画出相应的制冷循环（图 1-14）：根据 $t_0 = -10℃$ 和 $t_k = 40℃$ 在压焓图上绘制两条等压线，与两条饱和线分别交出蒸发器出口点 1 和冷凝器出液点 3，过点 1 向蒸气区作等压线，与 $t_{gr} = 0℃$ 等温线相交得压缩机吸气点 1′，再过点 1′ 作等熵线得制冷压缩机排气点 2′，过点 3 作等焓线得蒸发器入口点 4，1→1′→2′→3→4→1 组成该过热循环。

查取相应的热力状态参数值：$h_1 = 401.6$kJ/kg

$$h_{1'} = 409.2\text{kJ/kg}$$
$$h_{2'} = 450.0\text{kJ/kg}$$
$$h_3 = h_4 = 249.7\text{kJ/kg}$$

$$v_{1'} = 0.069 \text{m}^3/\text{kg}$$

单位质量制冷量：$q_0 = h_1 - h_4 = 151.9$（kJ/kg）

单位容积制冷量：$q_v = \dfrac{q_0}{\nu_{1'}} = 2201.449$（kJ/m³）

质量流量：$M_R = \dfrac{Q_0}{q_0} = 0.362$（kg/s）

体积流量：$V_R = M_R \nu_{1'} = 0.025$（m³/s）

单位冷凝热负荷：$q_k = h_{2'} - h_3 = 200.3$（kJ/kg）

冷凝器热负荷：$Q_k = M_R q_k = 72.509$（kW）

单位理论功：$w_0 = h_{2'} - h_{1'} = 40.8$（kJ/kg）

压缩机理论耗功率：$P_{th} = M_R w_0 = 14.770$（kW）

理论制冷系数：$\varepsilon_0 = \dfrac{q_0}{w_0} = 3.7$

③ 设置回热器的制冷循环：

工作条件：蒸发温度 $t_0 = -10℃$，冷凝温度 $t_k = 40℃$，吸气温度 $t_{gr} = 0℃$。

在制冷剂 R22 的压焓图上画出相应的制冷循环（图 1-16）：根据 $t_0 = -10℃$ 和 $t_k = 40℃$ 在压焓图上绘制两条等压线，与两条饱和线分别交出蒸发器出口点 1 和冷凝器出液点 3，过点 1 向蒸气区作等压线，与 $t_{gr} = 0℃$ 等温线相交得压缩机吸气点 $1'$，再过点 $1'$ 作等熵线得制冷压缩机排气点 $2'$，过点 3 作等焓线得点 4，此时点 $3'$ 和点 $4'$ 还不能确定。

由此查取已知点相应的热力状态参数值：

$h_1 = 401.6 \text{kJ/kg}$

$h_{1'} = 409.2 \text{kJ/kg}$

$h_{2'} = 450.0 \text{kJ/kg}$

$h_3 = h_4 = 249.7 \text{kJ/kg}$

$v_{1'} = 0.069 \text{m}^3/\text{kg}$

根据式（1-17）得：

$$h_{4'} = h_4 - (h_{1'} - h_1) = 249.7 - (409.2 - 401.6) = 242.1 \text{（kJ/kg）}$$
$$h_{3'} = 242.1 \text{kJ/kg}$$

因此，过点 3 向液体区作等压线，与 $h_{3'} = 242.1 \text{kJ/kg}$ 等焓线相交得点 $3'$，再过点 $3'$ 作等焓线得蒸发器入口点 $4'$，$1 \to 1' \to 2' \to 3 \to 3' \to 4' \to 1$ 组成该回热制冷循环。

① 单位质量制冷量：$q_0 = h_1 - h_{4'} = 159.5$（kJ/kg）

② 单位容积制冷量：$q_v = \dfrac{q_0}{\nu_{1'}} = 2311.594$（kJ/m³）

③ 质量流量：$M_R = \dfrac{Q_0}{q_0} = 0.345$（kg/s）

④ 体积流量：$V_R = M_R \nu_{1'} = 0.024$（m³/s）

⑤ 冷凝器热负荷：$Q_k = M_R q_k = M_R(h_{2'} - h_3) = 69.104$（kW）

⑥ 回热器热负荷：$Q_h = M_R(h_{1'} - h_1) = 2.622$（kW）

⑦ 单位理论功：$w_0 = h_{2'} - h_{1'} = 40.8$（kJ/kg）

⑧ 压缩机理论耗功率：$P_{th} = M_R w_0 = 14.076$（kW）

⑨ 理论制冷系数：$\varepsilon_0 = \dfrac{q_0}{w_0} = 3.9$

1.4.4 实际压缩过程

制冷压缩机在实际工作过程中，由于存在摩擦等各种损失，压缩也非理想的等熵过程，所以压缩实际耗功量大于理论循环的等熵压缩耗功量。从电动机传到压缩机轴上的功率称为轴功率 P_e，轴功率分为两部分，一部分直接用来压缩气体，称为指示功率 P_i；另一部分用来克服运动部件的摩擦阻力，称为摩擦功率 P_m。即：

$$P_e = P_i + P_m \quad (kW) \qquad (1-19)$$

(1) 指示功率 P_i 和指示效率 η_i

回顾前面知识，在理论制冷循环中，制冷压缩机压缩过程为等熵过程，压缩所消耗的功表示为：

理论比功：$w_0 = h_2 - h_1 \quad (kJ/kg)$

理论功率：$P_{th} = M_R w_0 \quad (kW)$

考虑在实际制冷循环中，制冷压缩机的压缩过程不是等熵过程，而是熵增过程，因此，定义压缩 1kg 制冷剂蒸气因压缩偏离等熵过程而实际消耗的功为指示比功 w_i (kJ/kg)；单位时间内制冷压缩机因压缩偏离等熵过程的制冷剂蒸气所消耗的功为指示功率 P_i (kW)，用下式表示：

$$P_i = M_R w_i \quad (kW) \qquad (1-20)$$

压缩机在实际压缩过程中，偏离等熵过程的程度用指示效率 η_i 表示，指示效率用下式表示：

$$\eta_i = \frac{w_0}{w_i} = \frac{P_{th}}{P_i} \qquad (1-21)$$

由式 (1-21) 可知，通过理论制冷循环计算出理论比功 w_0，只要能得到指示效率 η_i，即可计算出指示比功 w_i 和指示功率 P_i。图 1-17 给出了指示效率与压缩比之间的变化关系，从图中可以得到指示效率。

(2) 摩擦功率 P_m 和摩擦效率 η_m

在实际制冷循环中，制冷压缩机还需克服运动部件的摩擦力和驱动附属设备（如润滑液泵）。因此，制冷压缩机除了因偏离等熵压缩过程而造成多做功外，摩擦也将使压缩机多消耗功率，这部分多消耗的功率称为摩擦功率 P_m，这部分机械损失采用摩擦效率 η_m 表示。摩擦效率用下式表示：

$$\eta_m = \frac{w_i}{w_e} = \frac{P_i}{P_e} \qquad (1-22)$$

其中，制冷压缩机压缩 1kg 制冷剂蒸气实际消耗的功称为实际比功 w_e (kJ/kg)；单位时间内实际制冷循环所消耗的功率为实际功率，即轴功率 P_e (kW)。

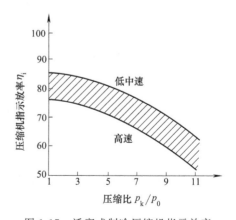

图 1-17 活塞式制冷压缩机指示效率

由式（1-22）可知，只要能得到摩擦效率 η_m，利用指示比功 w_i 和指示功率 P_i，就能计算出实际比功 w_e 和轴功率 P_e。图 1-18 给出了摩擦效率与压缩比之间的变化关系，从图中可以得到摩擦效率。

因此，轴功率可按下式计算：

$$P_e = \frac{P_i}{\eta_m} = \frac{P_{th}}{\eta_i \eta_m} = \frac{M_R(h_2 - h_1)}{\eta_e} \tag{1-23}$$

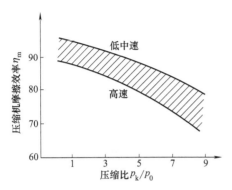

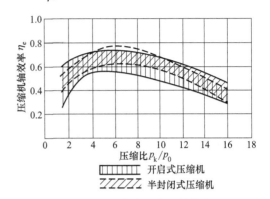

图 1-18 活塞式制冷压缩机摩擦效率

图 1-19 活塞式压缩机轴效率

式（1-23）中，指示效率与摩擦效率的乘积称为压缩机总效率，也称轴效率 η_e。图 1-19表示出轴效率与压缩比之间的变化关系，从图中可以查出压缩机轴效率。

(3) 制冷压缩机电动机的匹配

制冷压缩机由电动机带动进行运转，但电动机将能量传递给压缩机主轴时，存在一定的传动损耗，因此，在确定压缩机匹配电动机功率时，除了考虑制冷压缩机运行状态，还要考虑压缩机与电动机之间的连接方式，并给予一定的裕量。电动机与制冷压缩机之间能量传递造成的功率损耗程度用传动效率表示。压缩机匹配电动机功率计算如下：

$$P_{in} = (1.10 \sim 1.15)\frac{P_e}{\eta_d} = (1.10 \sim 1.15)\frac{P_{th}}{\eta_i \eta_m \eta_d} \tag{1-24}$$

式中 η_d——传动效率，压缩机与电动机直接连接时取1；采用 V 带连接时取0.90～0.95。

1.4.5 实际制冷循环

单级蒸气压缩式制冷理论循环是由等熵压缩、等压冷凝放热、等焓节流降压和等压汽化制冷组成的。但是，实际制冷循环与理论制冷循环存在许多差别，其主要差别归纳如下：

① 制冷剂在压缩机中的压缩过程不是等熵过程。

② 制冷剂通过压缩机吸、排气阀时有节流损失及热量交换。

③ 制冷剂通过管道和设备时，制冷剂与管壁或器壁之间存在流动阻力及与外界的热交换。

④ 热交换过程存在液体过冷和蒸气过热现象。

⑤ 节流过程不完全是绝热过程，即不是等焓过程。

将实际制冷循环偏离理论循环的各种因素综合在一起考虑，可以用图 1-20 表示单级蒸气压缩式制冷的实际循环。图中 $1→2→3→4→1$ 是理论循环；$1'→1''→1^0→2'→2''→2^0→3→3'→4'→1'$ 为实际循环。

过程线 $1' \rightarrow 1''$：低温低压制冷剂从蒸发器向压缩机通过吸气管道时，由于沿途摩擦阻力和局部阻力以及吸收外界热量，所以制冷剂压力稍有降低，温度有所升高。

过程线 $1'' \rightarrow 1^0$：低温低压制冷剂通过吸气阀时被节流，压力降低。

过程线 $1^0 \rightarrow 2'$：这是气态制冷剂在压缩机中的实际压缩过程。压缩开始阶段，制冷剂蒸气温度低于气缸壁温度，蒸气吸收缸壁的热量而使熵增加；当压缩到一定程度后，制冷剂蒸气温度高于气缸壁的温度，蒸气又向气缸壁放出热量而使熵减少，再加之压缩过程中气体内部、气体与缸壁之间的摩擦，因此实际压缩过程是一个多变的过程。

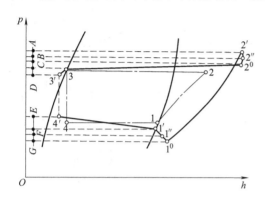

图 1-20　实际制冷循环在压焓图上表示

A—排气阀压降；B—排气管压降；C—冷凝器压降；D—高压供液管压降；E—蒸发器压降；F—吸气管压降；G—吸气阀压降

过程线 $2' \rightarrow 2''$：制冷剂从压缩机排出，通过排气阀时存在节流损失，压力有所降低，其焓值基本不变。

过程线 $2'' \rightarrow 2^0$：高温高压制冷剂气体从压缩机排出后，通过排气管道至冷凝器，由于沿途有摩擦阻力和局部阻力，以及对外散热，制冷剂的压力和温度均有所降低。

过程线 $2^0 \rightarrow 3$：高压气体在冷凝器中的冷凝过程，制冷剂被冷凝为液体，由于制冷剂通过冷凝器时有摩擦阻力和涡流，所以冷凝过程不是定压过程。

过程线 $3 \rightarrow 3'$：高压液体从冷凝器出来至节流机构前的供液管路上由于有摩擦和局部阻力，其次，高压液体的温度高于环境温度，因此要向周围环境散热，所以压力、温度均有所降低。

过程线 $3' \rightarrow 4'$：高压液体在节流机构中节流降压、降温后，通过供液管进入蒸发器，由于节流后温度降低，尽管管道、节流机构采取保温措施，制冷剂还会从外界吸收一些热量而使焓有所增加。

过程线 $4' \rightarrow 1'$：低温低压的制冷剂吸收热量而汽化，由于制冷剂在蒸发器中有流动阻力，所以，蒸发过程也不是定压过程，随着蒸发器形式的不同，压力有不同程度的降低。

综上所述，由于制冷剂存在着流动阻力以及与外界的热量交换等，实际循环中四个基本热力过程（即压缩、冷凝、节流、蒸发）都是不可逆过程，其结果必然导致冷量减少，耗功增加，因此实际循环的制冷系数小于理论循环的制冷系数。

单级蒸气压缩式制冷的实际循环过程从图 1-20 可以看出比较复杂，很难详细计算，所以，在实际计算中以理论循环作为计算基准，再将上诉因素考虑进去进行修正，以此保证实际制冷需要，提高制冷系统的经济性。

实际制冷循环的热力计算是为制冷系统设计服务的。制冷系统设计一般包括设计性计算和校核性计算两类。设计性计算的目的是根据需要设计的制冷系统，按工况要求计算出实际制冷循环的性能指标：制冷压缩机理论输气量、轴功率；冷凝器、蒸发器等热交换设备的热负荷，为设计或选择制冷压缩机、热交换设备提供理论依据。校核性计算的目的是根据已有的制冷压缩机、热交换器型号，校核它能否满足预定的制冷系统的要求。

单级蒸气压缩式实际制冷循环的热力计算步骤：

① 根据设计的制冷系统使用性质或场合，确定其需要的制冷剂和制冷循环形式。

② 确定工作参数。即确定制冷循环的工作压力和工作温度，其中主要为蒸发温度和冷凝温度，另外要考虑吸气温度和过冷温度。

③ 根据已确定的制冷剂、制冷循环方式和制冷工作条件，在对应的制冷剂压焓图上绘制制冷循环，确定各状态点，并查出它们的状态参数。

④ 热力计算。

例 1-4　某空调制冷系统需要制冷量 120kW，选用氨作制冷剂。工作条件为：空调用冷冻水平均温度 10℃，冷却水平均温度 35℃，蒸发器端部传热温差取 5℃，冷凝器端部温差取 5℃，冷凝器实现过冷度 5℃，吸气管道过热度 5℃。压缩机部分损耗为：指示效率 0.8，摩擦效率 0.9，传动效率 0.95。试进行制冷循环的设计性热力计算。

解　已知条件：

低温热源 $t_d = 10℃$

高温热源 $t_g = 35℃$

蒸发器传热温差 $\Delta t_0 = 5℃$

冷凝器传热温差 $\Delta t_k = 5℃$

过冷度 $\Delta t_{gl} = 5℃$

过热度 $\Delta t_{gr} = 5℃$

指示效率 $\eta_i = 0.8$

摩擦效率 $\eta_m = 0.9$

传动效率 $\eta_d = 0.95$

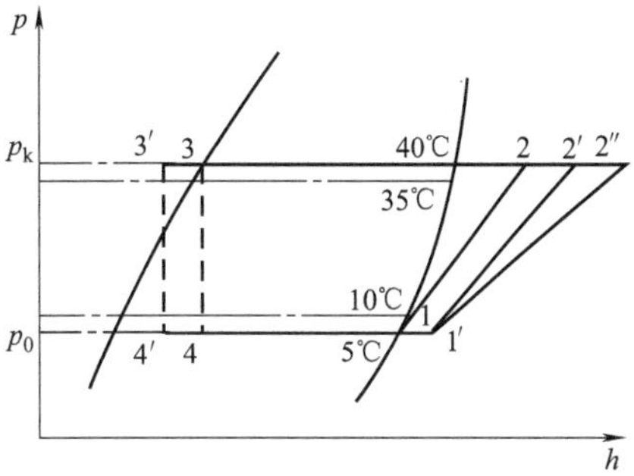

图 1-21　例题 1-4 附图（实际制冷循环）

确定工作参数：

蒸发温度　$t_0 = t_d - \Delta t_0 = 10 - 5 = 5$（℃）

冷凝温度　$t_k = t_g + \Delta t_k = 35 + 5 = 40$（℃）

过冷温度　$t_{gl} = t_k - \Delta t_{gl} = 40 - 5 = 35$（℃）

吸气温度　$t_{gr} = t_0 + \Delta t_{gr} = 5 + 5 = 10$（℃）

在制冷剂氨的压焓图上画出已知状态点（图 1-21）：点 1、1′、2′、2、3、3′、4′、4，注意此时未知点 2″。

由此查取已知点相应的热力状态参数值：$h_1 = 1461.7$ kJ/kg

$$h_{1'} = 1475.5 \text{kJ/kg}$$

$$h_{2'} = 1636.0 \text{kJ/kg}$$

$$h_{3'} = h_{4'} = 366.5 \text{kJ/kg}$$

$$\nu_{1'} = 0.25 \text{m}^3/\text{kg}$$

单位性能指标：

① 单位质量制冷量：$q_0 = h_1 - h_{4'} = 1461.7 - 366.5 = 1095.2$（kJ/kg）

② 单位容积制冷量：$q_v = \dfrac{q_0}{\nu_{1'}} = \dfrac{1095.2}{0.25} = 4380.8$（kJ/m³）

③ 单位理论功：$w_0 = h_{2'} - h_{1'} = 1636.0 - 1475.5 = 160.5$（kJ/kg）

单位指示功：$w_i = \dfrac{w_0}{\eta_i} = \dfrac{160.5}{0.8} = 200.6$（kJ/kg）

单位轴功：$w_e = \dfrac{w_0}{\eta_i \eta_m} = \dfrac{160.5}{0.8 \times 0.9} = 222.9$（kJ/kg）

此时可以确定点 2″：$w_e = h_{2''} - h_{1'} = 222.9$（kJ/kg）

$h_{2''}=w_e+h_{1'}=222.9+1475.5=1698.4$ （kJ/kg）

④ 单位冷凝热负荷：$q_k=h_{2''}-h_{3'}=1698.4-366.5=1331.9$ （kJ/kg）

质量流量：$M_R=\dfrac{Q_0}{q_0}=\dfrac{120}{1095.2}=0.11$ （kg/s）

体积流量：$V_R=M_R\nu_{1'}=0.11\times0.25=0.028$ （m³/s）

压缩机功率：

① 压缩机理论耗功率：$P_{th}=M_R w_0=0.11\times160.5=17.7$ （kW）

② 压缩机指示耗功率：$P_i=M_R w_i=0.11\times200.6=22.1$ （kW）

③ 压缩机轴功率：$P_e=M_R w_e=0.11\times222.9=24.5$ （kW）

④ 电动机功率：$P_{in}=(1.10\sim1.15)\dfrac{N_e}{\eta_d}=1.10\times\dfrac{24.5}{0.95}=28.4$ （kW）

热交换器负荷：

① 蒸发器：已知制冷量 120kW

② 冷凝器热负荷：$Q_k=M_R q_k=0.11\times1331.9=146.5$ （kW）

评价制冷循环经济性：

① 理想制冷系数：$\varepsilon_c=\dfrac{T_0'}{T_k'-T_0'}=\dfrac{273+10}{(273+35)-(273+10)}=11.32$

② 理论制冷系数：$\varepsilon_0=\dfrac{q_0}{w_0}=\dfrac{1095.2}{160.5}=6.8$

③ 实际制冷系数：$\varepsilon=\dfrac{q_0}{w_e}=\dfrac{1095.2}{222.9}=4.9$

④ 热力完善度：$\eta=\dfrac{\varepsilon}{\varepsilon_c}=\dfrac{4.9}{11.32}=43\%$

1.5 影响制冷效率的因素

1.5.1 制冷效率的影响因素

评价制冷效率的指标主要有两种：

① 性能系数。性能系数指制冷压缩机消耗单位轴功率所能产出的制冷量，用符号 COP（coefficient of performance）表示，单位为 kW/kW，表示为：

$$COP=\frac{Q_0}{P_e}=\varepsilon_0\eta_i\eta_m \tag{1-25}$$

② 能效比。能效比是考虑到制冷压缩机的驱动电动机效率对制冷能耗的影响，以单位电动机功率对应的制冷量大小进行评价，用符号 EER（energy efficiency ratio）表示，单位为 kW/kW，表示为：

$$EER=\frac{Q_0}{P_{in}}=\frac{\varepsilon_0\eta_i\eta_m\eta_d}{1.10\sim1.15} \tag{1-26}$$

同时，在工程中常常采用性能曲线直观表示制冷效率，如图 1-22 所示为活塞式制冷压缩机性能曲线，图中表示了制冷压缩机性能与制冷循环的蒸发温度和冷凝温度具有函数关系，即：

$$COP=f_c(t_0,t_k) \tag{1-27}$$

$$EER = f_e(t_0, t_k) \quad (1\text{-}28)$$

由制冷循环热力学分析：

$$Q_0 = V_R q_v \quad (1\text{-}29)$$

$$P_{th} = M_R w_0 = \frac{V_R}{\nu_{吸}} w_0 \quad (1\text{-}30)$$

可以看出，对于一台已有的制冷压缩机来说，理想情况下 V_R 为定值，所以分析制冷量 Q_0 和功耗 P_{th} 仅与制冷循环的热力性质 q_v、w_0、$\nu_{吸}$ 有关，而这些量都是随工作温度（即蒸发温度和冷凝温度）变化而变化的，因此制冷效率的主要影响因素是蒸发温度和冷凝温度。

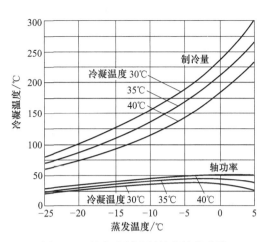

图1-22　活塞式制冷压缩机性能曲线

(1) 冷凝温度对制冷循环效率的影响

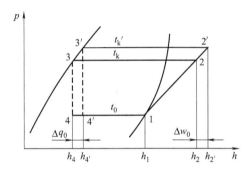

图1-23　冷凝温度变化对制冷理论循环影响

如图1-23所示，假定蒸发温度不变，当冷凝温度由 t_k 升高到 t_k' 时，理论制冷循环由 $1 \rightarrow 2 \rightarrow 3 \rightarrow 4 \rightarrow 1$ 变为 $1 \rightarrow 2' \rightarrow 3' \rightarrow 4' \rightarrow 1$。

从图1-23中可看出：

① 冷凝温度由 t_k 升高，制冷循环的单位质量制冷量 q_0 减少了（Δq_0）；

② 当冷凝温度由 t_k 升高，虽然进入压缩机的蒸气比容 $\nu_{吸}$ 没有变化，但由于单位质量制冷量 q_0 减小，故单位容积制冷量 q_v 也减少了；

③ 冷凝温度由 t_k 升高，单位压缩理论功 w_0 增大了（Δw_0）。

从上分析可知，当蒸发温度 t_0 为定值，制冷循环随冷凝温度 t_k 升高时，制冷机的制冷量 Q_0 减少，功率消耗 P_{th} 增加，制冷系数下降。

(2) 蒸发温度对制冷循环效率的影响

如图1-24所示，假定冷凝温度不变，当蒸发温度由 t_0 降至 t_0' 时，理论制冷循环由 $1 \rightarrow 2 \rightarrow 3 \rightarrow 4 \rightarrow 1$ 变为 $1' \rightarrow 2' \rightarrow 3 \rightarrow 4' \rightarrow 1'$。

从图1-24中可看出：

① 蒸发温度降低，单位质量制冷量 q_0 虽然变化不大，但还是有所降低（Δq_0）；

② 蒸发温度降低，压缩机吸气比容增大了（$\nu_{1'} > \nu_1$），因而单位容积制冷量 q_v 及制冷量 Q_0 都在减小。所以说蒸发温度对制冷量的影响

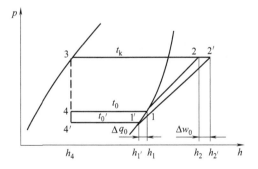

图1-24　蒸发温度对制冷理论循环影响

是双重的，在制冷循环应用中应高度重视蒸发温度的影响；

③ 单位压缩理论功 w_0 增大了（Δw_0），但由于吸气比容也增大，根据式（1-29），在这种情况下就无法直接看出制冷机功率的变化情况。为了找出其变化规律，学者制作了蒸发温度变化时制冷循环压缩机消耗功率的变化图，如图1-25所示。从图中可以看出，蒸发温度

越低，单位理论耗功越大，但所需轴功率随蒸发温度变化有一个峰值，此时制冷压缩机的功耗最大。通过热力学分析可知，此峰值取决于制冷循环的压缩比 p_k/p_0。对不同制冷剂的计算发现，峰值出现在压缩比 $p_k/p_0 \approx 3$ 附近。即对于各种制冷剂，若冷凝温度不变，压缩比 p_k/p_0 约等于 3 时功率消耗最大。这一通性在选择压缩机的电动机功率时具有重要意义。

从上分析可知，当冷凝温度 t_k 为定值，制冷循环随蒸发温度 t_0 降低时，循环的制冷系数下降。

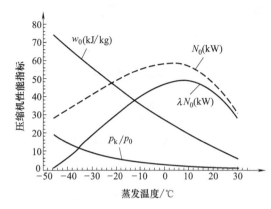

图 1-25　活塞式制冷压缩机理论耗功量和需用功率（制冷剂 R22，活塞排量 100L/s，相对余隙容积 0.045，冷凝温度 40℃）

1.5.2　制冷工况

由制冷循环效率的影响因素可知，制冷机的制冷量、功率消耗及其他特性指标是随蒸发温度 t_0 及冷凝温度 t_k 变化而变化的，因此不讲制冷机的工作条件（即工作温度压力）而单讲制冷量的大小是没有意义的。故在说明制冷机性能比较时，必须规定一组共同的工作温度作为比较基准，这就是所谓的制冷机工况，是指制冷压缩机工作的状况，即制冷压缩机工作的条件。它的工作参数包括蒸发温度、冷凝温度、吸气温度和过冷温度。

我国对中小型单级活塞式制冷压缩机主要采用的工况有以下几种（表 1-5）。

标准工况：根据制冷机在使用中最常遇到的工作条件以及我国多数地区一年里最常出现的气候条件为基础而确定的工况。制冷机铭牌上标出的制冷量和功率就是指标准工况下的制冷量和功率。

空调工况：规定的制冷机在作空调使用时的温度条件。空调被冷却介质的温度较高，因此规定的蒸发温度为 5℃；而空调制冷几乎都是在夏季使用，因此冷凝温度也规定得较高。

最大压差工况：在设计制冷压缩机时需要使用的工况。作为制冷压缩机的主要零部件进行强度计算的依据，因此，制冷压缩机在运转过程所承受的压差不得大于这一规定。

最大功率工况：制冷机在冷凝温度一定而蒸发温度变化时会有一个功率最大的工况（即压缩比 $p_k/p_0 \approx 3$ 时）。通常制冷机在启动过程会经过这一工况，因此，为了防止电动机超载，要根据这一工况来确定驱动压缩机的电动机的功率。

表 1-5　中小型单级活塞式制冷压缩机的工况　　　　　　　　　　　　　℃

工况	工质	蒸发温度	吸气温度	冷凝温度	过冷温度
标准工况	R717	−15	−10	+30	+25
	R22	−15	+15	+30	+25
空调工况	R717	+5	+10	+40	+35
	R22	+5	+15	+40	+35
最大压差工况	R717	−20	−15	+40	+40
	R22	−30	+15	+40	+40
最大功率工况	R717	+5	+10	+40	+35
	R22	+5	+15	+40	+35

我们对制冷循环进行热力计算的目的是对制冷系统组成设备进行选型，但前面所进行的制冷循环热力计算，都是在设计工况下计算的，得到的制冷量和功耗也是设计工况下的数值，而产品样本上给出的设备技术参数是在标准工况或空调工况下的参数。由于设计工况往往与产品样本上的标准工况（或空调工况）不同，因此不能直接选取，需要通过工况换算后再进行产品样本查找选配。如选用压缩机时，需先把设计工况下的制冷量 $Q_{0设}$ 换算为制冷压缩机的标准工况（或空调工况）下的制冷量 $Q_{0标}$，用 $Q_{0标}$ 才能从产品样本中根据给出的标准制冷量选取需要的制冷压缩机。

设计工况制冷量换算：

$$Q_{0设} = Q_{0标} \frac{\lambda_{设} q_{v设}}{\lambda_{标} q_{v标}} = k_i Q_{0标} \tag{1-31}$$

式中　　k_i——压缩机制冷量换算系数。

表 1-6 给出立式和 V 型氨用制冷压缩机的换算系数表，利用换算系数可以将设计工况下的制冷量与标准工况下的制冷量进行相互换算。

表 1-6　立式和 V 型氨用制冷压缩机的换算系数 k_i　　　　　　℃

蒸发温度	冷凝温度															
	25	26	27	28	29	30	31	32	33	34	35	36	37	38	39	40
−15	1.07	1.06	1.04	1.03	1.01	1.0	0.99	0.98	0.96	0.95	0.94	0.93	0.91	0.90	0.88	0.87
−14	1.13	1.12	1.10	1.09	1.07	1.06	1.05	1.04	1.02	1.01	1.0	0.98	0.97	0.95	0.94	0.92
−13	1.19	1.18	1.16	1.15	1.13	1.12	1.11	1.09	1.08	1.06	1.05	1.03	1.02	1.0	0.99	0.97
−12	1.26	1.24	1.23	1.21	1.20	1.18	1.17	1.15	1.14	1.12	1.11	1.09	1.08	1.06	1.05	1.03
−11	1.32	1.30	1.29	1.27	1.26	1.24	1.22	1.21	1.19	1.18	1.16	1.14	1.13	1.11	1.10	1.08
−10	1.38	1.36	1.35	1.33	1.32	1.30	1.28	1.27	1.25	1.24	1.22	1.20	1.18	1.17	1.15	1.13
−9	1.46	1.44	1.42	1.41	1.39	1.37	1.35	1.34	1.32	1.31	1.29	1.27	1.25	1.24	1.22	1.20
−8	1.53	1.51	1.49	1.48	1.46	1.44	1.42	1.41	1.39	1.38	1.36	1.34	1.32	1.30	1.28	1.26
−7	1.61	1.59	1.57	1.56	1.54	1.52	1.50	1.48	1.46	1.44	1.42	1.40	1.38	1.37	1.35	1.33
−6	1.68	1.66	1.64	1.63	1.61	1.59	1.57	1.55	1.53	1.51	1.49	1.47	1.45	1.43	1.41	1.39
−5	1.76	1.74	1.72	1.70	1.68	1.66	1.64	1.62	1.60	1.58	1.56	1.54	1.52	1.50	1.48	1.46
−4	1.85	1.83	1.81	1.79	1.77	1.75	1.73	1.71	1.68	1.66	1.64	1.62	1.60	1.58	1.56	1.54
−3	1.94	1.92	1.90	1.88	1.86	1.84	1.82	1.80	1.77	1.75	1.73	1.71	1.68	1.66	1.63	1.61
−2	2.04	2.02	1.99	1.97	1.94	1.92	1.90	1.88	1.85	1.83	1.81	1.79	1.76	1.74	1.71	1.69
−1	2.13	2.11	2.08	2.06	2.03	2.01	1.99	1.97	1.94	1.92	1.90	1.87	1.84	1.82	1.79	1.76
0	2.22	2.20	2.17	2.15	2.12	2.10	2.08	2.05	2.03	2.0	1.98	1.95	1.92	1.90	1.87	1.84
1	2.33	2.31	2.28	2.26	2.23	2.21	2.18	2.16	2.13	2.11	2.08	2.05	2.02	2.0	1.97	1.94
2	2.44	2.41	2.39	2.36	2.34	2.31	2.28	2.26	2.23	2.21	2.18	2.15	2.12	2.10	2.07	2.04
3	2.56	2.53	2.50	2.48	2.45	2.42	2.39	2.36	2.34	2.31	2.28	2.25	2.22	2.19	2.16	2.13
4	2.67	2.64	2.61	2.58	2.55	2.52	2.49	2.46	2.44	2.41	2.38	2.35	2.32	2.29	2.26	2.23
5	2.78	2.75	2.72	2.69	2.66	2.63	2.60	2.57	2.54	2.51	2.48	2.45	2.42	2.39	2.36	2.33
10	3.45	3.41	3.37	3.34	3.30	3.26	3.22	3.19	3.15	3.12	3.08	3.04	3.01	2.97	2.94	2.90

1.6　跨临界制冷循环

制冷剂物理性质都有一个临界温度和压力，也就是制冷剂在压焓图和温熵图上存在一个

临界点 K，前面介绍的制冷循环是在远离临界点的范围内进行的，故称之为亚临界循环。亚临界循环是目前制冷、空调领域广泛应用的制冷循环形式，主要应用于普通制冷范围内高温和中温制冷剂的制冷循环。但是，在普通制冷范围内如果采用低温制冷剂工作，冷却介质仍是自然环境的空气和水，则压缩机排气压力会高于临界压力，而蒸发压力位于临界压力之下，制冷剂的临界点位于制冷循环内 [图 1-26（b）]，这类循环称为跨临界循环或超临界循环。

跨临界制冷循环与常规蒸气压缩式制冷循环类似，不同之处在于制冷剂的吸热过程和放热过程分别在亚临界区和超临界区进行 [图 1-26（b）]。压缩机吸气压力低于临界压力，蒸发温度也低于临界温度，循环的吸热蒸发制冷过程是在亚临界条件下进行的，换热过程主要依靠潜热来完成，这与常规蒸气压缩式制冷循环相同，热交换器仍是蒸发器（制冷剂发生蒸发相变）；而压缩机排气压力高于临界压力，制冷剂的放热过程不同于常规蒸气压缩式制冷循环的冷凝过程，放热过程依靠显热来完成，此时高压端的热交换器不能成为冷凝器，而称作气体冷却器（制冷剂降温而非冷凝相变）。因此，简单单级跨临界制冷系统包括压缩机、气体冷却器、节流阀和蒸发器，制冷循环的典型流程如图 1-26（a）所示。图中，过程 1→2 是低压气态制冷剂经压缩机被压缩成高压气态制冷剂，过程 2→3 是高压气态制冷剂经气态冷却器定压放热而降温，过程 3→4 是降温后的制冷剂经节流阀进行节流降压，过程 4→1 是低压液态制冷剂在蒸发器中定压吸热蒸发，成为气态制冷剂回到压缩机，从而完成一个制冷循环。

跨临界制冷循环采用的典型制冷剂是 CO_2（R744）。CO_2 作为自然工质，在环保、理化等方面的综合评价较传统氟利昂类工质有明显优势，其应用对减少温室效应和臭氧层破坏具有重要意义。CO_2 曾是最早的制冷剂之一，在 19 世纪末到 20 世纪 30 年代得到普遍应用，尤其在船舶行业应用高达 80%。但由于当时采用亚临界循环，制冷效率较低，特别当环境温度稍高时，其制冷能力急剧下降，且功耗增大。随着制冷剂环保问题日益突出，CO_2 跨临界制冷循环的提出，CO_2 作为制冷剂重新得到重视，其优点是对环境无污染，且无毒无害，尤其在高压冷却过程，由于流体在超临界条件下的特殊热物理性质，使 CO_2 在流动和换热方面都具有无与伦比的优势，而且，气态冷却器中制冷剂与冷却介质逆流热交换，既可以减少高压侧不可逆传热损失，又可以通过跨临界循环获得较高的排气温度和较大的温度变化，避免热源温度过高导致的系统性能下降；缺点是系统压力很高，对设备承压有较高要求，因此设备较为笨重。

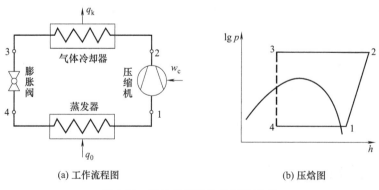

(a) 工作流程图　　　　　(b) 压焓图

图 1-26　简单单级跨临界制冷循环

CO_2 跨临界制冷循环热力过程为：低温低压的 CO_2 制冷工质在蒸发器中吸收周围环境介质或被冷却物体的热量由液体变为低压过热蒸气，低压的 CO_2 蒸气进入制冷压缩机被绝热压缩为高压高温的气体，高压高温的 CO_2 气体然后进入空气冷却器，与冷却介质进行热交换，放出热量，被定压冷却，然后进入节流阀（或膨胀机）绝热节流（或绝热膨胀）为低压低温的湿蒸气，低压低温的 CO_2 液体重新进入蒸发器定压吸热蒸发，使被冷却介质温度降低，制取冷量。如此往复循环，实现连续制冷。因此，CO_2 跨临界制冷循环热力计算为：

① 单位质量制冷量 q_0：

$$q_0 = h_1 - h_4 \qquad (\text{kJ/kg}) \qquad (1\text{-}6')$$

② 单位冷却热负荷 q_k：

$$q_k = h_2 - h_3 \qquad (\text{kJ/kg}) \qquad (1\text{-}10')$$

③ 单位理论功 w_0：

$$w_0 = h_2 - h_1 \qquad (\text{kJ/kg}) \qquad (1\text{-}12')$$

④ 理论制冷系数 ε_0：

$$\varepsilon_0 = \frac{q_0}{w_0} = \frac{h_1 - h_4}{h_2 - h_1} \qquad (1\text{-}14')$$

制冷循环能量平衡方程：

$$w_0 = q_k - q_0$$

前面我们已知，在亚临界制冷循环中，两个换热均是相变，温度与压力互为函数，影响蒸气压缩式制冷循环制冷系数的主要因素是制冷过程的两个工作压力（工作温度）。当蒸发压力（温度）为定值，制冷循环的制冷系数随冷凝压力（温度）升高而下降；当冷凝压力（温度）为定值，制冷系数随蒸发压力（温度）降低而下降。

但是在 CO_2 跨临界制冷循环过程中，超临界压力下的 CO_2 无饱和状态，温度与压力彼此独立。当蒸发温度 t_0 和气体冷却器出口温度 t_3 保持恒定时，制冷循环的制冷系数随高压侧压力 p_2（或压缩比 p_2/p_1）的升高，单位理论功耗 w_0 呈直线规律上升，而单位质量制冷量 q_0 上升幅度却有逐渐减小的趋势，二者综合作用的结果使得制冷系数 ε 先逐渐升高再逐渐下降，在某个高压侧压力 p_2 下出现最大值 $\varepsilon_{\max}$，对应于最大制冷系数 $\varepsilon_{\max}$ 的压力称为最优高压侧压力 p_{20pt}。研究表明，p_{20pt} 受气体冷却器出口温度 t_3 的影响几乎成线性增函数规律变化，但蒸发温度 t_0 对其影响并不明显。利用制冷循环的制冷系数 ε_0 计算公式，根据极值存在条件求解 p_{20pt}：

$$\frac{\partial \varepsilon_0}{\partial p_2} = \frac{-\left(\frac{\partial h_3}{\partial p_2}\right)_{T_3}(h_2 - h_1) - \left(\frac{\partial h_2}{\partial p_2}\right)_s(h_1 - h_3)}{(h_2 - h_1)^2} = 0$$

$$\frac{-\left(\frac{\partial h_3}{\partial p_2}\right)_{T_3}}{h_1 - h_3} = \frac{\left(\frac{\partial h_2}{\partial p_2}\right)_s}{h_2 - h_1} \qquad (1\text{-}32)$$

根据状态方程和热力学关系式，原则上可以由式（1-32）确定出不同条件下的最优高压侧压力 p_{20pt}。工程中可以使用半经验公式计算：

$$p_{20pt} = (2.778 - 0.015t_0)t_3 + (0.381t_0 - 9.34) \qquad (1\text{-}33)$$

在实际工程中，对于 CO_2 跨临界制冷循环常常会采用蒸气回热循环、用膨胀机回收膨胀功等方式改善制冷循环、提高制冷效率。

① 蒸气回热循环。图 1-27 是带有回热器的 CO_2 跨临界制冷循环工作流程及压焓图，与常规亚临界循环的回热循环相似，在回热器中，蒸发器出口的低温低压气态 CO_2 与气体冷却器出口的高温高压 CO_2 进行热交换，蒸发器出口的低温低压气态 CO_2 过热保证干压缩，气体冷却器出口的高温高压 CO_2 得到进一步冷却，降低节流阀入口 CO_2 的温度 t_3，从而提高制冷循环的单位质量制冷量，使循环的理论制冷系数得到提升。同理，由图 1-27（b）可知，单位质量制冷剂的回热量为：

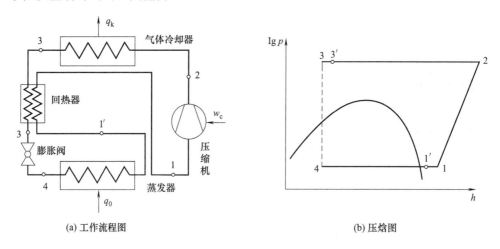

(a) 工作流程图　　　　　　　　　　　　　　(b) 压焓图

图 1-27　带回热的单级跨临界制冷循环

$$q_h = h_3 - h_{3'} = h_{1'} - h_1 \qquad (kJ/kg) \qquad (1\text{-}17')$$

制冷循环的理论制冷系数为：

$$\varepsilon_0 = \frac{q_0}{w_0} = \frac{h_{1'} - h_4}{h_2 - h_1} \qquad (1\text{-}34)$$

② 用膨胀机回收膨胀功。节流阀在制冷循环过程中存在节流损失，利用膨胀机代替节流阀、回收制冷剂从高压到低压过程的膨胀功可以有效提高制冷效率。将膨胀机回收能量作为压缩气体所必需能量的一部分来加以利用，制冷循环的制冷系数在双重意义上得以提高，既减少了节流损失，又可降低功耗，而且 CO_2 的膨胀比比较低，膨胀功的回收率较高，因此采用膨胀机循环在实际工程中更具有可行性。

图 1-28 是采用膨胀机的 CO_2 跨临界制冷循环工作流程及温熵图，CO_2 在膨胀过程中出现气液相变，体积变化不大，主要靠压力势能和 CO_2 相变提供输出功。此过程是自发过程，伴有压力波的传递。图 1-28（b）中过程 3→4 表示采用节流阀等焓节流，过程 3→5 表示膨胀机内部的等熵膨胀过程，单位质量制冷剂输出轴功是点 3 与点 5 的焓差，它包括两个部分：一部分是超临界流体转变为饱和液体过程中输出的轴功（过程 3→6），该过程没有相变，只有液体，称为液体功；另一部分是在膨胀过程中出现相变，有气泡产生，由气液两相流体的容积膨胀输出的轴功（过程 6→5），称为相变功。

将膨胀机应用于制冷来回收膨胀功的方法：可以采用将膨胀机的输出轴与压缩机的驱动轴连接，作为压缩动力的一部分；也可以将膨胀机与压缩机做成一体结构，不向外部输出膨胀压力，回收其作为压缩动力的一部分加以利用。

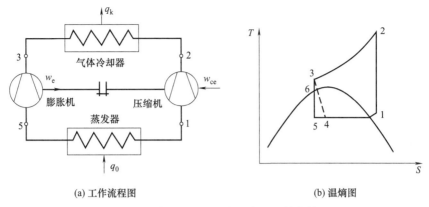

(a) 工作流程图　　　　　　　　(b) 温熵图

图 1-28　采用膨胀机的单级跨临界制冷循环

思考与练习

1. 简述单级蒸气压缩式制冷系统组成及其功能。

2. 理论制冷循环与逆卡诺循环有哪些区别？各由哪些过程组成？在实际制冷过程中可以采用哪些方法改善制冷循环？

3. 简述蒸气压缩式制冷理论循环中各个热力过程的特点，实际循环与之差别。

4. 为什么称压缩机吸气管内的过热为有害过热？是否需要采用适当方法避免发生？

5. 冰箱储物需要低温，是否温度越低越好？为什么？

6. 家用空调器和大厦集中空调系统，所用制冷循环一样，是什么原因造成它们的制冷量差别巨大？

7. 某一氨理论制冷循环，在 7℃ 时吸收热量 2.8kW，而放热温度为 40℃，计算所需理论功耗。

8. 有一单级蒸气压缩式制冷循环用于空调，假定为理论制冷循环，工作条件如下：蒸发温度 $t_0 = 5℃$，冷凝温度 $t_k = 40℃$，制冷剂为 R22。空调房间需要的制冷量是 3kW，试对该理论制冷循环进行热力计算。

9. 某空调系统需冷量 20kW，采用 R134a 作为制冷剂的压缩式制冷，蒸发温度 4℃，冷凝温度 40℃，无再冷，而且压缩机入口为饱和气体，试进行制冷理论循环的热力计算。

10. 某氨压缩制冷装置制冷量 20kW，蒸发器出口温度为 −20℃ 的干饱和蒸气，被压缩机绝热压缩后，进入冷凝器，冷凝温度为 30℃，冷凝器出口是温度 25℃ 的氨液，试对该制冷装置进行热力计算。

11. 某制冷循环的蒸发温度 $t_0 = -5℃$，冷凝温度 $t_k = 40℃$，出冷凝器的状态为冷凝压力下的饱和液体状态，吸入蒸气由 −5℃ 过热到 10℃，工质为 R22，压缩机排气量为 $4.5 \times 10^{-3} \, \mathrm{m^3/s}$。试对该制冷循环进行热力计算。

12. 某空调系统需要制冷量为 35kW，采用 R22 制冷剂，采用回热循环，其工作条件是：蒸发温度 0℃，冷凝温度 40℃，吸气温度 15℃，试进行其理论循环热力计算。

13. 某一单级蒸气压缩式制冷循环用于高温冷库，冷库总热量 $Q = 50kW$。用 R22 做制冷剂，要求库温为 0℃。当地冷却介质温度为 30℃，制冷剂与热源的传热温差为 10℃，试计算该制冷循环的制冷系数（不考虑制冷循环的过冷和过热）。

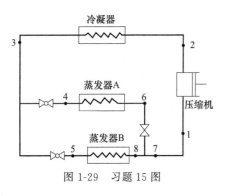

冷凝器

蒸发器A

压缩机

蒸发器B

图 1-29 习题 15 图

14. 某空调制冷系统，工质为氨，需要制冷量为 48kW。空调用冷水温度为 10℃，冷却水温度为 32℃，蒸发器端部传热温差 5℃，冷凝器端部传热温差 8℃，如果采用液体过冷度 5℃，吸气管有害过热度 5℃，压缩机指示效率 0.8，摩擦效率 0.9，试对制冷机进行热力计算。

15. 如图 1-29 的氨制冷系统，冷凝温度 35℃，蒸发器 A 的蒸发温度 0℃，蒸发器 B 的蒸发温度 −20℃，它们的制冷量分别为 $Q_{0A}=6.98kW$，$Q_{0B}=6.98kW$，冷凝器和蒸发器出口均为饱和状态，不考虑吸气管道的过热损失。①画出制冷循环的压焓图；②计算制冷循环的各部分流量；③计算冷凝器热负荷；④计算压缩机理论耗功量。

第2章

双级压缩和复叠式制冷原理

目标要求：

① 理解采用双级压缩的原因，双级压缩的分类；

② 熟悉两级节流，复叠式制冷的工作原理；

③ 掌握两级压缩制冷循环的热力计算；

④ 熟练应用两级压缩在制冷实际循环中的应用。

制冷循环中的冷凝温度和蒸发温度取决于高低温热源的温度以及温差，当采用环境条件下的空气或水来冷却冷凝器中的制冷剂时，单级蒸气压缩式制冷循环的蒸发温度最低约为 $-20 \sim -30℃$，甚至当采用制冷机 R502 时，可以达到 $-40℃$ 左右的蒸发温度。实际生产过程中，往往需要制冷循环能够制取更低的蒸发温度，此时单级蒸气压缩式制冷就无法满足要求，而需要采用多级或复叠式蒸气压缩式制冷循环。

2.1 双级蒸气压缩式制冷

2.1.1 采用双级压缩的原因

对于单级蒸气压缩式制冷循环来说，当冷凝压力一定时，要想达到较低的蒸发温度，其蒸发压力也会随之降低，这使得压缩机的压缩比（压缩比是指气体压缩后的绝对压力与压缩前的绝对压力之比，在制冷机中常以冷凝压力与蒸发压力之比代替）增大，而压缩比增大产生的问题有：

① 节流损失和过热损失增加，制冷系数降低。当蒸发温度由 t_0 降到 t_0' 时，进入蒸发器的状态点由点 4 变为点 $4'$，如图 2-1（蒸发温度降低对单级制冷循环的影响）所示，干度增大；吸气状态点由点 1 变为点 $1'$，吸气比容增加；单位质量制冷量和单位容积制冷量减少，单位质量压缩功增加，制冷循环的制冷系数降低。

② 压缩机的排气温度升高。压缩机的排气温度升高，压缩机的气缸壁温度随之上升。吸入蒸气的温度升高，比容增加，吸气量减少。同时，当排气温度升高会恶化润滑油的工作条件，降低润滑油的黏度，甚至使润滑油裂解，影响压缩机的正常工作，损坏压缩机的部件。对于不同制冷剂，压缩机都有最高排气温度限制：$R717 < 140℃$，$R22 < 115℃$。

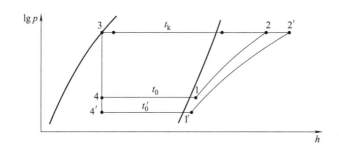

图 2-1　蒸发温度降低对单级制冷循环的影响

③ 压缩机的容积效率下降。压缩比增大，导致压缩机容积效率减小，如当压缩比达到 20 左右时，往复式压缩机的容积效率接近 0（即不吸气）。此时，压缩机的气缸中不再吸入新的制冷剂蒸气，只是气缸余隙容积中残留的制冷剂压缩与膨胀，制冷量为零。所以，用单级压缩循环所能达到的最低温度是有一定限制的，不同制冷剂的最低蒸发温度见表 2-1。

表 2-1　活塞式制冷压缩机单级制冷循环的最低蒸发温度　　　　　　　　　　℃

制冷剂		冷凝温度				
		30	35	40	45	50
最低蒸发温度	R22	−37.2	−33.8	−31.8	−28.3	−25.4
	R134a	−31.9	−28.9	−25.5	−22.8	−20.0
	R717	−25.8	−22.6	−19.5		

综合上述原因，单级制冷压缩机所能达到的最低蒸发温度是有限制的，要想获得更低的温度，就需要采用多级压缩。采用多级压缩可以从根本上改善制冷循环的性能指标，多级压缩制冷循环的基本特点是分级压缩并进行中间冷却。采用多级压缩后，每一级的压力比减小，这样就会提高压缩机的输气系数和指示效率，同时由于排气温度降低，润滑情况有了很大改善，保障了压缩机的运行安全。从理论上讲，级数越多，节省的功也越多，制冷系数也就越大。如果是无穷级数，则整个压缩过程越接近等温压缩。然而，实际上并不采用过多的级数，因为每增加一级都需要增添设备，提高成本，也提高了技术复杂性。另外，由于压缩机不能保持很低的蒸发压力，在应用中温制冷剂时，三级压缩循环的蒸发温度范围与双级压缩循环相差不大，所以制冷循环中采用三级压缩循环很少，一般采用双级压缩循环。经过大量的实验可知：只有当氨制冷系统压缩比≥8 时；氟利昂制冷系统压缩比≥10 时，采用双级压缩较单级压缩更为经济合理。

2.1.2　双级压缩的工作原理

双级压缩制冷循环，是指来自蒸发器的制冷剂蒸气要经过低压与高压压缩机两次压缩后，才进入冷凝器，它的实质是压缩过程分两阶段进行：蒸发压力→中间压力→冷凝压力。在两次压缩过程中间往往设置中间冷却器，对低压级压缩机的排气进行冷却，从而降低高压级压缩机的吸气温度。

双级压缩制冷循环系统可以是由两台单级压缩机组成的双机双级系统（其中一台为低压级压缩机，另一台为高压级压缩机）；也可以是由一台双级压缩机组成的单机双级系统，其中一个或两个气缸作为高压缸，其余几个气缸作为低压缸，其高、低压气缸输气量比一般为1：3 或 1：2。

中间冷却方式根据进入高压压缩机的状态可以分为中间完全冷却和中间不完全冷却。中间完全冷却是指将低压级的排气冷却到中间压力下的饱和蒸气；中间不完全冷却是指未将排气冷却到中间压力下的饱和蒸气，即进入高压压缩机的为中间压力下的过热蒸气。采用哪一种中间冷却方式与制冷剂的种类有关。对于采用回热循环制冷系数提高的工质应用中间不完全冷却循环（高压级吸入的是过热蒸气）比较有利，如 R502、R290；对于采用回热循环制冷系数下降的工质采用中间完全冷却循环（高压级吸入的是饱和蒸气），如 NH₃、R134a；R22 在双级压缩循环中可以采用中间完全冷却循环，也可以采用中间不完全冷却循环，小型的两级压缩机组，为使系统和设备简化起见，通常多采用中间不完全冷却循环。

根据制冷剂液体从冷凝器到蒸发器之间经历的节流个数可以分为一级节流和二级节流。一级节流是指供液的制冷剂液体直接由冷凝压力节流至蒸发压力；二级节流是指冷凝器流出的制冷剂液体先经过节流阀一级节流降压至中间压力，然后再由中间压力通过另外一个节流阀二级节流降压至蒸发压力。采用两级节流循环，增加单位质量制冷量，耗功相同，制冷系数提高。实际工程应用中采用两级节流时，中间冷却器应靠近蒸发器。因为从中间冷却器中出来的液体是饱和液体，流动中有阻力损失，会产生闪发气体，减小进入膨胀阀的液体量，会存在供液不足的现象。因此，一级节流应用较多。

氨双级压缩制冷系统一般采用一级节流中间完全冷却的双级压缩，而氟利昂制冷系统常采用一级节流中间不完全冷却的双级压缩。

2.1.3 一级节流中间完全冷却的双级压缩制冷循环

(1) 工作过程

图 2-2 为一级节流中间完全冷却的双级压缩制冷循环系统图和压焓图，它与单级压缩制冷循环流程的主要区别是高压压缩机与低压压缩机的质量流量不相同，除此之外设备还增设了节流阀和中间冷却器。

如图 2-2（a）所示，蒸发器里的制冷剂液体低压沸腾，制冷并气化为状态 1 的饱和蒸气，进入低压压缩机，在低压压缩机进行一次压缩，压缩到中间压力下的制冷剂过热蒸气即状态 2 后进入到中间冷却器，在中间冷却器中冷却到中间压力下的饱和蒸气 3，再次进入到高压压缩机中进行二次压缩，当压力达到冷凝压力即过热状态点 4 时，送入到冷凝器进行冷

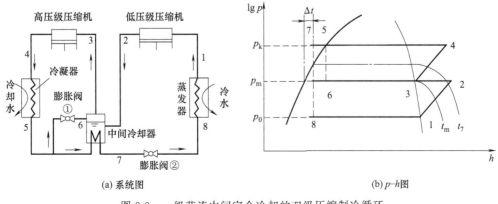

(a) 系统图　　　　　　　　　　　　　　　　　(b) p—h 图

图 2-2 一级节流中间完全冷却的双级压缩制冷循环

凝，冷凝后的过冷制冷剂液体或饱和制冷剂液体 5 分为两路，主路的制冷剂液体经过中间冷却器进行再冷成为状态点 7，经过节流阀降压到蒸发压力即为状态点 8，再进入蒸发器完成主路循环，辅路的制冷剂液体经过节流阀降压到中间压力即为状态点 6 后进入中间冷却器，根据热平衡原理该中间压力下的制冷剂湿蒸气吸热后成为中间压力下的饱和蒸气，与从低压压缩机过来的过热蒸气冷却后的饱和蒸气混合后为状态点 3，共同送入高压压缩机。

该循环过程中各状态点在 *p-h* 图上的表示如图 2-2（b）所示，图中 1-2 为低压压缩机的压缩过程，2-3 为低压压缩机排气在中间冷却器里的冷却过程，3-4 为高压压缩机的压缩过程，4-5 为冷凝器中的冷凝过程。从 5 点开始分为两路：5-6 为质量流量 $M_{Rg}-M_{Rd}$ 的制冷剂经过膨胀阀 1 的节流过程，6-3 为这部分制冷剂在中间冷却器中的蒸发吸热过程；5-7 为质量流量 M_{Rd} 的制冷剂在中间冷却器盘管内的冷却过程，7-8 为这部分制冷剂经过膨胀阀 2 的节流过程，8-1 为它们在蒸发器中的吸热蒸发过程。

（2）热力计算

循环的热力计算是制冷机的产品设计和选型设计的基础。进行双级压缩制冷循环热力计算时，首先应选择制冷剂及循环形式，再确定主要工况参数，并根据经验公式和一定的计算步骤确定其他工况参数，在 *p-h* 图上画出循环曲线，确定状态点进行计算。

确定循环的工作参数就是要确定冷凝温度和压力、蒸发温度和压力、中间温度和中间压力、出中间冷却器的温度等。冷凝温度和蒸发温度是根据环境介质的温度和用户要求，以及换热器的传热温差来确定的，方法同单级压缩制冷。中间温度的确定，是两级压缩特有的问题，在后面单独讲述。氨系统中，当中间温度确定后，高压氨液通过中间冷却器后的温度比中间温度高 5～8℃，即盘管的端部温差 Δt 一般取 5～8℃。

当中间压力和过冷温度确定后，一级节流中间完全冷却的双级压缩制冷循环则可以在 *p-h* 上绘制出来。

① 单位质量制冷量：
$$q_0 = h_1 - h_8 \quad (kJ/kg) \tag{2-1}$$

② 低压级制冷剂的质量流量：
$$M_{Rd} = \frac{\phi_0}{q_0} \quad (kg/s) \tag{2-2}$$

③ 低压级制冷剂的体积流量：
$$V_{Rd} = M_{Rd} v_1 \quad (m^3/s) \tag{2-3}$$

④ 高压级制冷剂的质量流量：流经各设备的制冷剂流量并不都相等，高压压缩机的质量流量大于低压压缩机的质量流量，以中间冷却器为研究对象即下图 2-3 虚线所包围的区域建立热平衡方程式，中间冷却器可设有液体冷却盘管，使来自冷凝器的高压液体获得较大的再冷度，既有节能作用，又有利于制冷系统稳定运行。

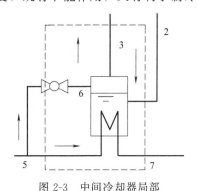

图 2-3 中间冷却器局部

表 2-2 中间冷却器热平衡关系式

过程	吸（放）热	吸（放）热量
5→7	放热	$M_{Rd}(h_5 - h_7)$
2→3	放热	$M_{Rd}(h_2 - h_3)$
6→3	吸热	$(M_{Rg} - M_{Rd})(h_3 - h_6)$

根据热平衡方程，由表 2-2 可得：

$$(M_{Rg}-M_{Rd})(h_3-h_6)=M_{Rd}(h_5-h_7)+M_{Rd}(h_2-h_3)$$

即：

$$M_{Rg}=M_{Rd}\frac{h_2-h_7}{h_3-h_5} \quad (kg/s) \tag{2-4}$$

由上式可以看出高压压缩机的质量流量大于低压压缩机的质量流量，同时，低压压缩机的质量流量将随状态点 7 制冷剂过冷度的增加而减少。

⑤ 高压级制冷剂的体积流量：$V_{Rg}=M_{Rg}v_3$　　（m³/s）　　(2-5)

⑥ 冷凝器热负荷：　　$\phi_k=M_{Rg}(h_4-h_5)$　　（kW）　　(2-6)

⑦ 低压级理论耗功率：　$P_{thd}=M_{Rd}(h_2-h_1)$　　（kW）　　(2-7)

⑧ 高压级理论耗功率：　$P_{thg}=M_{Rg}(h_4-h_3)$　　（kW）　　(2-8)

⑨ 制冷系数：

$$\varepsilon_{th}=\frac{\phi_0}{P_{thd}+P_{thg}}=\frac{M_{Rd}(h_1-h_8)}{M_{Rd}(h_2-h_1)+M_{Rg}(h_4-h_3)} \tag{2-9a}$$

化简得：

$$\varepsilon_{th}=\frac{(h_1-h_8)}{(h_2-h_1)+\dfrac{h_2-h_7}{h_3-h_5}(h_4-h_3)} \tag{2-9b}$$

2.1.4　一级节流中间不完全冷却的双级压缩制冷循环

(1) 工作过程

图 2-4（a）为一级节流中间不完全冷却的双级压缩制冷循环系统图，它与一级节流中间完全冷却循环的主要区别为低压压缩机排出的中间压力下的过热蒸气（状态点 2）不再进入中间冷却器进行冷却，而直接与来自中间冷却器的饱和蒸气（状态点 3′）相混合成中间压力下的过热蒸气，再进入高压压缩机进行二次压缩。同时，为了提高低压压缩机的吸气过热度，在蒸发器的出口和中间冷却器的出口处设置了回热热交换器，使流出蒸发器的低温蒸气由 t_0 升高到 t_1，流出中间冷却器的过冷制冷剂液体（状态点 7）在回热器中进一步冷却降温到状态点 8。

该循环过程中各状态点在 p-h 图上的表示如图 2-4（b）所示，图中 1-2 为低压压缩机的压缩过程，3′-3 与 2-3 分别为出中间冷却器的饱和蒸气和出低压压缩机的过热蒸气的混合过

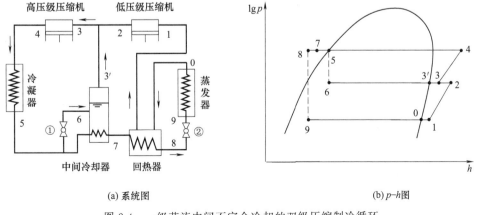

(a) 系统图　　　　　　　　　　　　　(b) p-h图

图 2-4　一级节流中间不完全冷却的双级压缩制冷循环

程，3-4 为高压压缩机的压缩过程，4-5 为冷凝器中的冷凝过程。从 5 点开始分为两路：5-6 为质量流量 M_{Rg}-M_{Rd} 的制冷剂经过膨胀阀 1 的节流过程，6-3′为这部分制冷剂在中间冷却器中的蒸发吸热过程；5-7 为质量流量 M_{Rd} 的制冷剂在中间冷却器盘管内的冷却过程，7-8 为这部分制冷剂过冷液体进入回热器放热过程，8-9 为经过膨胀阀 2 的节流过程，9-0 为制冷剂液体在蒸发器中的吸热蒸发过程，0-1 为饱和蒸气在回热器的再热过程。

（2）热力计算

一级节流中间不完全冷却的热力计算与一级节流中间完全冷却有部分区别，从制冷剂的选取到工作参数的确定都需要不同考虑。对于不完全冷却的工作参数还需要确定混合后进入高压压缩机的状态点 3 和出回热器的制冷剂液体的状态点 8。

低压压缩机吸入蒸气的温度 t_1 为

$$t_1 = t_0 + \Delta t' \qquad (\text{℃}) \tag{2-10}$$

式中　$\Delta t'$——低压压缩机吸入蒸气的过热度，℃。

再根据过热器热平衡方程式，可以求得状态点 8 的焓值 h_8

$$h_1 - h_0 = h_7 - h_8$$

即：

$$h_8 = h_7 - (h_1 - h_0) \qquad (\text{kJ/kg}) \tag{2-11}$$

高压压缩机吸入的蒸气（状态点 3）由来自中间冷却的饱和蒸气 3′和低压压缩机排出的过热蒸气 2 混合而成，根据气体混合前后的热平衡关系，可求得高压压缩机的吸气状态点 3 的焓值 h_3，即

$$h_2 M_{\mathrm{Rd}} + h_{3'}(M_{\mathrm{Rg}} - M_{\mathrm{Rd}}) = h_3 M_{\mathrm{Rg}}$$

可得：

$$h_3 = h_3' + \frac{M_{\mathrm{Rd}}}{M_{\mathrm{Rg}}}(h_2 - h_3') \qquad (\text{kJ/kg}) \tag{2-12}$$

当参数确定后，一级节流中间不完全冷却的双级压缩制冷循环就可以在 p-h 上绘制出来，各个状态点及其参数也就确定下来了。

① 单位质量制冷量：

$$q_0 = h_0 - h_9 \qquad (\text{kJ/kg}) \tag{2-13}$$

② 高压级制冷剂的质量流量：以中间冷却器为研究对象即下图 2-5 虚线所包围的区域建立热平衡方程式。

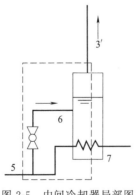

图 2-5　中间冷却器局部图

表 2-3　中间冷却器热平衡关系式

过程	吸（放）热	吸（放）热量
5→7	放热	$M_{\mathrm{Rd}}(h_5 - h_7)$
6→3′	吸热	$(M_{\mathrm{Rg}} - M_{\mathrm{Rd}})(h_{3'} - h_6)$

根据热平衡方程，由表 2-3 可得：

$$(M_{Rg}-M_{Rd})(h_{3'}-h_6)=M_{Rd}(h_5-h_7)$$

即：

$$M_{Rg}=M_{Rd}\frac{h_{3'}-h_7}{h_{3'}-h_5}\qquad (\text{kg/s})\qquad (2\text{-}14)$$

代入公式，可得

$$h_3=h_3'+\frac{h_{3'}-h_5}{h_{3'}-h_7}(h_2-h_3')\qquad (\text{kJ/kg})\qquad (2\text{-}15)$$

③ 制冷系数：

$$\varepsilon_{th}=\frac{\phi_0}{P_{thd}+P_{thg}}=\frac{M_{Rd}(h_0-h_9)}{M_{Rd}(h_2-h_1)+M_{Rg}(h_4-h_3)}\qquad (2\text{-}16a)$$

简化得：

$$\varepsilon_{th}=\frac{(h_0-h_9)(h_{3'}-h_5)}{(h_2-h_1)(h_{3'}-h_5)+(h_4-h_3)(h_{3'}-h_7)}\qquad (2\text{-}16b)$$

中间不完全冷却循环的制冷系数要比中间完全冷却循环的制冷系数小。

以上介绍为一级节流中间完全冷却和中间不完全冷却系统的理论工作循环，双级蒸气压缩式制冷系统的组成和工作都较为复杂。图 2-6 是双级压缩氨制冷机的实际系统图，大家可结合之前所学内容进行分析。

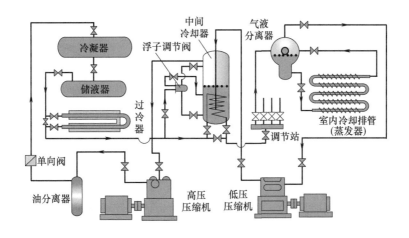

图 2-6　双级压缩氨制冷机的实际系统图

2.1.5　循环工作参数的确定

(1) 容积比的选择

压缩机的容积比是指高低压压缩机理论输气量的比值：

$$\xi=\frac{V_{hg}}{V_{hd}}=\frac{M_{Rg}}{M_{Rd}}\times\frac{v_g}{v_d}\times\frac{\lambda_d}{\lambda_g}\qquad (2\text{-}17)$$

式中　V_{hg}——高压级理论输气量，m^3/s；

　　　V_{hd}——低压级理论输气量，m^3/s；

　　　M_{rg}——高压级制冷剂的质量流量，kg/s；

　　　M_{rd}——压级制冷剂的质量流量，kg/s；

v_g——高压级吸气比体积，m^3/kg；

v_d——低压级吸气比体积，m^3/kg；

λ_g——高压级输气系数；

λ_d——低压级输气系数。

根据我国冷藏库的生产实践，当蒸发温度 $t_0 = -28 \sim -40℃$ 范围内时，容积比的值通常取 $0.33 \sim 0.5$ 之间，即 $V_{hg} : V_{hd} = (1:3) \sim (1:2)$。合理容积比的选择还应结合考虑其他经济指标，配组双级压缩机的容积比可以有较大的选择余地。如果采用单机双级压缩机，则它的容积比是既定的，容积比的值通常只有 $1:3$ 和 $1:2$ 两种。

(2) 中间压力的确定

1）选配压缩机时中间压力的确定

中间压力的确定以获取最大制冷系数为原则，以这种原则确定的中间压力称之为最佳中间压力（在工程设计时，可通过选择几个中间压力进行试算以确定最优值）。

步骤：根据确定的冷凝压力和蒸发压力，按照 $p_m = \sqrt{p_0 p_k}$ 求得一个近似值；在该 P_m 值的上下按一定间隔选取若干个中间温度值；对每一个中间温度进行热力计算，求得该循环下的制冷系数；绘制 $\varepsilon = f(t_m)$ 曲线，找到制冷系数最大值，由该点对应的中间温度即为循环的最佳中间温度（即最佳中间压力），如图 2-7（a）所示。

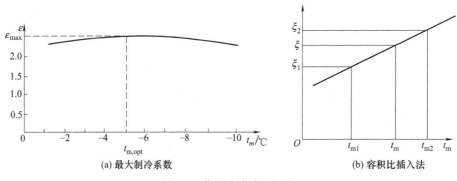

图 2-7　作图法求中间压力

上述方法选择的最佳中间压力，理论上是精确的，但比较烦琐，常采用经验公式：

① 比例中项公式法：

$$p_m = \sqrt{p_0 p_k} \quad （MPa） \tag{2-18}$$

② 拉塞经验公式法：

对于两级氨制冷循环：

$$t_m = 0.4t_k + 0.6t_0 + 3 \quad （℃） \tag{2-19}$$

式中，t_m、t_k 和 t_0 分别表示中间温度、冷凝温度和蒸发温度，单位均为℃。上式不只适用于氨，在 $-40 \sim 40℃$ 温度范围内，对于 R12 也能得到满意的结果。

2）既定压缩机时中间压力的确定

已经选定压缩机，此时高、低压级的容积比已确定，这时可采用容积比插入法求出中间压力。

步骤：按一定间隔选择若干个中间温度 t_m，按所选温度分别进行循环的热力计算，求出不同中间温度下的理论输气量的比值 ξ；绘制 $\xi = f(t_m)$ 曲线，并在图上画一条等于给定

ξ 值的水平线，此线与曲线的交点即为所求中间温度（即中间压力），如图 2-7（b）所示。用这种方法确定的中间压力不一定是循环的最佳中间压力。

例 2-1 某冷库在扩建中需要增加一套两级压缩制冷机，工作条件如下：制冷量 $Q_0 =$ 150kW，制冷剂为 R717，冷凝温度 $t_k = 40℃$ 无过冷，蒸发温度 $t_0 = -40℃$，管路有害过热 $\Delta t = 5℃$。试进行热力计算并选配适宜的压缩机。

解 **（1）循环形式**

工质是氨，所以选用一级节流中间完全冷却循环。

（2）将循环表示在压焓图上（图 2-8）

（3）根据给定的条件确定工作参数

$p_k = 1.557$MPa

$p_0 = 0.0716$MPa

$h_5 = 390.247$kJ/kg

$h_1 = 1405.887$kJ/kg

$h_{1'} = 1418$kJ/kg

$v_{1'} = 1.58$m³/kg

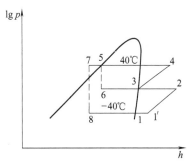

图 2-8 一级节流中间完全冷却

（4）确定中间温度和压力

$$p_m = \sqrt{p_k p_0} = \sqrt{1.557 \times 0.0716} = 0.334 \quad \text{（MPa）}$$

查得 $t_{m'} = -6.5℃$

在 $-6.5℃$ 上下取若干个数值，$-2℃$、$-4℃$、$-6℃$、$-8℃$、$-10℃$，分别计算 ε_0，取中间冷却器的端部温差 $t_7 - t_m = 3℃$，按制冷系数最大确定中间温度（表 2-4）。

$$\varepsilon_{th} = \frac{(h_1 - h_7)(h_3 - h_5)}{(h_2 - h_{1'})(h_3 - h_5) + (h_4 - h_3)(h_2 - h_7)}$$

表 2-4 不同中间温度下的制冷系数值

t_m /℃	p_m /MPa	h_3 /(kJ/kg)	h_7 /(kJ/kg)	h_2 /(kJ/kg)	h_4 /(kJ/kg)	ε_0
-2	0.399	1455.505	204.754	1656.677	1658.767	2.329
-4	0.369	1453.55	195.249	1644.287	1667.137	2.345
-6	0.342	1451.515	185.761	1631.557	1677.607	2.340
-8	0.316	1449.396	176.293	1618.987	1688.075	2.327
-10	0.291	1447.201	166.864	1606.437	1698.519	2.317

可见制冷系数在 $-4 \sim -6℃$ 最大。取 $t_m = -5℃$，$p_m = 0.355$MPa。各状态点的参数为：

t_m /℃	p_m /MPa	h_3 /(kJ/kg)	h_7 /(kJ/kg)	h_2 /(kJ/kg)	h_4 /(kJ/kg)	v_3 /(m³/kg)
-5	0.355	1452.54	190.51	1637.92	1672.37	0.345

（5）热力计算

① 单位质量制冷量：

$$q_0 = h_1 - h_7 = 1125.28 \quad \text{（kJ/kg）}$$

② 低压级单位理论压缩功：

$$w_{0d} = h_2 - h_{1'} = 219.89 \text{ (kJ/kg)}$$

③ 低压级制冷剂的质量流量：

$$M_{Rd} = \phi_0 / q_0 = 0.1234 \text{ (kg/s)}$$

④ 低压级压缩机理论输气量：

$$V_{hd} = M_{Rd} v_{1'} / \lambda_d = 0.3 \text{ (m}^3/\text{s)}$$

⑤ 低压级压缩机的理论功率：

$$P_{thd} = M_{Rd} w_{od} = 27.13 \text{ (kW)}$$

⑥ 低压级压缩机的指示功率：

$$P_{id} = P_{thd} / \eta_{id} = 32.69 \text{ (kW)} (\text{取 } \eta_{id} = 0.83)$$

⑦ 低压级压缩机的轴功率：

$$P_{ed} = P_{id} / \eta_{md} = 40.5 \qquad \text{(kW)} (\text{取 } \eta_{md} = 0.67)$$

⑧ 低压级压缩机的排气焓值：

$$h_{2s} = h_1 + w_{0d} / \eta_{id} = 1682.96 \text{ (kJ/kg)}$$

⑨ 高压级制冷剂的质量流量：

$$M_{Rg} = M_{Rd} \frac{h_2 - h_7}{h_3 - h_5} = 0.173 \text{ (kg/s)}$$

⑩ 高压级单位理论压缩功：

$$w_{0g} = h_4 - h_3 = 219.83 \text{ (kJ/kg)}$$

⑪ 高压级压缩机理论输气量：

$$V_{hg} = M_{Rg} v_3 / \lambda_g = 0.082 \text{ (m}^3/\text{s)}$$

⑫ 高压机压缩机的理论功率：

$$P_{thg} = M_{Rg} w_{0g} = 38 \text{ (kW)}$$

⑬ 高压机压缩机的指示功率：

$$P_{ig} = P_{thg} / \eta_{ig} = 44.7 \text{ (kW)} (\text{取 } \eta_{ig} = 0.85)$$

⑭ 高压级压缩机的轴功率：

$$P_{eg} = P_{ig} / \eta_{mg} = 54.3 \text{ (kW)} (\text{取 } \eta_{mg} = 0.70)$$

⑮ 高压级压缩机的排气焓值：

$$h_{4s} = h_3 + w_{0g} / \eta_{ig} = 1711.16 \text{ (kJ/kg)}$$

⑯ 理论制冷系数：

$$\varepsilon_0 = \frac{Q_0}{p_{0d} + p_{0g}} = \frac{h_1 - h_8}{(h_2 - h_1) + \dfrac{h_2 - h_7}{h_3 - h_5}(h_4 - h_3)} = 2.364$$

⑰ 高低压容积比：

$$\xi = \frac{V_{hg}}{V_{hd}} = \frac{M_{Rg}}{M_{Rd}} \times \frac{v_g}{v_d} \times \frac{\lambda_d}{\lambda_g} = 0.273$$

⑱ 冷凝器的热负荷：

$$\phi_k = M_{Rg}(h_{4s} - h_5) = 228.5 \text{ (kW)}$$

⑲ 实际制冷系数：

$$\varepsilon_0 = \frac{Q_0}{p_{ed} + p_{eg}} = 1.582$$

(6) 选配压缩机

由 $V_{hg} = 0.082\text{m}^3/\text{s}$ 查压缩机样本，选择 12.54A（4AV12.5），理论输气量为 $0.079\text{m}^3/\text{s}$；$V_{hd} = 0.3\text{m}^3/\text{s}$ 查压缩机样本，选择 178A（8AS17），理论输气量为 $0.304\text{m}^3/\text{s}$。

2.2 复叠式蒸气压缩制冷

2.2.1 多级压缩的局限

(1) 双级压缩制冷的局限性

为了获取更低温度，采用单一制冷剂的多级压缩循环仍将受到蒸发压力过低、甚至使制冷剂凝固的限制。

① 双级压缩制冷的制冷温度受制冷剂凝固点的限制不能太低。当蒸发温度为 $-80℃$ 时，若采用氨作为制冷剂，它在 $-77.7℃$ 时就已凝固，使循环遭到完全破坏。

② 双级压缩制冷受蒸发压力过低的限制。当蒸发温度为 $-80℃$ 时，如果采用 R22 作为制冷剂，此时它虽未凝固，但蒸发压力已低达 10kPa，一方面增加了空气漏入系统的可能性，另一方面导致压缩机吸气比容增大（此时蒸气比容为 $1.76\text{m}^3/\text{kg}$）和输气系数的降低，从而使压缩机的气缸尺寸增大，运行经济性下降。对于往复式制冷压缩机而言，气阀是依靠阀片两侧气体的压力差自动启、闭来完成压缩机的吸气、压缩、排气和膨胀过程的，当吸气压力低于 15kPa 时，吸气阀片因压差过低而往往无法开启，压缩机无法正常工作，增加压缩机级数也是无济于事的。

③ 双级压缩受循环压力比的限制。当需要的蒸发压力过低时，即便采用双级压缩也将使每一级的压力比超过规定值，使制冷循环的效率大大降低。如果采用多级压缩，循环压力比能够得到保证，但制冷系统将很复杂，技术经济性指标不高。

因此，为获得 $-70℃$ 以下的低温，需采用低温制冷剂（凝固点低，沸点也很低），如 R13、R14 等（R13 的凝固点为 $-181℃$，沸点为 $-81.4℃$；R14 的凝固点为 $-184.9℃$，沸点为 $-127.9℃$）。但这类制冷剂的临界温度很低，采用一般冷却水，存在以下局限：由于水温接近其临界温度，使气态制冷剂难以冷凝；即使冷凝，由于接近临界点，不但冷凝压力高，而且比潜热小，因而制冷效率也很低。

(2) 解决方法

为降低冷凝温度，需采用另一台制冷装置与之联合运行，为低温制冷剂循环的冷凝过程提供冷源，降低冷凝温度和压力，即为复叠式制冷。

2.2.2 复叠式制冷的工作原理

复叠式压缩制冷系统通常由两个单级压缩制冷循环组成，之间用蒸发冷凝器联系起来。高温部分采用中温制冷剂；低温部分采用低温制冷剂。两台制冷机联合运行，高温级制冷机的蒸发器为低温级制冷机的冷凝器提供冷源；为确保低温级的所需冷凝温度，高温级制冷机的蒸发温度低于低温级冷凝温度 $3\sim5℃$；复叠式制冷循环既保留了中、低温制冷剂各自的优点，又克服了它们不足，使制取很低的温度成为可能。

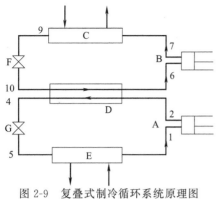

图 2-9　复叠式制冷循环系统原理图

低温部分：A—压缩机；D—冷凝器；

G—节流阀；E—蒸发器

高温部分：B—压缩机；C—冷凝器；

D—蒸发器；F—节流阀

如图 2-9 所示为由两个单级压缩系统组成的最简单的复叠式制冷循环系统原理图。D 也可以称为冷凝蒸发器，循环工作过程可从图中清楚地看出。如图 2-10 所示为这一循环的压焓图，图中 1—2—3—4—5—1 为低温部分循环；6—7—8—9—10—6 为高温部分循环。

图 2-11 为 R22 和 R13 复叠式制冷循环的低温箱制冷系统，由图可知，该系统中除装有常规的设备外，在 R13 制冷剂的低温系统中，还装有单向阀、毛细管和膨胀容器等设备。装设这些设备的目的是为了运行和停机时的安全。因为 R13 属于高压制冷剂，它的临界温度极低（28.8℃），当停机后，若环境温度超过 28.8℃时，制冷系统内的 R13 制冷剂全部气化为过热蒸气，压力也达到临界度

（3.88MPa）。这时产生低温部分的压力将会超出制冷系统允许的最高工作压力这一非常危险的情况。为解决这一问题，大型系统采用高温系统定时开机，以维持低温系统较低压力，但

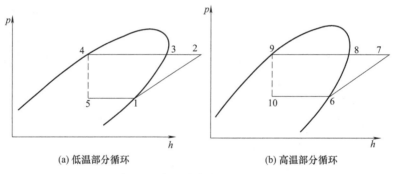

(a) 低温部分循环　　　　　　　　　(b) 高温部分循环

图 2-10　复叠式制冷循环压焓图

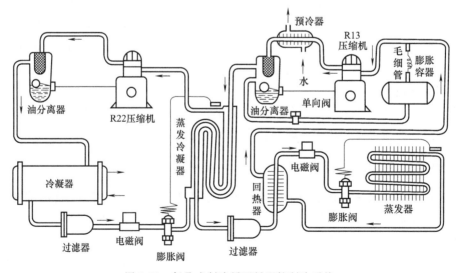

图 2-11　复叠式制冷循环低温箱制冷系统

这种方法耗功大；或者将低温制冷剂抽出装入高压钢瓶中。对于小型复叠式制冷装置，通常在低温部分的系统中连接一个膨胀容器，当停机后低温部分的制冷剂蒸气可进入膨胀容器，如系统中不设膨胀容器，则应考虑加大蒸发冷凝器的容积，使其起到膨胀容器的作用，以免系统压力过高。在压缩机启动后，膨胀容器中的制冷剂通过毛细管降压，并由压缩机吸入，仍进入制冷循环。如果高温级在压缩机启动后，未能提供足够的冷量来冷凝 R13 制冷剂，则排气压力将升高，当超过规定限值时，单向阀会打开，高压蒸气进入膨胀容器，以避免产生事故。

表 2-5 为各种蒸气压缩式制冷方式的比较。

表 2-5　各种蒸气压缩式制冷方式的比较

制冷循环	使用原因	应用温度范围/℃	制冷剂
单级压缩	一般制冷	5～−30	一种
双级压缩	压缩比过大	−30～−80	一种
复叠压缩	制取低温	<−80	两种或两种以上

制取的温度越低，设备也就越复杂和庞大，投资和运行费用也加大许多。当制取的温度低于−120℃时，可以考虑用其他制冷方法代替蒸气压缩式制冷。

思考与练习

1. 有一套双级压缩制冷，采用 417A140G（4AV17）型压缩机作为低压级压缩机（缸径 D＝170mm，活塞行程 S＝140mm，转速 n＝720r/min），以 212.5A100（2AV12.5）型压缩机作为高压级压缩机（缸径 D＝125mm，活塞行程 S＝100mm，转速 n＝960r/min）。当冷凝温度 40℃，蒸发温度−40℃，若吸气管路有害过热为 6℃时，求制冷量。

2. 一级节流中间不完全冷却的双级压缩制冷循环（制冷剂为 R22），其运行工况为 t_k＝40℃，t_0＝−40℃，中间冷却器中的传热温差 Δt＝6℃，低压级压缩机的吸气过热度 $\Delta t'$＝30℃（设回热热交换器）。当制冷量为 15kW 时，试进行该循环的热力计算，并与工况为 t_k＝40℃，t_0＝−40℃，压缩机的吸气过热度 $\Delta t'$＝30℃，过冷度为 5℃的单级压缩式制冷循环进行比较。

3. 一级节流中间不完全冷却的双级压缩，在 $p\text{-}h$ 和 $T\text{-}S$ 图上画出循环（图 2-12）。

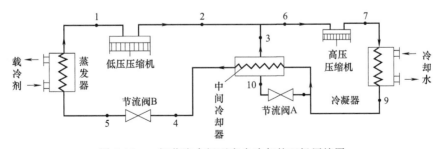

图 2-12　一级节流中间不完全冷却的双级压缩图

4. 根据两级节流中间不完全冷却的双级压缩循环的系统图，绘制循环的 $p\text{-}h$ 图，$p\text{-}h$ 图的参数点要与系统图一一对应，并与一级节流中间不完全冷却双级压缩的 $p\text{-}h$ 图进行经济性比较（图 2-13）。

5. 如果用闪发蒸气分离器代替中间冷却器进行双级压缩，即使来自冷凝器的高压液态制冷剂在节流降压至某中间压力时，将闪发蒸气分离出来，通过压缩机进行压缩，如图 2-14 所示。

请绘制 p-h 图并与中间冷却器的两级压缩进行经济性比较。

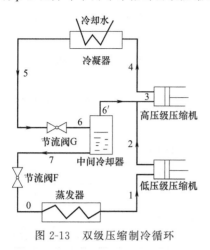

图 2-13 双级压缩制冷循环　　　　图 2-14 带闪发蒸气分离器的双级压缩

第 **3** 章
制冷剂、载冷剂和润滑油

目标要求：

① 明确制冷剂、载冷剂、润滑油在制冷系统的作用；

② 熟悉掌握制冷剂、载冷剂的分类和选择原则；

③ 了解常用制冷剂和载冷剂的性质；

④ 了解制冷剂的发展历程及未来研究方向；

⑤ 了解润滑油的性质和功能。

制冷剂是在制冷装置中完成制冷循环的工作物质，又称"制冷工质"；载冷剂是在间接制冷系统中用以传递冷量的中间介质，又称"冷媒"；制冷系统中用的润滑油又称"冷冻机油"。本章主要介绍制冷剂、载冷剂和润滑油的相关知识。

3.1 制冷剂

3.1.1 制冷剂的发展历程

制冷剂的发展经历了一个从无到有、从不完善到逐步完善的发展历程。从时间上看，其经历了三个阶段。第一阶段是 1830～1930 年间发现的第一代制冷剂，主要以一些溶剂和挥发性工质为主；第二阶段是 1930～1990 年间，这一阶段的制冷剂主要由卤代氢（CFC 和 HCFC）类物质组成；第三阶段是 1990 年至今，主要研究和开发绿色环保制冷剂。

1834 年美国人 Jacob Perkins 发明了世界上第一台蒸气压缩式制冷机，该设备利用乙醚为制冷剂。此后，二氧化碳（CO_2）和氨（NH_3）分别在 1866 年和 1873 年首次被用作制冷剂。这个阶段制冷剂筛选的一条重要准则是"易获得性"，只要沸点等物性合适就拿来试用，于是从橡胶馏化物开始，乙醚、酒精、氨、粗汽油、二氧化硫、四氯化碳、氯甲烷等一些当时能得到的流体都是曾经使用过的早期制冷剂，但几乎所有早期的制冷剂都是可燃的、或是有毒的、或是两者兼而有之，有些还有很强的腐蚀和不稳定性，有些压力过高，事故经常发生。

随着制冷行业大力发展，人们急需寻找安全、稳定、性能良好且易得的制冷剂，于是制冷剂发展进入了第二个阶段，卤代烃类制冷剂（CFC 和 HCFC）的发现和开发是这个阶段的主要特点。这些物质性能优良、无毒、不燃，能使用不同的温度区域，显著地改善了制冷机的性能。其中，以下几种制冷剂在空调中被普遍应用，包括 CFC-11、CFC-12、CFC-113、HCFC-22 等；20 世纪 50 年代出现了共沸混合工质，如 R502 等；60 年代开始研究与试用非共沸混合工质。

但是，20 世纪 70 年代发现含氯或溴的合成制冷剂对大气臭氧层有破坏作用，而且造成温室效应的程度非常严重。由此，制冷剂的发展进入到第三个阶段。

20 世纪 90 年代，全球变暖对地球生命构成了新的威胁，CFC 族物质的大量使用要承担部分责任。联合国环保组织 1987 年在加拿大蒙特利尔市召开会议，36 个国家和 10 个国际组织共同签署了《关于消耗大气臭氧层物质的蒙特利尔议定书》，我国 1992 年正式宣布加入修订后的《蒙特利尔议定书》。《蒙特利尔议定书》及不同的修正案中规定了相关的受控物质和淘汰时间表，80 多个国家签署了在 2010 年前禁止使用和生产 CFC，我国政府毅然决定加速 CFC 的淘汰，将这一日期提前到 2007 年 7 月 1 日；2040 年完全停止使用 HCFC。所以研究绿色环保型制冷剂是 21 世纪制冷空调行业的发展趋势和目标。

3.1.2 制冷剂的分类及命名

我国沿用国际上制冷剂的编号标准 ISO 817：2014 对制冷剂进行编号和分类。规定编号方法是用英文单词"refrigerant（制冷剂）"的首写字母"R"作为制冷剂的代号，后面的数字或字母根据一定的规则编写。

(1) 无机化合物类

属于无机化合物的制冷剂有氨、水和二氧化碳等。

对于无机化合物制冷剂的代号，采用"R"后第一位数字为 7，7 后面加该物质分子量的整数来表示，即："R7××"（其中"××"为制冷剂分子量的整数）。例如 NH_3、H_2O、CO_2 的分子量分别为 17、18、44，表示的符号分别为 R717、R718、R744。

(2) 氟利昂和烷烃类

氟利昂是饱和烃类（饱和碳氢化合物）的卤族衍生物的总称，氟利昂的分子通式为 $C_mH_nF_xCl_yBr_z$（$n+x+y+z=2m+2$），其中字母 m、n、x、y、z 表示氟利昂分子上 C、H、F、Cl、Br 离子数，它们之间应满足 $2m+2=n+x+y+z$ 关系。简写符号规定为 R$(m-1)(n+1)(x)$B(z)。每个括弧内都是一个数字，其中 z 值为零时则 B 和 0 同时省略不写；对于氟利昂同分异构体，在其最后加小写英文字母以示区别。

烷烃类化合物的分子通式为 C_mH_{2m+2}。表 3-1 为部分氟利昂和烷烃类制冷剂的命名举例。

表 3-1　氟利昂和烷烃类制冷剂命名举例

化合物名称	分子式	m,n,x,z 的值	简写符号
一氟三氯甲烷	$CFCl_3$	$m=1,n=0,x=1$	R11
二氟二氯甲烷	CF_2Cl_2	$m=1,n=0,x=2$	R12
三氟一溴甲烷	CF_3Br	$m=1,n=0,x=3,z=1$	R13B1
二氟一氯甲烷	$CHClF_2$	$m=1,n=1,x=2$	R22
二氟甲烷	CH_2F_2	$m=1,n=2,x=2$	R32
甲烷	CH_4	$m=1,n=4,x=0$	R50

续表

化合物名称	分子式	m,n,x,z 的值	简写符号
三氟二氯乙烷	$C_2HF_3Cl_2$	$m=2,n=1,x=3$	R123
五氟乙烷	C_2HF_5	$m=1,n=1,x=5$	R125
四氟乙烷	$C_2H_2F_4$	$m=2,n=2,x=4$	R134a
乙烷	C_2H_6	$m=2,n=6,x=0$	R170
丙烷	C_3H_8	$m=3,n=8,x=0$	R290

注：正丁烷和异丁烷分别用 R600 和 R600a 表示。

(3) 混合制冷剂

混合制冷剂由两种或两种以上的纯物质按一定比例混合而成。根据混合物是否具有共沸的性质，分为共沸混合制冷剂和非共沸混合制冷剂两类。

1) 共沸混合制冷剂

共沸混合制冷剂与单组分制冷剂一样，在一定压力下具有恒定的饱和温度和恒定的气、液相组分。共沸溶液制冷剂具有下列特点：

① 在一定的蒸发压力下，具有恒定的蒸发温度，并且比组成它的单组分制冷剂的蒸发温度低。

② 由于共沸溶液制冷剂的标准沸点低，工作时蒸发压力高、比容小，所以共沸溶液制冷剂的单位容积制冷量一般比组成它的单组分制冷剂的单位容积制冷量大。

③ 采用共沸溶液制冷剂可使制冷压缩机的排气温度降低，这一特性对封闭式制冷压缩机来说尤为重要。

④ 共沸溶液制冷剂的化学稳定性较各组分制冷剂要好。

⑤ 在封闭式制冷机中采用共沸溶液制冷剂，可使电动机得到更好的冷却，电动机绕组温升减小。

共沸混合制冷剂代号采用"R5××"表示，R 后的第一个数字 5 专指共沸混合制冷剂，"××"按照发现的先后顺序编号。表 3-2 列出了几种共沸混合制冷剂的组成及特性参数。

表 3-2　几种共沸混合制冷剂的组成及特性参数

代号	组成成分	组成比例	各组分沸点/℃	混合物沸点/℃	主要应用
R500	R12/R152a	73.8/26.2	-29.8/-25	-33.5	制冷或空调设备
R502	R22/R115	48.8/51.2	-40.8/-38	-45.6	汽车、商业、工业用空调
R503	R23/R13	40.1/59.9	-82.2/-81.5	-87.9	复叠式制冷机
R507	R125/R134a	50.0/50.0	-48.8/-47.7	-46.7	替代 R502
R509	R22/R218	44.0/56.0		-47.5	替代 R502

采用共沸混合制冷剂的好处是：共沸混合制冷剂中标准沸点比构成它的组分物质的标准沸点都低，因而蒸发压力比其组分的蒸发压力高，可以扩大应用温度范围和提高单位容积制冷量。而且，混合物其他性质方面也取决于其组分物质的性质。例如，稳定性好的组分对混合物性质的贡献是改善稳定性；不可燃组分对混合物性质的贡献是抑制可燃性；重分子组分对混合物性质的贡献是降低排气温度；溶油性好的组分对混合物的性质贡献是改善溶油性；诸如此类。

2) 非共沸混合制冷剂

非共沸混合制冷剂是由不同制冷剂按一定比例混合而成，但其不存在共沸点，在固定压力下蒸发或冷凝时，气相与液相的组成成分不断变化，温度也随之不断变化。非共沸溶液混合制冷剂具有下列特点：

① 非共沸溶液制冷剂相变过程中不等温，所以更适宜于变温热源。在变温热源间工作时，可缩小传热温差，减少传热不可逆耗散损失，提高循环效率。

② 与组成它的单一组分制冷剂相比，非共沸溶液制冷剂可增大制冷机的制冷量。

③ 降低了变温热源中工作的制冷循环压力比，使单级压缩制冷循环能获得更低的蒸发温度。

④ 在恒定热源下工作时，非共沸溶液制冷剂循环制冷系数要比采用共沸溶液制冷剂或单组分制冷剂循环制冷系数小。

非共沸混合制冷剂代号采用"R4××"表示，R 后的第一个数字 4 指非共沸混合制冷剂，"××"按照发现的先后顺序编号，同组分、不同组成比例的非共沸混合制冷剂后缀 A、B、C 等。如 R401A、R401C、R407A、R407B。表 3-3 列出了几种非共沸混合制冷剂的组成及特性参数。

表 3-3　几种非共沸混合制冷剂的组成及特性参数

代号	组成成分	组成比例	泡点/露点/℃	主要应用
R401A	R22/R124/R152a	53/34/13	−33.8/−28.9	替代 R12
R401C	R22/R124/R152a	33/52/15	−28.3/−23.6	替代 R12
R404A	R125/R134a/R143a	44/4/52	−46.5/−46.0	替代 R502
R407A	R32/R125/R134a	20/40/40	−45.8/−39.2	替代 R502
R407B	R32/R125/R134a	10/70/20	−47.4/−43.0	替代 R502
R407C	R32/R125/R134a	23/25/52	−43.4/−36.1	替代 R22
R409A	R22/R124/R142b	60/25/15	−34.3/−25.8	替代 R12
R410A	R32/R125	50/50	−52.5/−52.3	替代 R22

3.1.3　制冷剂的选用原则

制冷剂的性质将直接影响制冷机的种类、构造、尺寸和运行特性，同时也会影响制冷循环的形式、设备结构及经济技术性能，因此，合理选择制冷剂很重要。通常对制冷剂的性能要求从热力学方面、物理化学方面、安全性方面、环保方面和经济性方面等加以考虑。

(1) 热力学方面的要求

① 沸点要低，可获得较低的蒸发温度。同时，沸点低的制冷剂具有较高的蒸发压力。

② 临界温度要高，凝固温度要低，以保证制冷剂在较广的温度范围内安全工作。临界点是压焓图（p-h）上制冷剂到气液共存的点。在此点时液体和气体的温度、密度和成分都相同。当在临界点以上运行时，不可能出现单独的液相，制冷剂在制冷循环中不会冷凝成液体。因此，制冷循环必须存在于临界点以下区域。临界温度高，便于用一般冷却水或空气进行冷凝。此外，制冷循环的工作区域越远离临界点，制冷循环一般越接近逆卡诺循环，节流损失小，制冷系数较高。而在低于但靠近临界点运行时，会比较难于压缩，导致效率很低，

制冷量很小。

制冷剂的凝固温度低一些，这样便能得到较低的蒸发温度，适当增大制冷循环的工作范围。

③ 制冷剂具有适宜的工作压力。制冷剂在制冷系统中的蒸发压力最好接近或略高于大气压力，避免制冷系统低压部位出现真空而增大空气渗入系统的机会。冷凝压力不能过高，低的冷凝压力可降低制冷设备、管道的强度和施工要求，减少制冷系统的建设投资和制冷剂向外渗漏的可能性。冷凝压力和蒸发压力的压力比（p_k/p_0）较小，这样不仅可降低制冷机的排气温度，减少压缩耗功量。同时也可提高制冷机的输气性能，减少制冷系统的压缩级数，改善制冷机运行机构的受力，从而使制冷设备结构紧凑、简化、运行平稳、安全。

④ 对于大型的制冷系统，要求制冷剂的单位容积制冷量 q_v 尽可能大。在产冷量一定时，可减少制冷剂的循环量，缩小制冷机的尺寸和管道的直径。但对于小型制冷系统，要求单位容积制冷量 q_v 小，可适当增大制冷机的管道尺寸，减小流动阻力。几种常用制冷剂单位容积制冷能力见表 3-4。

表 3-4 常用制冷剂单位容积制冷能力

制冷剂	R717	R12	R22	R502
单位容积制冷能力/(kJ/kg)	2214.9	1331.5	2160.5	2243.5
比率(以氨为1)	1	0.60	0.98	1.01

⑤ 制冷剂具有较低的绝热指数。制冷剂的绝热指数越小，压缩机排气温度越低，不但有利于提高压缩机的容积效率，而且对压缩机的润滑也是有好处的。从表 3-5 可以看出，在相同温度条件下，采用氨作制冷剂，其压缩比 p_k/p_0 大于采用氟利昂作制冷剂的制冷循环，同时，氨的绝热指数又比氟利昂大，因此，氨压缩机绝热压缩时排气温度比氟利昂压缩机要高得多。所以，对于氨压缩机，应在气缸顶部设水套，以防气缸过热；氨制冷系统吸气过热不能太大，这也是氨制冷系统不使用回热装置的原因。

表 3-5 常用制冷剂绝热压缩温度（蒸发温度 −20℃，冷凝温度 30℃）

制冷剂	R717	R12	R22	R502
压缩比(p_k/p_0)	6.13	4.92	4.88	4.5
绝热指数	1.31	1.136	1.184	1.132
绝热压缩温度/℃	110	40	60	36

(2) 环保方面的要求

制冷系统在运行过程中，难免有制冷剂泄漏情况发生，这就希望所选用的制冷剂对环境无不良影响，或影响越小越好。制冷剂对环境影响的主要因素有两个，一个是消耗臭氧潜能值 ODP，另一个是全球变暖潜能值 GWP。

① 臭氧衰减指数 ODP：消耗臭氧潜能值 ODP（ozone depletion potential）表示一种物质气体逸散到大气中，对大气臭氧层造成破坏的潜在影响程度的指标。全世界的氟利昂用量非常大，消耗的氟利昂排入大气后聚集在大气上层，会使臭氧层遭到破坏。臭氧层是地球上生命的保护伞，阻挡了 99% 的紫外线辐射，使地球生物免遭紫外线的伤害。据研究，臭氧浓度每降低 1%，太阳紫外线的辐射就增加 2%，皮肤癌的患者就增加 7%，白内障患者增加 0.6%。紫外线还会破坏植物的光合作用和受粉能力，最终降低农业产值。含有氯或溴原

子的氟利昂对大气臭氧层有潜在的消耗能力。以 R11 的臭氧平衡影响做基准（为 1），其他物质的 ODP 值则是与之相比的值。ODP 值越小，制冷剂的环境特性越好。ODP＝0 则该制冷剂对大气臭氧层无害。表 3-6 列出了几种常用制冷剂的 ODP 值。

表 3-6　几种常用制冷剂的 ODP 值和 GWP 值

制冷剂	ODP 值	GWP 值	制冷剂	ODP 值	GWP 值
R11	1.0	1.0	R141b	0.07～0.11	0.084～0.097
R12	0.9～1.0	2.8～3.4	R142b	0.05～0.06	0.34～0.39
R13	1.0	—	R125	0	0.51～0.65
R113	0.8～0.9	1.3～1.4	R134a	0	0.24～0.29
R114	0.6～0.8	3.7～4.1	R143a	0	0.72～0.76
R115	0.3～0.5	7.4～7.6	R152a	0	0.026～0.033
R22	0.04～0.06	0.32～0.37	R290	0	—
R123	0.013～0.022	0.017～0.02	R502	0.23	—
R124	0.016～0.024	0.092～0.10	R600a	0	—

② 全球变暖指数 GWP：全球变暖指数 GWP（global warming potential）表示物质产生温室效应的一个指标，也称温室效应指数。地球大气层中能吸收地面反射的太阳辐射能，并重新发出辐射的一些气体称为"温室气体"，如水蒸气、二氧化碳、甲烷、臭氧和大部分的制冷剂等。它们的作用是使地球表面变暖，过量的温室气体排放到大气层中会增强地球表面的温室效应。影响了气温和降雨量，导致气候变暖，海平面升高等。因此，为了保护地球环境，有关国际公约也规定了对温室气体排放量的限制。以 R11 的 GWP 作为基准（为 1），其他物质的 GWP 值则是与之相比的值。

表 3-6 列出了几种常用制冷剂的 GWP 值，从表中可以看出，R11、R12 不仅 ODP 值高，而且 GWP 值也很高，对环保很不利，因此要被禁止使用。作为替代 R12 的 R134a，虽然 ODP＝0，但仍有较高的 GWP 值，会引起全球变暖效应。而 R290、R600a 等制冷剂，既不破坏臭氧层，又不使全球变暖，是完全环保的制冷剂。

（3）制冷剂的物理化学方面的要求

①制冷剂的黏度要小，以减少制冷剂在系统中的流动阻力，缩小制冷系统管道的直径，降低金属的消耗量。黏度小也可提高制冷剂的传热性能。

② 制冷剂的热化学稳定性要好，在高温下不易分解，制冷剂与油、水相混合时，对金属材料不应有明显的腐蚀作用。

③ 安全性好。国际上常用毒性和可燃性表示制冷剂安全级别的两个关键因素。如表 3-7 所示的矩阵可以来表示这两个性质的相对级别。

表 3-7　制冷剂安全分类

项目	低毒性	高毒性
高可燃性	A3	B3
低可燃性	A2	B2
不可燃性	A1	B1

对于常用制冷剂，基于毒性和可燃性综合考虑，其安全性表示如表 3-8 所示。

表 3-8 常用制冷剂安全性分类

制冷剂	安全分类	制冷剂	安全分类	制冷剂	安全分类	制冷剂	安全分类
R11	A1	R123	B1	R143a	A2	R502	A1
R12	A1	R124	A1	R152a	A2	R600a	A3
R22	A1	R125	A1	R290	A3	R717	B2
R23	A1	R134a	A1	R500	A1	R718	A1
R32	A2	R142b	A2				

a. 毒性。制冷剂对人的生命和健康应无危害，不具有毒性、窒息性和刺激性。制冷剂的毒性分为六级，一级毒性最大，六级毒性最小。毒性分级标准见表 3-9。

表 3-9 制冷剂毒性分级表

制冷剂	条件		产生结果	毒性级别
	制冷剂蒸气在空气中的体积百分比/%	作用时间/min		
R746、R744a 等	0.5～1	5	致死	一级
R717 等	0.5～1	60	致死	二级
R20 等	2～2.5	60	致死或重创	三级
R21、R40 等	2～2.5	120	产生危害作用	四级
R22、R290 等	20	120	不产生危害作用	五级
R12、R503 等	20	120 以上	不产生危害作用	六级

物质的毒性是相对而言的。几乎任何东西在一定剂量时都是有毒的。与其说某东西对人体有毒不如说是在某种浓度下对身体有害。一些制冷剂虽然无毒或毒性较低，但其浓度达到一定数值时，仍会对人体造成危害。因此，制冷机房应做好通风等防范措施，尤其是制冷机房设置在地下室的情况。

b. 可燃性和爆炸性。可燃性是评价制冷剂安全水平的另一个关键参数。易燃制冷剂在浓度达到一定值时，遇明火会发生爆炸现象。为了保证制冷系统的安全运行，应选用不燃烧、不爆炸的制冷剂。如果不得不选用易燃制冷剂，则必须做好防火防爆安全防范措施。表 3-10 列出几种可燃制冷剂的燃点和爆炸极限。

表 3-10 可燃制冷剂的燃点和爆炸极限

制冷剂	燃点/℃	爆炸极限(制冷剂蒸气在空气中的体积百分比)/%
R290	510	2.37～9.5
R600	490	1.86～8.41
R717	1171	15.5～27

④ 溶油性。制冷剂的溶油性表现为完全溶解、微溶解和完全不溶解。当制冷剂与润滑油完全溶解时，能为机件润滑创造良好的条件，在冷凝器等换热器的换热面上不易形成油膜，换热效果较好；但会使制冷剂的蒸发温度升高，低温下的润滑油黏度降低，还会使制冷剂沸腾时泡沫增多，蒸发器中的液面不稳定以及运行时制冷机的耗油量大，系统回油不易。当制冷剂与润滑油完全不溶时，对制冷系统的蒸发温度影响较小，但在换热器换热表面易形

成油膜而影响换热。微溶解于油的制冷剂的优缺点介于两者之间。氨是典型的微溶于油的制冷剂，其在润滑油中的溶解度（质量百分比）一般不超过百分之一。如果在这类制冷剂中加入较多的润滑油，则两者将分为两层，一层为润滑油，另一层为制冷剂（其中润滑油含量很小）。对于微溶于油或不溶于油的制冷剂系统，系统中必须安装油分离器装置。

需要注意的是，润滑油的溶解性是有条件的，随着润滑油品种的不同和温度的降低，完全溶解可以转变为微溶。制冷剂的溶油性是随温度变化而变化的。制冷剂在制冷系统不同位置工作，由于工作条件不同，其溶油性可能是不一样的。如氟利昂 22，当蒸发温度较低时，它在高压部分溶油，但在低压部分则不溶油，所以，氟利昂 22 制冷系统低压部分应考虑油分离问题。

⑤ 溶水性。不同制冷剂与水的相溶能力也是不同的，而制冷系统中含水对其运行有一定影响，在制冷系统设计时应予以考虑。对于难溶于水的制冷剂，若系统中含水，则水以游离形式存在，当制冷温度达到 0℃ 以下，游离态的水会结冰，堵塞制冷系统狭窄的管道，尤其是节流机构部分，形成"冰堵"，使制冷系统不能正常运行。因此，制冷系统选用难溶于水的制冷剂时，在节流前一定要做好除水工作（常采用干燥器），防止"冰堵"发生；对于易溶于水的制冷剂，虽然制冷系统不会发生"冰堵"现象，但制冷剂遇水会发生水解作用，生成的物质可能会对制冷系统管道、设备造成腐蚀。所以，制冷系统必须严格控制含水量。

(4) 经济性方面的要求

制冷剂的选择还应考虑价廉、易得、生成和储运费用低等方面，这些因素影响着制冷系统成本和运行费用，是制冷装置的经济性指标。

综合以上制冷剂选择原则，无论是天然的，还是人工的，完全满足上述要求的制冷剂是不存在的，各种制冷剂总是在某些方面有其长处，在另一些方面又有不足。要选择十全十美的制冷剂实际上不可能，目前工程中所采用的制冷剂或多或少都存在一些缺点。实际使用中只能根据用途和工作条件，保证主要要求，而不足之处则采取一定措施弥补，目前制冷剂的研究方向是寻找可用于替代的理想制冷剂。

3.1.4 常用制冷剂的性质

(1) 氨（R717）

氨属于无机化合物类制冷剂，是目前应用较广的中温制冷剂，其具有较好的热力学性质和热物理性质。氨在标准状态下是无色气体，标准大气压下的沸点为 −33.4℃，使用范围是 +5～−70℃，当冷却水温度高达 30℃ 时，冷凝器中的工作压力一般不超过 1.5MPa。

氨的临界温度较高，氨的汽化潜热大，在大气压力下为 1164kJ/kg，单位容积制冷量也大，氨压缩机的尺寸可以较小，这是氨最大的优点。氨黏度小、密度低、流动阻力小、传热性良好，可有效降低换热面积。

氨几乎不溶于润滑油，纯氨对润滑油无不良影响，但有水分时，会降低冷冻油的润滑作用。在氨制冷系统中，润滑油容易分离，且氨比油轻，所以油沉于容器底部，方便排出，但润滑油进入热交换设备易形成油膜影响传热。

氨的吸水性强，要求液氨中含水量不得超过 0.12%，以保证系统的制冷能力。氨对黑色金属（如钢铁）无腐蚀作用，若含有水分，对铜和铜合金（磷青铜除外）有腐蚀作用。所以在氨制冷系统中，对管道及阀件材料选择均不采用铜和铜合金。另外氨的溶水性使氨制冷系统不会发生"冰堵"现象，不需要干燥设备。

氨的最大缺点是毒性和可燃爆性，安全分类为 B2。氨蒸气无色，具有强烈的刺激性气味，可以刺激人的眼睛及呼吸器官，当氨液飞溅到皮肤上时会引起冻伤；当空气中氨蒸气的容积达到 0.5%~0.6% 时可引起爆炸。故机房内空气中氨的浓度不得超过 0.02mg/L，而且要注意通风换气。

氨除了毒性大些以外，是一种很好的制冷剂，价格低廉、来源广泛。从 19 世纪 70 年代至今一直被广泛应用，主要用于冷藏、冷库等大型制冷设备中。

(2) CO_2（R744）

CO_2 具有高密度和低黏度，其流动阻力小、传热效果良好，并且通过对传热作用的强化，可以弥补其循环效果不高的缺点。同时，CO_2 无毒、无臭、无污染、不爆、不燃、无腐蚀，ODP=0，GWP=1，是一种环境友好型制冷剂，缺点是它的临界温度很低，所以 CO_2 一般作为跨临界循环的制冷剂，只有当冷凝温度低于 30℃ 时，CO_2 才可能采用与常规制冷剂相似的亚临界循环。主要缺点是运行压力较高和循环效率较低，因此，对于压缩机、换热器等部件的机械强度有较高的要求。目前，CO_2 主要应用在汽车空调、热泵热水器中。

(3) 氟利昂 22（R22 或 HCFC22）

氟利昂 22 是中温制冷剂，标准汽化温度为 -40.8℃，凝固温度 -160℃，通常冷凝压力不超过 1.6MPa。R22 是氢氯氟化碳物质，ODP 为 0.04~0.06，GWP 为 0.32~0.37，在发达国家已被限量生产。

R22 的热力学性能与氨十分相似，单位容积制冷量大、饱和压力高，且 R22 有毒、无色、无味、不燃、不爆，比氨安全可靠，是一种良好的制冷剂。R22 不溶于水，因此低压系统中会发生"冰堵"现象，因此系统中需要设干燥器。R22 在制冷系统的高温侧溶油，低温侧不溶油，所以在设计时也要注意油分离问题。R22 不腐蚀金属，但是对非金属密封材料的腐蚀性较大，且目前价格还较高，影响大规模推广使用。

R22 的生产工艺简单、技术成熟、价格适中，是氟利昂制冷剂中应用较多的一种，主要在家用空调和低温冰箱中采用。在我国，空调用制冷装置中应用广泛，特别在立柜式空气调节机组和窗式空气调节器中使用更为普遍。

目前，还没有找到各方面性质都比较理想的工质来替代 R22，研究较多的主要有二元或三元非共沸或近共沸混合工质作为替代物。对于新型的替代工质，不仅要研究其热力学性质、环保及安全性等，还要对传热性能及应用中出现的一系列特殊问题进行深入细致的研究，R22 替代工质的研究也正是从这几个方面展开的，目前国际上广为关注。近年来，研究较多的近期替代物为非共沸混合工质氟利昂 407C，而现在大型空调冷水机组的制冷剂往往采用氟利昂 134a 来代替。

(4) 氟利昂 134a（$C_2H_2F_4$、R134a）

氟利昂 134a 是中温制冷剂，蒸发温度为 -26.5℃，凝固温度 -101℃。

氟利昂 12 是较早应用于空调、冷藏的制冷剂，但由于其 ODP 为 1，对大气臭氧层破坏严重，因此，已成为禁用产品，制冷业一直在寻找其替代物。

氟利昂 134a 是一种较新型的制冷剂，它的主要热力学性质与 R12 相似，由于不含氯原子，对大气臭氧层不起破坏作用，是近年来推出的环保制冷剂，但有一定的温室效应，是比较理想的 R12 替代制冷剂。而且，R134a 的传热性能比较接近 R12，所以制冷系统的改型比较容易。如我国于 1992 年发文规定：各汽车厂从 1996 年起在汽车空调中逐步用新制冷剂 R134a 替代 R12，在 2000 年生产的新车上不准再用 R12。

R134a 主要热力学性质与 R12 相似，临界压力比 R12 稍低，运行时也具有相似的压力。R134a 常温常压下为无色无味气体。沸点为 $-26.5℃$，凝固点为 $-101℃$，液体密度为 $1.202g/cm^3$，临界温度为 $100.6℃$，临界压力为 $40.03×10^5Pa$。在一般情况下，R134a 的压力比 R12 略高，排气温度比 R12 低，这对压缩机工作十分有利。但 R134a 的单位质量制冷量和单位体积制冷量较低，这是它的不足之处。

R134a 不易燃、不爆炸、无毒、无刺激性、无腐蚀性，而且化学反应能力低、稳定性高，具有良好的安全性能。但要注意，R134a 的渗透性强，更易泄漏。

R134a 的传热性能比 R12 好，因此制冷剂的用量可大大减少。

R134a 制冷系统与 R12 制冷系统相比具有较高的压力和温度，因此，需要较大的冷却风扇。

R134a 过去由于制造原料贵、工艺复杂，还要消耗大量催化剂，所以价格较高。而目前生产技术日臻完善，成本逐步下降。

总而言之，R134a 是目前综合性能最好、配套技术最完善、应用最成熟的制冷剂替代物。R134a 作为制冷剂目前已广泛应用于汽车空调、冰箱、中央空调、商业制冷等行业，是全球公认的新型氟利昂替代物。

(5) 氟利昂 152a（$C_2H_4F_2$、R152a）

氟利昂 152a 是中温制冷剂，标准沸点是 $-25℃$，凝固温度 $-117℃$，臭氧衰减指数 ODP 为 0，温室效应指数 GWP 为 $0.026\sim0.033$。

R152a 热力学性质十分适应于制冷循环，具有较高的单位容积制冷量，可缩小制冷机体积，液体、气体的比热容、汽化潜热和热导率均较高，可提高热交换效率，使制冷系统具有较高的能效比。

R152a 具有可燃性，在空气中的体积分数达到 $4\%\sim17\%$ 就会燃烧。

R152a 制造工艺简单、价格低廉，但由于其可燃性，对其作业场所的安全性要求较高；用于合成混合制冷剂时操作较为复杂，还要专门配置相应的设备。

R152a 一般与其他制冷剂合成混合制冷剂，广泛应用于制冷系统。由于家用冰箱的制冷剂充注量很少，使用低可燃性制冷剂一般不会造成安全问题，所以 R152a 可替代过去冰箱常用的限制类制冷剂 R12，但对冰箱的毛细管、冷凝器等部件需要做一些结构尺寸上的调整。

(6) 氟利昂 407C（R32/R125/R134a、R407C）

氟利昂 407C 是由 R32、R125、R134a 组成的非共沸混合工质，组成比例为 23：25：52。

R407C 作为 R22 的替代品而被研究推出。R407C 低毒不可燃，属安全性制冷剂。制冷剂的两个重要的环境指标臭氧衰减指数 ODP=0 和温室效应指数 GWP=0.05，均优于 R22，即 R407C 的环保性能优于 R22。

热力学性质是制冷剂筛选的主要依据，替代工质的热力学性质不能与原制冷剂有太大的差异。R407C 的蒸发温度、冷凝温度与 R22 很相似，单位质量制冷量、能效比以及冷凝压力都与 R22 非常接近，压力也比较适中：一方面蒸发压力稍高于大气压，避免了空气向系统中的渗入；另一方面冷凝压力不是很高，减小了制冷设备的承受压力及制冷剂外泄的可能性。

作为非共沸混合制冷剂，在相变过程中温度是会发生变化的，R407C 在蒸发过程中温度逐渐升高，而在冷凝过程中温度逐渐降低，即在定压相变过程中存在着温度滑移（约为7℃），这一变温特性通过对换热器改型增强换热，为进一步改善制冷性能提供了可能。

从热力性能来看，R407C 对现有制冷空调系统有着较好的适应性，除更换润滑油、调整系统的制冷剂充注量及节流元件外，对压缩机及其余设备可以不做改动。如果要运用其变温特性实现节能的目的，则需要设计新的蒸发盘管、选择不同的使用场合，来有效发挥温度滑移而达到的节能效果。如果单从对现用设备的适应性方面来看，R407C 可作为 R22 的一种近期替代。

R407C 是一种非共沸混合制冷剂，相变过程中气相和液相浓度会发生变化，使制冷空调系统在运行、维护等过程中出现一些新的问题，这就要求在设计系统时要认真处理相变过程中产生的组分变化，消除由此引起的系统性能不稳定。另外，R407C 泄漏时冷媒成分发生变化，会引起制冷能力的下降。研究表明：R407C 工质发生泄漏时，追加冷媒液体后制冷能力最多下降 5%，这一点完全可以接受。

(7) 氟利昂 502（R22/R115、R502）

R502 是由 R22 和 R115 组成的共沸混合工质，组成质量百分比为 48.8：51.2，混合物沸点 −45.6℃。

R502 与 R22 相比，具有更好的热力学性能，更适用于低温。R502 压力稍高，在较低温度下制冷能力增加较大。在相同的蒸发温度和冷凝温度条件下压缩比较小，压缩后的排气温度较低。采用单级蒸气压缩式制冷时，蒸发温度可低达 −55℃，制冷量可增加 5% ～30%；采用双级压缩，制冷量可增加 4% ～20%。

R502 与 R22 一样，具有毒性小、不燃不爆的特点，对金属材料无腐蚀作用，对橡胶和塑料的腐蚀性也小。

R502 具有较好的热力、化学、物理特性，是一种较为理想的制冷剂。它适合于蒸发温度在 40～45℃ 的单级、风冷式全封闭、半封闭制冷装置中使用，尤其在冷藏柜中使用较多。但其缺点主要是价格较贵。

(8) 氟利昂 290（C_3H_8、R290）

氟利昂 290 是丙烷，碳氢化合物，其臭氧衰减指数 ODP 为 0，温室效应指数 GWP 很小，几乎可以忽略不计，一般认为对环境是无害的。

R290 具有良好的热力学特性，凝固点低、汽化潜热大、密度小、与水不起化学反应、对金属无腐蚀作用、溶油性好。

R290 具备替代 R22 的基本条件，热力学性质与其十分接近，且具有明显的节能效果。如 R290 蒸发和单相热交换过程的传热系数比 R22 大一些，且压力降较低，易于进行换热器结构优化，提高换热效果。R290 可作为单一的替代物在家用空调器中直接充灌。

R290 最大的问题是它的易燃性，因此在制冷系统中应采取预防措施来避免危险的发生。如管路采用锁环连接、压缩机的启动保护装置需要防爆、商用制冷系统需要建设为间接式系统等。R290 充灌、维修场所应注意良好的通风。

R290 易于制取、价格便宜，但由于安全问题会增加设备制造和维修费用。

(9) 氟利昂 600a（C_4H_{10}、R600a）

氟利昂 600a 是异丁烷，是一种天然工质，常温常压下为无色无味、无毒的易燃易爆气体。主要存在于天然气、炼厂气和裂解气中，经物理分离等获得，亦可由正丁烷经异构化制得。其臭氧衰减指数 ODP 为 0，温室效应指数 GWP 为 0.01，属于绿色环保型制冷剂。

R600a 标准沸点是 $-11.73℃$，凝固温度为 $-160℃$，可溶于乙醇、乙醚等。R600a 正常使用条件下的化学稳定性、热稳定性和储存稳定性良好，其与碳钢、不锈钢、铜、铝等大多数金属相容性较好，但与某些塑料和橡胶如天然橡胶、聚乙烯、氯丁橡胶等相容性差。主要用作电冰箱、冰柜等家用电器产品的制冷系统。R600a 的容积制冷量比 R12 小，故替代时需专用的压缩机，且其他零部件等也需要更换，对焊接等相关设备也需要改造。

R600a 的主要缺点是易燃易爆，当空气中的含量为 $1.9\%\sim8.4\%$（体积）时，遇火花则会燃烧或爆炸，因此在维修时要特别注意，将燃烧爆炸的可能性完全排除。

表 3-11 和表 3-12 给出了常用制冷剂和混合制冷剂的特性。

表 3-11　常用制冷剂特性

类型	常用制冷剂	应用	性　质								
			沸点/℃	凝固点/℃	q_v	ODP	GWP	安全性	溶水性	溶油性	物性
高温制冷剂（适用于空调、热泵）$t_0 > 0℃$	R718	吸收制冷机	100	0	大	0	0	A1			流动性大比热容大
	R11	离心制冷机大型空调、热泵	23.7	-111	小	高	高	A1	小	大	分子量大阻力大
	R123	替代 R11	同 R11	同 R11	同 R11	低	低	B1	同 R11	同 R11	黏性大热导率小比热容大
中温制冷剂（适用于冷藏、制冰、一般冷冻、工业制冷）$-60℃ > t_0 > 0℃$	R717	中、大型制冷系统	-33.4	-77.7	大	0	0	B2	大	难溶	相对密度低流动阻力小传热性能好
	R12	中型空调汽车空调小型冷藏	-29.8	-158	较小	高	高	A1	小	大	分子量大流动阻力大传热性能差
	R22	家用空调中型冷水机组工业制冷	-40.8	-160	大	低	低	A1	小	高温侧溶油低温侧不溶	流动阻力大传热性能差
	R134a	替代 R12 电冰箱汽车空调离心制冷机	-26.5	-101	较低	0	不小	A2	溶水	不同温度溶不同类油	黏性同 R12 导热性高于 R12 比热容大于 R12
	R152a	制混合制冷剂制冷系统	-25	-117	高	0	很小	A2	同 R12	同 R12	黏性同 R12 导热性高于 R12 比热容大于 R12
低温制冷剂（适用于低温实验、研究）$t_0 < -60℃$	R13	低温制冷系统（复叠式低温级）	-81.5	-180	大	高	高	A1	微溶水	不溶油	
	R23	替代 R13	-82.1	-180	大	低	低	A1	同 R13	同 R13	

表 3-12　常用混合制冷剂特性

类型	制冷剂	组成成分	质量比例/%	沸点/℃	主要应用	ODP	GWP	安全性	溶水性	溶油性	物性
共沸制冷剂	R500	R12/R152a	73.8/26.2	-33.5	替代 R12 制冷空调	高	高	A2	难溶	互溶	优于 R12

续表

类型	制冷剂	组成成分	质量比例/%	沸点/℃	主要应用	ODP	GWP	安全性	溶水性	溶油性	物性
共沸制冷剂	R502	R22/R115	48.8/51.2	−45.6	替代R22汽车空调商业用工业用	高	高	A1	微溶	与温度有关	优于R22
	R503	R23/R13	40.1/59.9	−87.9	复叠低温级	高	高	A1	微溶水	不溶油	适用温度范围扩大制冷量提高
	R507	R125/R143a	50.0/50.0	−46.7	替代R502	0	高	A2	难溶	不溶矿物性油、溶聚酯类油	优于R502
	R509	R22/R218	44.0/56.0	−47.5	替代R502	低	低	A1	微溶	与温度有关	优于R502
非共沸制冷剂	R407C	R32/R125/R134a	23/25/52	−43.4~−36.1	替代R22	0	高	A2	难溶	不溶矿物性油、溶聚酯类油	传热性较差
	R410A	R32/R125	50/50	−52.5~−52.3	替代R22	0	高	A2	难溶	不溶矿物油、溶聚酯类油	制冷量大导热性、流动性好

3.2 载冷剂

载冷剂又称冷媒，它是将制冷系统产生的冷量传递给被冷却物体的中间介质。载冷剂在蒸发器中被制冷剂冷却后，送到被冷却物体或冷却设备中，吸收被冷却物体的热量，再返回蒸发器将吸收的热量传递给制冷剂，载冷剂重新被冷却，如此不断循达到制冷的目的。

3.2.1 载冷剂的选择要求

在系统中采用载冷剂的优点在于：
① 使制冷装置的各种设备集中布置在一起，便于运行管理；
② 可将冷量送到离制冷系统较远的地方，便于对冷量分配和控制；
③ 减小制冷剂管路系统的总容积，从而减少制冷系统中制冷剂的充注量和运行中的泄漏量；
④ 载冷剂的热容量一般都比较大，因此被冷对象的温度易于保持稳定。
其缺点是：
① 整个系统比较复杂，在制冷系统基础上增加载冷剂系统；
② 在被冷却物和制冷剂之间增加了一级传热温差，以及增加了冷量损失。
一般在大型集中式空调制冷系统，以及制冷工程中的盐水制冰系统和冰蓄冷系统中均采用载冷剂。
载冷剂应根据制冷装置的用途、容量、工作温度等来选择。选择载冷剂时，应考虑下列一些因素：
① 载冷剂的热容量要大。即载冷剂的比热要大。在传递一定热量时，可使载冷剂的循环量减少，使输送载冷剂的泵耗功减少、管道耗材减少，提高经济性。

② 载冷剂在工作温度范围内始终保持液体状态，不发生相变。即沸点要比系统所能达到的最高温度高，凝固温度要比制冷剂的蒸发温度低，而且都应远离工作温度。

③ 密度小、黏度小，以减少流动阻力和输送泵功率。

④ 化学性能要求稳定，载冷剂在工作温度内不分解；不与空气中的氧化合，不改变其物理化学性能；不燃烧、不爆炸、挥发性要小。使用安全，对管道及设备不腐蚀，如果载冷剂稍具有腐蚀性，应添加缓蚀剂防止腐蚀。

⑤ 价格低廉、便于获得。

3.2.2 常用载冷剂

载冷剂按化学成分分为有机载冷剂和无机载冷剂。常用的无机载冷剂有水、氯化钙溶液和氯化钠溶液，常用的有机载冷剂有乙二醇水溶液、丙三醇水溶液、乙醇水溶液、二氯甲烷、甲醇等。

(1) 水

水是最廉价、最易获得的载冷剂。具有比热容大、密度小、对设备和管道腐蚀性小、不燃烧、不爆炸、无毒、化学稳定性好、价廉易得等优点。但水的冰点高，所以水仅能用作制出 0℃以上的载冷剂，0℃以下应采用盐水作载冷剂。在大型空调制冷系统中，广泛采用水作载冷剂。

(2) 盐水

盐水是最常用的载冷剂，由盐溶于水制成，可用作工作温度低于 0℃的载冷剂。它可以降低凝固点温度，使载冷范围变大。常用作载冷剂的盐水有氯化钠（NaCl）水溶液和氯化钙（CaCl$_2$）水溶液，它们适用于中、低温制冷系统。

盐水具有原料充沛、成本低、适用范围广等优点，在选择盐水作为载冷剂时，应注意以下几方面问题。

① 盐水的浓度：由于载冷剂在工作温度范围内始终保持液体状态，盐水中不能有固体物质出现，因此在选择载冷剂盐水时、在确定盐的种类同时，还应确定其水溶液的浓度。

如何选择盐水溶液浓度呢？我们知道，盐水浓度增大，其凝固温度降低，盐水作为载冷剂的工作范围就扩大了，但并不是盐水溶液的浓度越大越好。盐水溶液的浓度越大，其密度也越大，流动阻力也增大；同时，浓度增大，其比热减小，输送一定冷量所需盐水溶液的流量将增加，造成泵消耗的功率增大。因此要合理选择盐水溶液的浓度。在选择盐水溶液浓度时，我们要借助盐水溶液的特性曲线这个工具，如图 3-1 和图 3-2 所示，图中曲线分别表示了氯化钠盐水溶液和氯化钙盐水溶液的温度与浓度的关系。

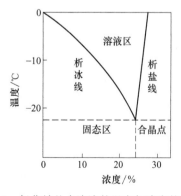

图 3-1　氯化钠盐水溶液的温度与浓度的关系

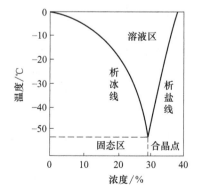

图 3-2　氯化钙盐水溶液的温度与浓度的关系

图 3-1 和图 3-2 中曲线为不同浓度盐水溶液的凝固温度线，溶液中盐的浓度低时，凝固温度随浓度增加而降低，当浓度高于一定值以后，凝固温度随浓度增加反而升高，此转折点为冰盐合晶点，合晶点是盐水的最低凝固点。曲线将图分为四区，各区盐水溶液的状态不同。曲线的上部为溶液区；曲线的左半区（虚线以上）为冰-盐水溶液区，就是说当盐水溶液浓度低于合晶点浓度，且温度低于该浓度的凝固温度而高于合晶点的温度时，有冰析出，溶液的浓度增加，故左侧曲线也称析冰线；曲线的右半区（虚线以上）为盐-盐水溶液区，就是说当盐水浓度高于合晶点浓度，而温度低于该浓度的凝固温度并高于合晶点温度时，有盐析出，溶液的浓度降低，故右侧曲线也称析盐线；低于合晶点温度（虚线以下）部分为固态区。

盐水溶液的特性曲线给出了盐水溶液析冰和析晶情况，作为载冷剂的盐水溶液应在溶液区中选。盐水的凝固温度随浓度而变，确定盐水浓度时，只要保证蒸发器中盐水溶液不冻结，其凝固温度不要选择过低，一般比制冷机的蒸发温度低 5℃ 左右即可，且浓度不应大于合晶点浓度。对于氯化钠盐水溶液，最低凝固温度为 -21.2℃，此时对应溶液浓度为 23.1%；氯化钙盐水的最低凝固温度为 -55℃，对应溶液浓度 29.9%。因此，对氯化钠水溶液而言，只有当制冷剂的蒸发温度高于 -16℃ 时才能用它作载冷剂，对于氯化钙溶液则制冷剂的蒸发温度高于 -50℃，才可以作为载冷剂。

② 盐水对管道的防腐：盐水对金属有腐蚀作用，盐水溶液系统的防腐蚀是突出问题。

实践证明，金属的被腐蚀与盐水溶液中含氧量有关，含氧量越大，腐蚀性越强，为此，最好采用闭式盐水系统，使之与空气减少接触；此外，盐水的含氧量随盐水浓度的降低而增高。因而，从含氧量与腐蚀性来要求，盐水浓度不可太低；另外，为了减轻腐蚀作用，可在盐水溶液中加入一定量的缓蚀剂，缓蚀剂可用氢氧化钠（NaOH）和重铬酸钠（$Na_2Cr_2O_7$）。$1m^3$ 氯化钠盐水溶液中应加 3.2kg 重铬酸钠，0.89kg 氢氧化钠；$1m^3$ 氯化钙盐水溶液中应加 1.6kg 重铬酸钠，0.45kg 氢氧化钠。

注意，加入防腐剂后，必须使盐水呈弱碱性（pH≈8.5），这可通过氢氧化钠的加入量进行调整。添加防腐剂时应特别小心并注意毒性，重铬酸钠对人体皮肤有腐蚀作用，调配溶液时需加注意。

③ 盐水的检查：盐水载冷剂在使用过程中，会因吸收空气中的水分而使其浓度降低。为了防止盐水的浓度降低，引起凝固点温度升高，必须定期检测盐水的密度。若浓度降低，应适当补充盐量，以保持在适当的浓度。

(3) 有机溶剂

用盐水作载冷剂，在制冷工程中相当普遍。其优点：适用的温度范围广、价格便宜、热容量较大等。但是盐水溶液对金属有强烈腐蚀，目前有些场合（如不便维修或不便更换设备及管道的场合）采用腐蚀性小的有机化合物。常用的有机载冷剂主要有乙二醇、丙二醇的水溶液。它们都是无色、无味、非电解性溶液，且冰点都在 0℃ 以下。

丙二醇是极稳定的化合物，全溶于水，其水溶液无腐蚀性、无毒性，可与食品直接接触，其溶液的凝固温度随浓度而变，适用的温度范围为 0～-50℃，是良好的载冷剂。

乙二醇水溶液特性与丙二醇相似，虽略带毒性，但无危害，其黏度和价格均低于丙二醇。但乙二醇略有腐蚀性，使用时需要加缓蚀剂。

另外，甲醇、乙醇、丙三醇等水溶液也可作为载冷剂。

表 3-13 给出了几种载冷剂物理性质的比较。

表 3-13　几种载冷剂物理性质的比较

使用温度/℃	载冷剂名称	制冷浓度/%	密度/(kg/m³)	比热容/[kJ/(kg·℃)]	热导率/[W/(m·K)]	黏度/Pa·s	凝固点/℃
0	氯化钙水溶液	12	1111	3.462	0.528	2.5	−7.2
	甲醇水溶液	15	979	4.187	0.493	6.9	−10.5
	乙二醇水溶液	25	1030	3.831	0.511	3.8	−10.6
−10	氯化钙水溶液	20	1188	3.035	0.500	4.9	−15.0
	甲醇水溶液	22	970	4.061	0.461	7.7	−17.8
	乙二醇水溶液	35	1063	3.569	0.472	7.3	−17.8
−20	氯化钙水溶液	25	1253	2.809	0.475	10.6	−29.4
	甲醇水溶液	30	949	3.809	0.387	—	−23.0
	乙二醇水溶液	45	1080	3.308	0.441	21.0	−26.6
−35	氯化钙水溶液	30	1312	2.638	0.441	27.2	−50.0
	甲醇水溶液	40	963	3.496	0.326	12.2	−42.0
	乙二醇水溶液	55	1097	2.973	0.372	90.0	−41.6
	二氯甲烷	100	1423	1.147	0.204	0.80	−96.7
	三氯乙烯	100	1549	0.996	0.150	1.13	−88.0
	三氯一氟甲烷	100	1608	0.816	0.131	0.88	−111
−50	二氯甲烷	100	1450	1.147	0.190	1.04	−96.7
	三氯乙烯	100	1578	0.729	0.171	1.90	−88.0
	三氯一氟甲烷	100	1641	0.812	0.136	1.25	−111
−70	二氯甲烷	100	1478	1.147	0.221	1.37	−96.7
	三氯乙烯	100	1590	0.456	0.195	3.40	−88.0
	三氯一氟甲烷	100	1660	0.833	0.150	2.15	−111

3.3　润滑油

3.3.1　润滑油的作用

在制冷装置中，润滑油保证压缩机正常运转，对压缩机各个运动部件起润滑与冷却作用，对保证压缩机运行的可靠性和使用寿命起着极其重要的作用，具体包括：

① 由油泵将油输送到各运动部件的摩擦面，形成一层油膜，降低压缩机的摩擦功和摩擦热，减少运动零件的磨损量，提高压缩机的可靠性和延长机器的使用寿命。

② 对于开启式压缩机，在密封件的摩擦面间隙中充满润滑油，不仅起到润滑作用，而且还能防止制冷剂气体的泄漏。

③ 由于润滑油带走摩擦热，不至于使摩擦面的温升太高，因而能防止运动零件因发热而"卡死"。

④ 润滑油流经润滑面时，可带走各种机械杂质和油污，起到清洗作用。

⑤ 润滑油能在各零件表面形成油膜保护层，防止零件的锈蚀。

3.3.2　对润滑油的要求

在制冷系统中，制冷剂与润滑油直接接触，不可避免地有一部分润滑油与制冷剂一起在系统中流动，温度变化较大。因此，为了实现上述功能，润滑油应满足如下基本要求：

① 在运行状态下，为了实现润滑，润滑油应有适当的黏度。黏度过小实现不了润滑的目的，黏度过大，摩擦阻力过大，压缩机功耗增大。由于制冷压缩机在工作中有高压排除的高温气体，希望此时油的黏度不要降得过小；又有低压侧吸入的低温气体，希望此时黏度不致过大。因此，对制冷用的润滑油还要求黏度随温度变化尽量小。一般情况下，低温冷冻范围使用低黏度的润滑油，空调高温范围使用高黏度的润滑油。有时也使用添加剂，以改善润滑油的黏度特性。

② 凝固点要低，在低温时有良好的流动性。

③ 不含水分、不凝性气体和石蜡。冷冻机润滑油中含有水分时，易引起系统"冰堵"，降低油的热稳定性和化学稳定性以及引起电器绝缘性能的降低，应引起足够的重视。与水分一样，油中溶解有空气等不凝性气体时将引起冷凝压力升高而使压缩机排气温度升高，降低制冷能力。在实际工作中，充灌润滑油时应采用小桶封装，拆封后应尽快用完。

采用大油桶时应进行加热脱气和真空干燥处理，在石蜡型润滑油中，低温下石蜡要分离析出，析出时的温度为絮凝点。石蜡析出将引起制冷系统中的滤网和膨胀阀（或毛细管）堵塞，妨碍制冷剂流动。因此，絮凝点和凝固点一样，越低越好。

④ 对制冷剂有良好的兼容性，本身应具有较好的热稳定性和化学稳定性。润滑油在制冷系统中经常与制冷剂接触，因此要求它们具有良好的兼容性。与制冷剂一样，润滑油要求能在非常广泛的温度范围内工作。在高温下，油分解产生积炭，这些堆积物会妨碍压缩机及阀片等部件的运动，使制冷效率降低，因此要求润滑油分解产生的积炭的温度越高越好。

化学稳定性一般不指其抗氧化能力，而是指其抵抗与制冷剂的反应以及与压缩机零、部件材料反应的能力。在制冷剂-油-金属的共存体系中，高温时润滑油易发生化学反应产生腐蚀性酸，而润滑油缓慢劣化易生成弱酸。这些反应生成物不仅腐蚀金属，还将侵蚀电动机漆包线的涂层，引起电动机烧坏或镀铜现象，产生积炭或生成焦油状物质。各国对冷冻机用润滑油的总酸值都有严格的规定。我国的冷冻机润滑油标准 GB/T 16630—2112《冷冻机油》规定酸值为 0.03～0.08mg/g 以下。

⑤ 绝缘耐电压要高。在封闭式压缩机中，冷冻机油与电动机一起装在封闭壳内，润滑油应有绝缘的特性。一般来说，制冷剂都具有优良的电器特性。然而，油与制冷剂混合后，其电器特性有降低的倾向。油的绝缘耐电压是重要指标，在我国 GB/T 16630—2012 和日本 JKSK—83 标准中均为 25kV。

⑥ 价格低廉，容易获得。

3.3.3 润滑油的分类和选择

冷冻机润滑油按制造工艺可分为天然矿物油和人工合成油两大类。

(1) 天然矿物油

天然矿物油简称矿物油，即从石油中提取的润滑油。作为石油的馏分，矿物油通常具有极小的极性，它们只能溶解在极性较弱或非极性的制冷剂中，如 R600a、R12 等。

(2) 人工合成油

人工合成油简称合成油，即按照特定制冷剂的要求，用人工化学的方法合成的润滑油。合成油主要是为了弥补矿物油难以与极性制冷剂互溶的缺陷而提出来的，因此，合成油通常都具有较强的极性、它们能溶解在极性较强的制冷剂中，如 R134a、R717。

人工合成润滑油主要有聚醇类、聚酯类和极性合成碳氢化合物等。

过去制冷机润滑油命名编号是根据润滑油在一定温度下其黏度值确定的，现在的国家标准 GB/T 16630—2012 将矿物油分成 4 种：L-DRA/A、L-DRA/B、L-DRB/A 和 L-DRB/B，并给出了这 4 种矿物油的具体要求。

润滑油的选择主要取决于制冷剂的种类、压缩机形式和运转工况（蒸发温度、冷凝温度）等，一般是使用制冷机制造厂推荐的牌号。选择润滑油时，首先要考虑的是润滑油的低温性能和对制冷剂的相溶性。从压缩机出来随制冷剂一起进入蒸发器的润滑油出于温度的降低，如果制冷剂对润滑油的溶解性能不好的话，则润滑油在蒸发器传热管壁面上形成一层油膜，从而增加热阻，降低系统性能。由于润滑剂的存在，R22 的表面传热系数明显比纯制冷剂的表面传热系数要低；此外，由于 R22 对矿物油的溶解能力大于酯类油，因此，酯类润滑油对 R22 的传热系数性能影响更大。从传热角度看，应选取与制冷剂互溶性好的润滑油。根据制冷剂和润滑油溶解性大小可把润滑油分为 3 类：完全溶油、部分溶油、难溶或微溶油。制冷剂与润滑油互溶性见表 3-14。制冷系统中的膨胀阀和蒸发器对润滑油也有一定的要求，如表 3-15 所示。

表 3-14　制冷剂与润滑油互溶性

润滑油种类	完全溶油	部分溶油	难溶或微溶油
矿物油	R11、R12、R600a	R22、R502	R717、R134a、R407c
聚酯类油	R134a、R407c	R22、R502	R11、R12、R600a
聚醇类油	R717	R134a、R407c	R11、R12、R600a
烷基苯油	R134a、R407c	R22、R502	R11、R12、R600a

表 3-15　制冷系统对润滑油的要求

制冷循环系统	性能要求
压缩机	与制冷剂共存时具有优良的化学稳定性
	有良好的润滑性
	与制冷剂有极好的互溶性
	对绝缘材料和密封材料具有优良的适应性
	有良好的抗泡沫性
冷凝器	与制冷剂有良好的相溶性
膨胀阀	无蜡状物絮状分离
	不含水
蒸发器	有优良的低温流动性
	无蜡状物絮状分离
	不含水
	与制冷剂有极好的互溶性

值得指出的是，极性润滑油如聚酯类油和聚醇类油都具有很强的吸水性，这一特性对制冷系统极其不利，在使用时要特别注意。极性合成碳氢化合物油，虽然对极性制冷剂的溶解性没有聚酯类油好，但由于在这些油里加入了一定的添加剂，使该类润滑油能溶于极性制冷剂但又不太吸收水分，可以避免因吸水而引起的一系列问题。

选择润滑油除了要考虑与制冷剂的互溶性以外，还要考虑润滑油的黏度。一般来说，在较高温度范围内工作的制冷系统选用黏度较高的润滑油；反之，选用较低黏度的润滑油。运动速度较高的压缩机选用黏度较低的润滑油；反之，选用黏度较高的润滑油。

思考与练习

1. 什么是制冷剂？制冷剂有哪些类型？
2. 对制冷剂的基本要求和选用原则是什么？
3. 常用制冷剂有哪些？它们各有什么特点？
4. 家用的冰箱、空调一般用什么制冷剂？
5. 广告中常说的无氟冰箱是指不用氟利昂作为制冷剂吗？
6. 制冷剂的含水量过高，会对制冷系统及其运行产生什么影响？
7. 什么是共沸混合制冷剂？什么是非共沸混合制冷剂？举例说明。
8. 什么叫载冷剂？对载冷剂的要求有哪些？
9. 常用的载冷剂有哪几种？各适用于哪种系统。
10. 制冷系统为什么要用润滑油？
11. 不同类型的润滑油与制冷剂的相溶性如何？

第❹章

制冷压缩机

目标要求：

① 熟悉活塞式制冷压缩机的结构、工作过程和工作特性；

② 掌握螺杆式制冷压缩机的结构、工作过程和工作特性；

③ 了解回转式、涡旋式和离心式制冷压缩机的结构和工作原理。

制冷压缩机是蒸气压缩式制冷系统中最核心的设备，其技术水平在一定程度上代表着蒸气压缩式制冷技术的发展水平。它的主要作用是：抽吸来自蒸发器的低压、低温制冷剂蒸气，进行压缩，将制冷剂蒸气的压力和温度提高，然后将高温、高压的制冷剂蒸气排送至冷凝器。此外，压缩机还维持制冷剂在系统中的不断循环流动，相当于制冷系统的"心脏"。

制冷压缩机的形式很多，根据提高气体压力的原理不同，可分为容积型制冷压缩机和速度型制冷压缩机。

容积型制冷压缩机是靠改变工作腔的容积，周期性地吸入定量的气体进行压缩。常用的容积型压缩机有活塞式、螺杆式、涡旋式和滚动转子式等类型。

速度型制冷压缩机提高制冷剂蒸发压力的途径是先提高气体动能（同时压力也有所提高），再将动能转化为位能，提高压力。速度型压缩机有离心式和轴流式两种。因轴流式压缩机的压力比小，不适用于制冷系统，故速度型制冷压缩机一般指离心式压缩机。

制冷系统中的制冷剂是不容许泄漏的，常采用密封结构。根据密封方式的不同，制冷压缩机可分为开启式、半封闭式和全封闭式三类。

开启式制冷压缩机是一种靠原动机驱动其伸出机壳外的轴或其他运转零件的压缩机。它的特点是容易拆卸、维修。由于原动机与制冷剂和润滑油不接触，原动机不必具备耐制冷剂和耐油的要求，因而可用于氨制冷系统。该类制冷压缩机的密封性能较差，制冷剂易通过支承曲轴的轴承向外泄漏，因此必须有轴封装置。

半封闭式制冷压缩机是一种外壳可在现场拆卸修理内部机件的无轴封的制冷压缩机。其电动机和压缩机连成一体装在机体内，共用一根主轴。由于电动机为内置电动机，故主轴不必穿过压缩机外壳，不需轴封。

全封闭式制冷压缩机是一种压缩机和电动机装在一个由熔焊或钎焊焊死的外壳内的制冷压缩机。焊接的外壳保证制冷剂不会外泄，但也因此使机壳不易打开、修理。

图 4-1 为各类型压缩机的结构示意图，图 4-2 为目前各类压缩机的大致应用场合及其制冷量大小。

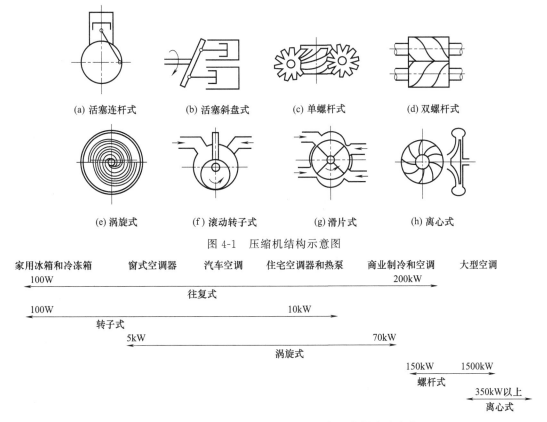

(a) 活塞连杆式   (b) 活塞斜盘式   (c) 单螺杆式   (d) 双螺杆式

(e) 涡旋式   (f) 滚动转子式   (g) 滑片式   (h) 离心式

图 4-1   压缩机结构示意图

图 4-2   目前各类压缩机的大致应用场合及其制冷量大小

4.1 活塞式制冷压缩机

活塞式制冷压缩机曾经是制冷空调领域早期使用最为广泛的压缩机形式，但随着其他形式制冷压缩机的出现和发展，活塞式压缩机的应用领域已经大为收缩。在空调领域，离心、螺杆、涡旋和滚动转子压缩机，因为能效比较高，已逐渐替代活塞式压缩机，成为容量从大到小、广泛使用的压缩机形式。但因活塞式压缩机的工作原理相对简单，本书仍以活塞式压缩机入手来介绍压缩机的工作。

活塞式制冷压缩机是利用气缸中活塞的往复运动来压缩气缸中的制冷剂气体，通常是利用曲柄连杆机构将原动机的旋转运动转变为活塞的往复直线运动，故也称为往复式制冷压缩机。由于活塞和连杆等的惯性力较大及阀片的寿命较短，限制了活塞运动速度和气缸容积的增加，所以排气量不会太大。目前，制造的活塞式制冷压缩机多为标准制冷量小于 58kW 的小型机和标准制冷量为 58～580kW 的中型机，主要用于商业零售、公共饮食和冷藏运输的中小型制冷、空调装置。

4.1.1 分类

活塞式制冷压缩机的形式和种类较多，且有多种不同的分类方法。

(1) 按照气缸的布置形式分类

根据气缸布置形式和数目的不同，活塞式制冷压缩机可分为卧式、立式和多缸式，其中应用较多的是多缸式压缩机，其气缸排列形式与气缸数目有关，多个气缸轴线在垂直于曲轴轴线的平面内呈一定的夹角布置，有 V 型（两缸）、W 型（三缸）和扇型（四缸）等形式，如图 4-3 所示。

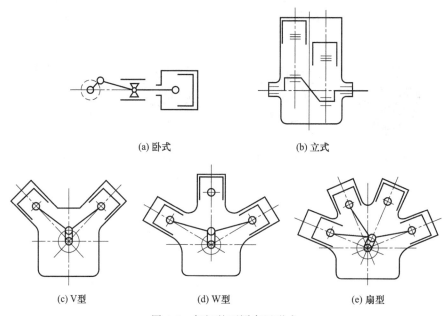

图 4-3　气缸的不同布置形式

(2) 按压缩机与电动机的组合形式分类

根据压缩机与电动机之间组合形式的不同，活塞式制冷压缩机可分为开启式和封闭式，后者又根据气缸盖能否拆卸分为半封闭式压缩机和全封闭式压缩机，如图 4-4 所示。

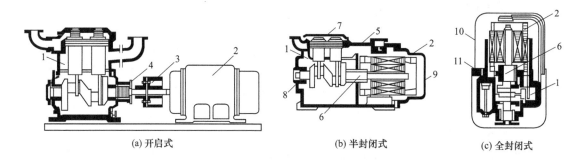

图 4-4　活塞式制冷压缩机的组合形式

1—压缩机；2—电动机；3—联轴器；4—轴封；5—机体；6—主轴；
7~9—可拆卸的密封盖板；10—封闭罩壳；11—弹性支撑

此外，按照压缩机压缩级数的不同可分为单级压缩机和单机双级压缩机；按压缩机的转速可分为低速（转速低于 300r/min）、中速（转速 300～1000r/min）和高速（转速高于 1000r/min）压缩机。按所使用制冷剂种类的不同可分为氨制冷压缩机、氟利昂制冷压缩机和使用其他制冷剂的压缩机。

4.1.2 结构

活塞式制冷压缩机虽然种类繁多、结构复杂，但其基本结构和主要部件都大体相同，包括机体、活塞组件、曲轴连杆组件、气缸套及进排气阀组件、卸载装置和润滑系统等，如图4-5所示为立式两缸活塞式制冷压缩机结构示意图。

(1) 机体

机体是活塞式制冷压缩机的机身，用来支承压缩机的全部质量并保持各部件之间有相对准确的位置。机体由气缸体和曲轴箱两部分组成，两者可以不做成整体，而用螺栓连接。机体的外形主要取决于压缩机的气缸数和气缸的布置形式，可分为无气缸套机体和有气缸套机体两种。

(2) 气缸套及进排气阀组件

气缸套及进排气阀组件主要由气缸套、进排气阀片、内阀座、外阀座、阀盖和缓冲弹簧等组成。气缸套的作用是与活塞气阀一起在压缩机工作时组成可变的工作容积，同时还对活塞的往复运动起导向作用。

气阀是活塞式压缩机的重要部件之一，控制着压缩机的吸气、压缩、排气和膨胀四个过程。活塞式制冷压缩机所使用的气阀都是受阀片两侧气体压力差控制而自行启闭的自动阀。

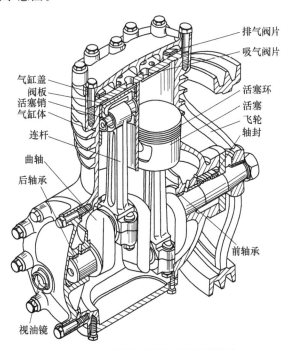

图 4-5　立式两缸活塞式制冷压缩机

(3) 曲柄连杆组件

曲柄连杆组件是压缩机的传动机构，该机构主要由曲轴、连杆组件和活塞组件等构成。曲轴的作用是传递能量，并把电动机的旋转运动通过连杆转变为活塞的往复直线运动，以实现压缩机的工作循环。曲轴除了传递动力作用外，通常还起到输送润滑油的作用。连杆的作用是将曲轴和活塞连接起来，从而传递曲轴和活塞之间的作用力，并将曲轴的旋转运动转变为活塞的往复运动。

(4) 活塞组件

活塞组件结构与压缩机的结构密切相关，主要由活塞体、活塞环及活塞销组成。活塞通过活塞销与连杆相连，其侧向力直接作用在活塞上，因而活塞上必须具有足够的承压面。活塞上部有两道气环和一道刮油环，活塞销与活塞销座和连杆小头衬套之间采用浮动连接（即活塞销相对于销座和连杆小头衬套都能自由转动），以减小摩擦面间的相对滑动速度，使活塞销磨损均匀。

(5) 卸载装置

卸载装置的作用就是对制冷压缩机的制冷量进行调节，以适应实际运行工况的需要。活塞式制冷压缩机制冷量的调节，可采用节流法、旁通法、调速法、卸载法等。多缸活塞式制冷压缩机多采用卸载法调节压缩机的制冷能力，例如，在八缸活塞式制冷压缩机中，可以停止两个气缸、四个气缸或六个气缸的工作，使压缩机的制冷能力调整为总量的 75%、50% 和 25%。

(6) 润滑系统

润滑系统的作用是减少轴与轴承、活塞与气缸等运动部件接触面之间的机械磨损和摩擦耗功，提高零部件的使用寿命；还可以带走摩擦产生的热量，降低部件温度，保证压缩机正常运转；此外，位于活塞与气缸壁之间的润滑油还有着重要的密封作用，有助于阻止制冷剂气体向轴承箱泄漏。

图 4-6 是活塞式压缩机的实物照片。图 4-7 为国产 B47F55 型半封闭式制冷压缩机结构示意图。图 4-8 为 Q25F30 型全封闭式制冷压缩机结构示意图。

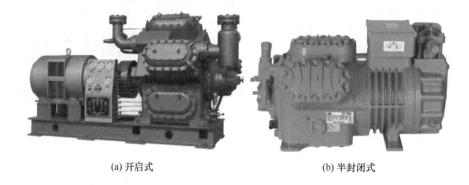

(a) 开启式　　　　　　　　　　　　　(b) 半封闭式

图 4-6　活塞式压缩机实物照片

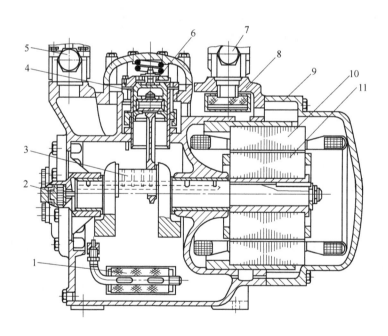

图 4-7　国产 B47F55 型半封闭式制冷压缩机结构示意图

1—油过滤器；2—油泵；3—曲轴；4—活塞；5—排气管；6—气阀组；

7—吸气管；8—压缩机壳体；9—电动机壳体；10—电动机定子；11—电动机转子

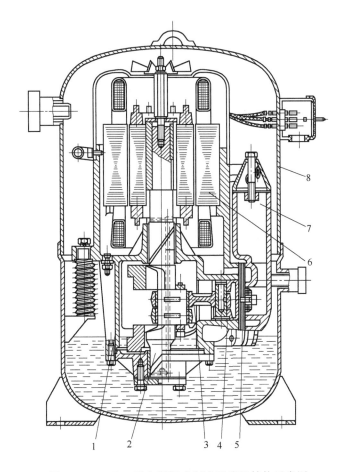

图 4-8　Q25F30 型全封闭式制冷压缩机结构示意图
1—机体；2—曲轴；3—连杆；4—活塞；5—气阀；6—电动机；7—排气消声部件；8—机壳

4.1.3　工作过程

(1) 工作过程

活塞式制冷压缩机的实际工作过程比较复杂，一般可概括为压缩、排气、膨胀、吸气四个过程。

1) 压缩过程

当活塞处于最下端位置（称为内止点或下止点）时，气缸内充满了从蒸发器吸入的低压制冷剂蒸气，吸气过程结束。活塞在曲轴-连杆机构的带动下开始向上移动，此时吸气阀关闭，气缸工作容积逐渐减小，处于气缸内的气体受压缩，温度和压力逐渐升高。气体在气缸内从吸气时的低压升高到排气压力的过程称为压缩过程。

2) 排气过程

活塞继续向上移动，当气缸内气体的压力升高至略高于排气腔中气体的压力时，排气阀开启，缸内高压蒸气在定压下排出气缸，直到活塞到达最上端位置（称为外止点或上止点）时排气过程结束。

3) 膨胀过程

活塞在气缸内往复运动时,活塞上端点与气缸顶部并不完全重合,而是留有一定的间隙用以保证其运行的安全可靠,此间隙被称为余隙容积。由于余隙容积的存在,活塞运动到上止点时,排气终止,气缸内还保留一小部分的高压气体无法排出。当活塞反向运动时,只有当这部分高压气体膨胀到压力稍低于吸气口压力时,吸气阀才会开启,低压的气态制冷剂才能开始进入气缸。因此,在吸气之前,会存在余隙容积内的高压气体的膨胀过程,并且这一膨胀过程会减少气缸的有效工作容积。

4) 吸气过程

随着活塞向下运动,余隙容积内的高压气体的膨胀过程结束,然后开始吸气过程,低压气体被吸入气缸中,直到活塞运动到下止点的位置。

这样,活塞式制冷压缩机的曲轴每旋转一圈,活塞往返一次,就有一定量的低压气态制冷剂被吸入,并被压缩为高压气体排出气缸。在理想情况下,曲轴每旋转一圈,一个气缸吸入的低压蒸气体积称为气缸的工作容积 V_g,即

$$V_g = \frac{\pi}{4} D^2 L \quad (m^3) \tag{4-1}$$

式中 D——气缸直径,m;

   L——活塞行程,m。

如果压缩机有 z 个气缸,当曲轴转速为 n(r/min)时,则压缩机每秒吸入的低压蒸气体积为:

$$V_h = V_g z \frac{n}{60} = \frac{\pi}{240} D^2 L z n \quad (m^3/s) \tag{4-2}$$

式中 V_h——活塞式制冷压缩机的理论输气量,也称为活塞排量。

(2) 容积效率

活塞式制冷压缩机的实际工作过程要比理想过程复杂得多,有很多因素影响压缩机的实际输气量 V_s,导致压缩机的实际输气量要小于压缩机的理论输气量,两者之比称为压缩机的容积效率(或称输气系数),用 η 表示。即

$$\eta = \frac{V_s}{V_h} \tag{4-3}$$

容积效率实际上表示压缩机气缸工作容积的有效利用率,它是评价压缩机性能的一个重要指标。输气系数越小,表示压缩机的实际输气量与理论输气量相差越大。显然,容积效率 η 总小于 1。影响活塞式压缩机容积效率的因素主要有气缸余隙容积、吸排气阀阻力、吸气过程中气体被加热的程度和漏气四个方面。

4.2 螺杆式制冷压缩机

螺杆式制冷压缩机是一种高速回转的容积式压缩机,具有体积小、重量轻、效率高、运转平稳、易损件少、单级压力比大以及能量无级调节等优点。自 1878 年德国人 H. Krigar 提出至今,螺杆式制冷压缩机的制冷和制热输入功率范围已经发展到 $10\sim1000kW$,由于其单级具有较大的压力比和较宽的容量范围,故适用于高、中、低温各种工况,特别在低温工况及变工况下仍具有较高的效率,已广泛用于采暖空调的冷、热水机组。目前,各种开式和半封闭式螺杆压缩机已形成系列,近几年全封闭系列螺杆式压缩机也得到了发展。

按照螺杆转子数量的不同，螺杆式制冷压缩机有双螺杆和单螺杆两种结构形式。

4.2.1　双螺杆式制冷压缩机

(1) 结构

双螺杆式制冷压缩机主要由机体、一对阴阳转子、轴承、轴封、平衡活塞及能量调节装置组成，其结构如图 4-9 所示。

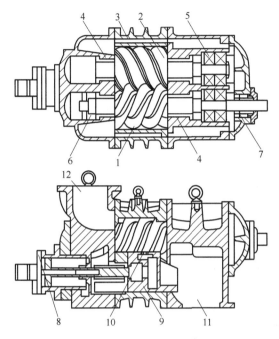

图 4-9　双螺杆式制冷压缩机

1—阳转子；2—阴转子；3—机体；4—滑动轴承；5—止推轴承；6—平衡活塞；7—轴封；
8—能量调节用卸载活塞；9—卸载滑阀；10—喷油孔；11—排气口；12—进气口

双螺杆式制冷压缩机的机体由气缸体和吸、排气端座组成，如图 4-10 所示。在吸气端座和气缸体内壁上开有吸气孔口（分为轴向吸气孔口和径向吸气孔口），在排气端座和气缸体内壁上开有排气孔口，吸、排气口的大小和位置经过精心设计计算确定，不像活塞式压缩机那样要设吸、排气阀。

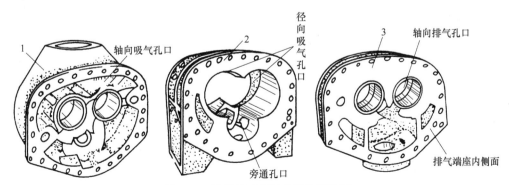

图 4-10　双螺杆式压缩机机体部件图

1—吸气端座；2—气缸体；3—排气端座

双螺杆式制冷压缩机靠一对相互啮合的螺杆转子来工作，转子具有特殊的螺旋齿形。其中，具有凸齿形的转子叫阳转子，与电动机相连，功率由此端输入，因此又称主动转子；具有凹齿形的转子叫阴转子，又称从动转子，如图 4-11 所示。阳转子一般做成 4 齿，阴转子做成 6 齿，两转子按照一定的传动比在气缸内做反向回转运动，在转子齿槽与气缸体之间形成 V 形的密封空间。在主动转子和从动转子的两端部，分别装有滑动轴承，用来承受径向力。在排气端的两转子末尾装有一对推力圆柱滚子轴承，用来承受轴向推力。主动转子的吸气端还装有平衡活塞，用来减轻由于排气侧和吸气侧之间的压力差所引起的轴向推力，从而减轻推力圆柱滚子轴承所承受的轴向力。在主动转子伸出端的端盖处设置有摩擦环式的轴封装置，用于防止制冷剂的外泄或外界空气漏入机体。在转子的底部装有输气量调节的卸载滑阀，通过油缸、活塞和传动杆，使滑阀能够在轴向移动来改变气缸容积从而调节输气量。同时，在滑阀上还开有喷油孔，与油分离器、油冷却器和油泵等油润滑装置一起，用于在压缩机运转时向其工作腔内喷入一定量的润滑油（为容积排量的 0.6%～13%，理论排量越大的压缩机这个比例越小），以达到润滑、密封、提高压缩机工作效率、降低排气温度和噪声等目的。压缩后的气体进入排气腔，经过油过滤器后方能通过排气管排出机体。

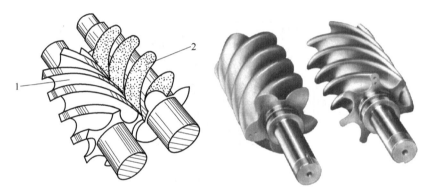

图 4-11　阴、阳转子及实物照片
1—阴转子；2—阳转子

(2) 工作过程

螺杆式制冷压缩机的工作过程分为吸气、压缩、排气三个过程，如图 4-12 所示。

双螺杆式制冷压缩机转子的齿相当于活塞式压缩机的活塞，转子的齿槽、机体的内壁面和两端端盖等共同构成其工作容积，相当于活塞式压缩机的气缸。机体的两端盖设有对角线布置的吸、排气孔口。随着两螺杆转子在机体内的旋转运动，使得工作容积由于齿的咬合和脱开而不断地发生变化，从而周期性地改变转子每对齿槽间的容积来达到吸气、压缩和排气的目的。

相互啮合的转子在每个运动周期内，分别有与阴转子凹齿数相同数目的工作容积依次进行相同的工作过程，这一工作容积称为基元容积。基元容积由转子的一对齿面、机体内壁和两端盖所形成。因此，在对双螺杆压缩机的工作过程进行分析时，只需要研究其中一个基元容积的一个工作循环即可。双螺杆式制冷压缩机的运转过程从吸气过程开始，然后将吸入的低压制冷剂蒸气在密封的基元容积内进行压缩，最后通过排气孔口排出高压的制冷剂蒸气，即完成一个工作循环。阴、阳转子和机体之间形成的 V 字形基元容积的大小，随着转子的旋转而变化，同时，其空间位置也在从吸入端向排出端不断移动。

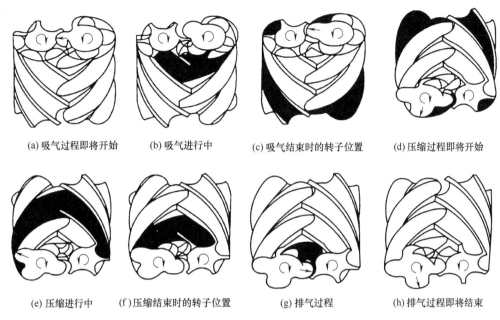

(a) 吸气过程即将开始　　(b) 吸气进行中　　(c) 吸气结束时的转子位置　　(d) 压缩过程即将开始

(e) 压缩进行中　　(f) 压缩结束时的转子位置　　(g) 排气过程　　(h) 排气过程即将结束

图 4-12　螺杆式制冷压缩机的工作过程

　　双螺杆式制冷压缩机的能量调节多采用滑阀调节，其原理是通过滑阀的轴向移动，使压缩机内阴、阳转子的工作容积在齿间接触线从吸气端向排气端移动的前一段时间内，仍与吸气口相通，使得部分气体回流至吸气口，即减小了螺杆的有效工作长度来缩小转子的工作容积，从而达到能量调节的目的。

　　双螺杆式制冷压缩机的能量调节可控制在 $10\%\sim100\%$ 的范围内，且为无级调节。当制冷量大于 50% 时，压缩机的功率消耗与制冷量近似成正比关系，而在低负荷下运行时其功率损耗较大。因此，从节能的角度考虑，双螺杆式制冷压缩机的制冷量（即负荷）应在 50% 以上的情况下运行为宜。

4.2.2　单螺杆式制冷压缩机

(1) 结构

　　单螺杆式制冷压缩机主要由机体、螺杆、星轮、轴承、轴封、滑阀及能量调节装置组成，其结构如图 4-13 所示。单螺杆压缩机是由一个圆柱形螺杆和两个对称配置平面星轮啮合来工作，由于该螺杆转子两端受到大小几乎相等、方向相反的轴向力，因此可以省去转子的平衡活塞。单螺杆式制冷压缩机中的螺杆转子齿数与相匹配的星轮齿数之比一般为 6：11，这种结构有利于减小排气脉动，增加排气的平稳性。在单螺杆压缩机的星轮齿片和转子齿槽相互啮合时，由于不受气体压力引起的传动力作用，使得齿片可用密封性和润滑性较好的树

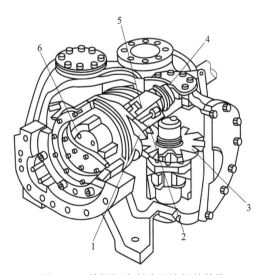

图 4-13　单螺杆式制冷压缩机的结构
1—螺杆转子；2—内容积比调节滑阀；3—星轮；
4—轴封；5—输气量调节滑阀；6—轴承

脂材料。

(2) 工作过程

单螺杆式制冷压缩机的星轮相当于活塞式压缩机的活塞，螺杆的齿间凹槽、机体的内壁面和星轮的齿顶面等共同构成一个独立的基元容积，犹如往复活塞式压缩机的气缸。机体的上端盖设有排气孔口，下端盖设有吸气孔口，且吸气孔和排气孔呈对角线布置。单螺杆式制冷压缩机的螺杆通常有六个螺槽，每个螺槽被两个星轮分隔成上下两个空间，各自实现吸气、压缩和排气过程，螺杆转子每旋转一周可完成两次压缩过程，具有压缩速度快、泄漏时间短、容积效率高等优点。因此，单螺杆式压缩机相当于一台六缸双作用的活塞式压缩机，其工作过程如图 4-14 所示。

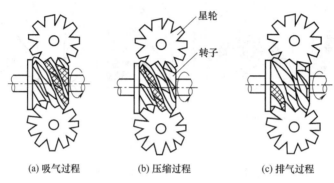

(a) 吸气过程   (b) 压缩过程   (c) 排气过程

图 4-14　单螺杆式制冷压缩机的工作过程

4.3　其他回转式制冷压缩机

回转式制冷压缩机除了螺杆式外，常用的结构还有转子式和涡旋式，都属于容积式压缩机，是靠回转体的旋转运动替代活塞式压缩机活塞的往复运动，以改变气缸的工作容积，进而周期性地将一定容积的低压气态制冷剂进行压缩。回转式制冷压缩机结构简单、运转平稳、容积效率高，并实现了高速和小型化，但是由于该类压缩机为滑动密封，故加工精度要求比较高。采用回转式制冷压缩机已成为制冷压缩机的发展潮流。

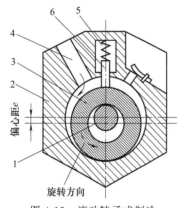

图 4-15　滚动转子式制冷
压缩机的基本结构

1—偏心轮轴；2—气缸；3—滚动转子；
4—吸气孔口；5—弹簧；6—滑板

4.3.1　滚动转子式制冷压缩机

(1) 结构

滚动转子式制冷压缩机主要由气缸、滚动转子、偏心轮轴和滑板等组成，如图 4-15 所示。它具有一个圆筒形气缸，在端盖上部开设有不带吸气阀的吸气孔和带有排气阀的排气孔，排气孔装设排气阀的目的是为了防止排出的气体倒流。套筒状的滚动转子被套装在气缸中心带偏心轮的主轴上，主轴旋转时，滚动转子套筒沿气缸内壁滚动，在气缸间形成一个月牙形的工作腔，其位置随主轴的旋转而变动。

气缸上部的纵向槽缝内装有滑板，靠弹簧作用力，使滑板下端与滚动转子表面紧密接触，从而将气缸的牙形工作腔分隔为两部分，具有吸气口的部分为吸气腔，具有排气口的部分为排气腔。当电动机驱动主轴绕气缸中心连续旋转时，吸气腔和排气腔的容积均随之改变，从而实现了吸气、压缩、排气等工作过程。

(2) 工作过程

滚动转子式制冷压缩机的工作原理和工作过程如图 4-16 所示。整个工作过程可以看出，滚动转子式制冷压缩机的吸气、压缩、排气过程是在主轴旋转两圈中完成的，但是，滚动活塞被滑板分成的两侧，却在同时进行吸气与压缩或排气过程，所以可以认为压缩机的一个工作循环仍是在一圈中完成的。

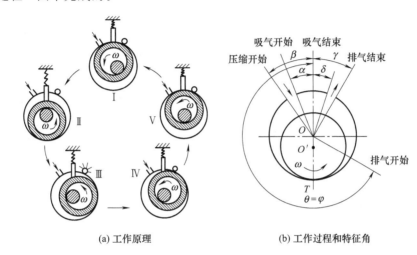

(a) 工作原理　　　　(b) 工作过程和特征角

位置	I	II	III	IV	V
吸气腔	吸气	吸气	吸气	吸气	吸气结束
排气腔	压缩	压缩	开始排气	排气结束	与吸气腔连通

图 4-16　滚动转子式制冷压缩机的工作原理和工作过程

(3) 特点

滚动转子式制冷压缩机具有如下特点：

① 体积小、重量轻。与同工况的活塞式压缩机相比，体积可以减少 40%～50%，重量也能减少 40%～50%。

② 效率高。由于滚动转子式压缩机不需要吸气阀，因此降低了吸气过程的流动阻力损失，所以其指示效率高，一般比活塞式压缩机高 30%～40%。滚动转子式压缩机的容积效率要比活塞式压缩机高，其值在 0.7～0.9 的范围内。

③ 由于滚动转子式压缩机是由圆筒形气缸和作回转运动的套筒形滚动转子相互配合而直接进行旋转压缩，从而不需要将旋转运动转化为往复运动的转换机构，因此滚动转子式压缩机具有零部件少，特别是易损件少、体积小、重量轻、结构简单、运行可靠的优点。

④ 滚动转子式制冷压缩机的单机压缩比较高，可达到 40。

⑤ 由于滚动转子式制冷压缩机单缸的转子转矩峰值较大，因此旋转中需要较大的飞轮矩，同时也存在不平衡的旋转质量，需要平衡质量来平衡。

近年来，小型全封闭滚动转子式制冷压缩机发展迅速，主要用于冰箱、房间空调器和商业用制冷装置。由于小型全封闭压缩机自身无容量调节机构，因此，变频调速压缩机已成为其发展趋势。变频压缩机的使用不仅可以提高空调、热泵装置的季节能效比，还可以有效地改善房间的热舒适性。目前，变频（调速）滚动活塞式压缩机的额定功率一般为 3.5kW 以下，频率的最大调节范围可达 15～180Hz。

4.3.2 涡旋式制冷压缩机

(1) 结构

涡旋式制冷压缩机是 20 世纪 80 年代才发展起来的一种新型容积式制冷压缩机，其基本结构如图 4-17 所示，主要由动涡旋盘、静涡旋盘、机座、防自转体机构十字滑环及曲轴等部件组成。

动、静涡旋盘的型线均是螺旋形，动涡旋盘与静涡旋盘偏心设置，并相错 180°对置安装。动、静涡旋盘在轴向成几条直线状接触，在横截面上则为几个点状接触，在彼此接触区间内形成一系列月牙形空间，即为基元容积。动涡旋盘由一个偏心距很小的曲轴带动，以静涡旋盘的中心为旋转中心，并以一定的旋转半径做无自转的回转平动。在动涡旋盘的运转中，动、静涡旋盘的接触线沿涡旋曲面不断地向中心移动，它们之间的相对位置由安装在动、静涡旋盘之间的十字滑环来保证，该滑环上部和下部十字交叉的突肋分别与动涡旋盘下端面键槽及机座上的键槽相配合，并在其间滑动。吸气口设在静涡旋盘的外侧面，排气口设在顶部端面的中心部位，压缩机工作时，制冷剂气体从吸气口进入动、静涡旋盘间最外圈的月牙形空间内，随着动涡旋盘的运动，气体向中心空间逐渐推移，其容积不断缩小而压力不断升高，直至被压缩的高压制冷剂气体从静涡盘中心处的排气口排出。涡旋盘实物照片如图 4-18 所示。

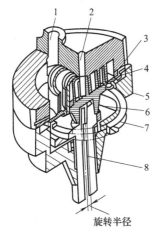

图 4-17 涡旋式制冷压缩机结构简图
1—吸气口；2—排气口；3—静涡旋盘；4—动涡旋盘；
5—机座；6—背压腔；7—十字滑环；8—曲轴

图 4-18 涡旋盘实物照片

(2) 工作过程

涡旋式制冷压缩机的工作主要是利用动涡盘和静涡盘的啮合，形成多个月牙形的压缩腔，随着动涡盘的回转平动，使得各压缩腔的容积不断缩小以此来压缩气体。其工作过程如图4-19所示。

可以看出，最外圈两个封闭月牙形工作腔完成一次压缩和排气过程，曲轴旋转了三周

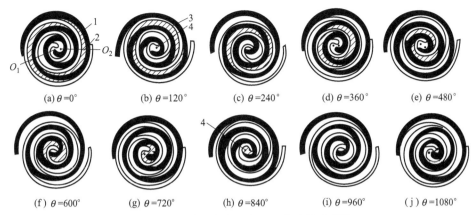

图 4-19 涡旋式制冷压缩机工作过程示意图
1—动涡旋盘；2—静涡旋盘；3—压缩腔；4—排气口

($\theta=0°\sim1080°$)。在曲轴旋转三周的过程中，动、静涡旋盘的外圈分别开启和闭合三次，即完成了三次吸气过程，也就是每当最外圈形成了两个封闭的月牙形空间并开始向中心推移成为内工作腔时，另一个新的吸气过程同时开始形成，因此，在涡旋式制冷压缩机中，吸气、压缩、排气等过程是同时和相继在不同的月牙形空间中进行的。所以，涡旋式制冷压缩机基本上是连续地进行吸气和排气，并且从吸气开始至排气结束需经动涡旋盘的多次回转平动才能完成。

图 4-20 为全封闭涡旋式制冷压缩机实物照片与结构示意图。图中压缩机布置在上方，电动机置于下方，来自蒸发器的制冷剂蒸气由机壳上部的吸气管吸入涡线的外周，压缩后由静涡旋盘上方的排气口排至排气腔，然后导入下部电动机室，冷却电动机后由排气管排出。曲轴由机体上的轴承支撑，动涡旋盘由中间压力支撑，将它压在静涡旋盘上。利用排气压力与中间压力之间的压力差，润滑油通过曲轴中心的油孔供至各轴承处，然后排向中间压力室，再由中间压力室的小孔导入压缩机腔，随蒸气一起排出，在机壳内经过二次分离，积存于机壳底部，供再循环使用。为了防止压缩机停机时高压气体的倒流，引起压缩机动涡旋盘

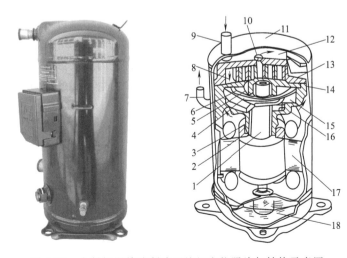

图 4-20 全封闭涡旋式制冷压缩机实物照片与结构示意图
1—曲轴；2,4—密封轴承；3—压缩腔；5—背压口；6—防自转环；7—排气管；8—吸气腔；9—吸气管；10—排气口；
11—机壳；12—排气腔；13—静涡旋盘；14—动涡旋盘；15—背压腔；16—机架；17—电动机；18—润滑油

的倒转，在吸气管端部装有内藏式止回阀。

（3）特点

涡旋式制冷压缩机与活塞式压缩机和滚动转子式压缩机相比，具有以下优点：

① 效率高。涡旋式制冷压缩机的容积效率较高，通常可达到 95％ 以上。涡旋式制冷压缩机因无吸、排气阀组，气流阻力损失小，且涡盘上的所有点均以毫米级的旋转半径作同步运转，因而运动速度低、摩擦损失小，使其总效率 $\eta_i\eta_m$ 比活塞式、甚至滚动转子式制冷压缩机要高。

② 结构简单，可靠性高。由于涡旋式制冷压缩机构成压缩机的零部件数目与滚动转子式及活塞式的数目比例为 1∶3∶7，所以涡旋式压缩机的体积比活塞式小 40％，质量轻 15％；无吸、排气阀组件，易损部件少；涡旋式制冷压缩机还采用了轴向与径向间隙的柔性调节机构，可以避免液击造成的损坏和破坏，即使在高速下运行也能保持高效率和高可靠性，其最高转数可达到 13000r/min。

③ 振动小和噪声低。与活塞式和滚动转子式制冷压缩机相比，涡旋式制冷压缩机在一组涡旋内几个月牙形空间中同时且连续地进行压缩过程，所以曲轴转矩变化小，仅为往复式与滚动转子式的 1/10，压缩机运转平稳，吸、排气的压力波动很小，致使其振动小、噪声较低。

涡旋式制冷压缩机的上述特点，使其很适合小型热泵系统的使用，但因涡旋型线的加工精度要求很高，所以必须采用专门的精密加工设备。目前涡旋式制冷压缩机还是以小容量为主，其制冷量多在 1～30kW 的范围内。

4.4 离心式制冷压缩机

随着大型空气调节系统和石油化学工业的日益发展，迫切需要大型及低温型的制冷压缩机，而离心式制冷压缩机的发展很好地适应了这种需求。离心式制冷压缩机与其他类型的制冷压缩机一样，按照机组布置形式的不同，可分为封闭式、半封闭式和开启式三种，一般制冷量在 350～7000kW 范围内的采用封闭式离心制冷压缩机，制冷量在 7000～35000kW 范围内的多采用开启式离心制冷压缩机。离心式制冷压缩机按其用途可分为冷水机组（蒸发温度在 -5℃ 以上）和低温机组（蒸发温度为 -5～-40℃）。此外，由于对离心式制冷压缩机的制冷温度和制冷量有不同的要求，需采用不同种类的制冷剂蒸气，而且压缩机也要在不同的蒸发压力和冷凝压力下工作，这就要求制冷压缩机能够产生不同的能量头，因此，离心式制冷压缩机有单级和多级两种。

4.4.1 基本结构

单级离心式制冷压缩机主要由吸气室、叶轮、扩压器和蜗壳等组成，如图 4-21 所示。多级离心式制冷压缩机还设有弯道和回流器等部件，如图 4-22 所示。在多级压缩机的主轴上设有多个叶轮串联工作，以达到较高的压缩比。

4.4.2 工作原理

离心式制冷压缩机属于速度型压缩机，它的工作原理与容积式制冷压缩机有着根本的区别，它不是利用容积的减小来提高制冷剂蒸气的压力，而是先利用旋转的叶轮对蒸气做功，

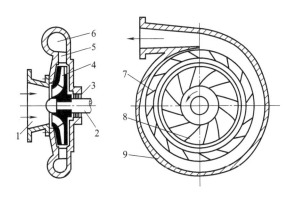

图 4-21　单级离心式制冷压缩机简图

1—吸气室；2—主轴；3—轴封；4—叶轮；5—扩压器；6—蜗壳；
7—扩压器叶片；8—叶轮叶片；9—机体

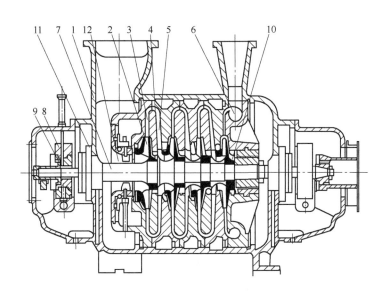

图 4-22　多级离心式制冷压缩机简图

1—机体；2—叶轮；3—扩压器；4—弯道；5—回流器；6—蜗壳；7—主轴；
8—轴承；9—推力轴承；10—梳齿密封；11—轴封；12—进口导流装置

使蒸气获得动能，然后将动能转变为压力能来提高蒸气的压力。单级离心式制冷压缩机的工作原理如下：压缩机叶轮旋转时，制冷剂蒸气由侧面吸气室通过进口可调导流叶片进入叶轮流道，在叶轮叶片的推动下蒸气随着叶轮一起旋转。由于离心力的作用，蒸气沿着叶轮流道径向流动并离开叶轮，同时，在叶轮进口处形成低压，蒸气由吸气管不断被吸入。在此过程中，叶轮对蒸气做功，使其动能和压力能增加，蒸气的压力和流速得到提高。接着，从叶轮出来的蒸气高速进入扩压器，而后进入蜗壳，扩压器是一个截面逐渐扩大的环形通道，蒸气流过扩压器时速度减小而压力升高。蜗壳把从扩压器出来的蒸气汇聚起来，并对蒸气进行一定的减速和扩压，使得制冷剂蒸气获得较高的压力后经排气管输送至冷凝器，这样就完成了对制冷剂蒸气的整个压缩过程。

由于单级离心式制冷压缩机不可能获得很大的压缩比,而为了使制冷剂蒸气的压力提高,多级离心式制冷压缩机利用弯道和回流器将气体引入下一级叶轮进行继续压缩,最后由末级引出机外,从而获得较高压力的制冷剂蒸气。

离心式制冷压缩机制冷量的调节主要是根据用户对冷负荷的需要来调节,通常用四种方法,即改变压缩机转速的调节、进气节流调节、采用可调节进口导流叶片调节和改变冷凝器冷却水量的调节。

当冷凝压力过高或制冷负荷过小时,离心式制冷压缩机会产生喘振现象,而不能正常工作。为此,必须进行保护性的反喘振调节,旁通调节法是反喘振调节的一种措施。当要求压缩机的制冷量减小到喘振点以下时,可从压缩机排出口引出一部分气态制冷剂不经过冷凝器而流入压缩机的吸入口。这样,即减少了流入蒸发器的制冷剂流量,相应减少制冷机的制冷量,又不致使压缩机吸入量过小,从而可以防止喘振发生。

4.4.3 磁悬浮离心压缩机

随着科学技术的不断发展,以及国家大力倡导节能降耗,在各行各业中应用节能新技术就显得尤为重要。磁悬浮技术已成功应用于制冷行业,其中,高性能系数的磁悬浮型离心冷水机组在我国开始得到推广使用。磁悬浮型离心冷水机组能有效克服普通型离心冷水机组在运行过程中存在的噪声大、能耗高等问题,可以预见在不久的将来磁悬浮型离心冷水机组将取代普通型离心冷水机组。

在传统的制冷压缩机中,机械轴承是必需的部件,并且需要有润滑油以及润滑油循环系统来保证机械轴承的工作。数据显示:在所有烧毁的压缩机中,有90%是由于润滑的失效而引起的。而机械轴承不仅会产生摩擦损失,而且润滑油会随制冷循环而进入到热交换器中,在传热表面形成的油膜成为热阻,影响换热器的效率,并且过多的润滑油存在于系统中对制冷效率带来很大的影响。

图4-23为磁悬浮离心压缩机结构示意图,其主要由叶轮、电动机、磁悬浮轴承、定位传感器、轴承控制器、电动机驱动器等部件组成。其核心部件是磁悬浮轴承,它利用磁场,使转子悬浮起来,从而在旋转时不会产生机械接触,不会产生机械摩擦,不再需要机械轴承以及机械轴承所必需的润滑系统。在制冷压缩机中使用磁悬浮轴承,所有因为润滑油而带来的问题将不复存在,并且可以显著提高设备效能。

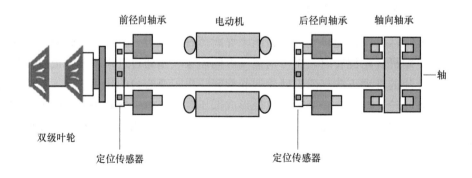

图4-23 磁悬浮离心压缩机结构示意图

4.4.4　特点

基于离心式制冷压缩机的性价比考虑，其多应用于 $1000\sim4500\text{kW}$ 容量以上的中、大型制冷系统。由于具有适应温度的范围广、效率高、清洁无污染、安装操作简便等优点，在当代制冷空调领域中占有重要地位。

离心式制冷压缩机具有以下特点：

① 与容积式压缩机相比，在同等制冷量时，离心式压缩机的外形尺寸小、重量轻、占地面积小。

② 离心式制冷压缩机的易磨损零部件少、连续运转时间长、维护周期长、使用寿命长、维修费用低。

③ 离心式制冷压缩机容易实现多级压缩和多种蒸发温度。采用中间抽气时，压缩机能得到较好的中间冷却，从而减少功耗。

④ 离心式制冷压缩机运行的自动化程度高，可以实现制冷量的自动调节，调节范围大、节能效果好。

⑤ 离心式制冷压缩工作时，制冷剂中混入的润滑油极少，所压缩的气体一般不会被润滑油污染，同时提高了冷却器的传热性能，并且可以省去油分离装置。

⑥ 离心式制冷压缩机运转时惯性力小、振动小，故基础简单。目前在小型组装式离心制冷机组中应用的单级高速离心式制冷压缩机，压缩机组可直接安装在单筒式的蒸发器/冷凝器之上，无需另外设计基础，安装方便。

⑦ 大型制冷机可以使用工业汽轮机直接拖动离心式制冷压缩机，容易实现变转速调节，节能效果明显。

⑧ 电动机拖动的离心式制冷压缩机，一般采用增速齿轮传动，压缩机的转速高，对轴承密封的要求也高，这些均增加了离心式制冷压缩机制造上的困难和结构上的复杂。

⑨ 离心式制冷压缩机在小流量区域与管网联合工作时，会发生喘振，需要布置防喘振控制系统或调节装置，并在运行过程中监测运行工况。

目前生产的具有离心式制冷压缩机的冷水机组和低温机组，广泛用于建筑物、纺织、食品、精密机械加工等集中供冷的大型中央空调。低温机组则用于需要制冷量较大的化工工艺流程，如合成氨、高压聚乙烯、合成橡胶、合成酒精等。在液化天然气、盐类结晶、石蜡分离、石油精制等方面都需要大的制冷量。另外在啤酒工业、人造干冰、冷冻土壤、低温实验室和冷温水同时供应的热泵系统等也使用离心式制冷机组。

思考与练习

1. 制冷压缩机是如何分类的？
2. 活塞式制冷压缩机的工作循环包括哪些过程？
3. 什么是理论输气量？它与压缩机哪些因素有关？
4. 什么是容积效率？它受哪些因素的影响？
5. 螺杆式制冷压缩机由哪些主要零部件组成？
6. 滚动转子式制冷压缩机的工作原理？有何特点？
7. 涡旋式制冷压缩机的工作原理？有何特点？
8. 简述离心式制冷压缩机的基本结构及工作原理。

第 5 章

制冷设备

目标要求：

① 理解制冷设备在制冷循环中的重要性；

② 熟悉几个主要制冷设备的工作原理；

③ 掌握冷凝器，蒸发器，节流阀等的选择计算；

④ 熟练应用各种制冷设备在制冷循环中的连接。

制冷系统中除了压缩机等设备外，还包括具备各种功能的热交换器和一些用于改善制冷机运行条件、提高运行效率的部件，统称为制冷设备。

制冷设备可分为主要设备和辅助设备两部分：主要设备包括冷凝器、节流机构、蒸发器、中间冷却器以及发生器、吸收器等，是制冷机中不可或缺的部件；辅助设备则有各种分离器、储液器、回热器、过冷器以及膨胀容器等，是制冷机正常、稳定、可靠和高效工作的重要保证。

制冷设备使用的材料随介质不同而异。氨对黑色金属（铁、锰、铬及其合金，如钢、生铁、铁合金、铸铁等）无侵蚀作用，而对铜及其合金的侵蚀性强烈，所以氨制冷机中制冷设备都用钢材制成。而氟利昂对一般金属材料无侵蚀作用，可以使用铜或铜合金制造。为了节省有色金属，大型氟利昂制冷机仅在热交换器的传热部分采用铜管。

5.1 冷凝器

冷凝器的作用是将制冷压缩机排出的高温高压制冷剂过热蒸气的热量传递给高温热源（空气或水），并使之凝结成液体。压缩机的过热蒸气进入冷凝器后先冷却成饱和蒸气，继而被冷凝成饱和液体。如果冷凝器换热面积大、高温热源温度低、冷却介质流量大，饱和液体还可以进一步冷却成过冷液体。

按冷却介质和冷却方式的不同，冷凝器可分为水冷却式冷凝器、空气冷却式冷凝器、水-空气冷却式冷凝器三种类型。

5.1.1 水冷却式冷凝器

水冷却式冷凝器简称为水冷式冷凝器，用水作为冷却介质，带走制冷剂冷凝时放出的热量。冷却水一般循环使用，并且配有水冷却塔或冷水池，如图 5-1 所示。常见的结构有壳管式、套管式、板式等。

(1) 壳管式冷凝器

壳管式冷凝器是目前应用最为广泛的换热设备，占换热器总量的 90%，是最典型的间壁式换热器。壳管式冷凝器分为卧式和立式。一般立式壳管式冷凝器适用于大型氨制冷装置，卧式壳管式冷凝器则普遍适用于大、中型氨或氟利昂制冷装置中。壳管式冷凝器壳内管外为制冷剂，管内为冷却水。

1）卧式壳管式冷凝器

图 5-2 为卧式壳管式冷凝器结构示意图，它由壳体、换热管束、管板、折流板（挡板）和管箱等

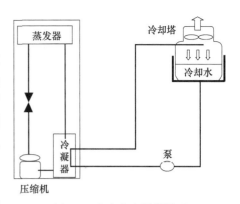

图 5-1 水冷式冷凝器循环

部件组成。壳体一般用钢板卷制（或直接采用无缝钢管焊接）而成，筒体两端焊有两块圆形的管板，在管板外侧设有左右端盖，管板上穿有换热管。换热管是壳管式换热器的传热元件，主要通过管壁的内外面进行传热，所以换热管的形状、尺寸和材料，对传热有很大的影响，管子使用胀接法或焊接在管板上。

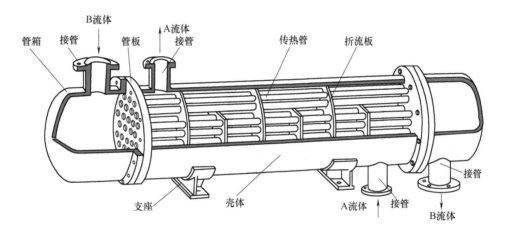

图 5-2 卧式壳管式冷凝器

图 5-3 为氨用卧式壳管式冷凝器，冷却水从右端盖下进上出，制冷剂蒸气从上接口进入，冷凝成液体后从下接口流出。气体平衡管 2 即均压管，连接各个冷凝器或者储液器，维持压力平衡，同时保证冷凝液体及时流向储液器。氨用卧式壳管式冷凝器的换热管束多采用外径为 φ25～32mm 的钢管。换热管一般都用光管，为了强化传热，也可用螺纹管、带钉管及翅片管。安全阀 3 属于启闭件，受外力作用下处于常闭状态，当设备或管道内的介质压力升高，超过规定值时自动开启，通过向系统外排放介质来防止管道或设备内介质压力超过规定数值。压力表 4 用来显示冷凝器的压力。放空气管 5 与空气分离器相连或与低压循环储液桶相连，排除冷凝器中的空气。冷凝器停止使用或检修时，泄水旋塞 9 用来排除其中的水，以防止管子被腐蚀或者冻裂；放气旋塞 1 是装置启动运行时排出水里空气（装在端盖最高处）。

氟利昂用卧式壳管式冷凝器结构基本与氨用卧式壳管式冷凝器相同，但由于制冷剂性质不同，筒内换热管则多采用铜管，为强化传热，可将铜管的外表面滚压出径向的低肋片，称为低肋管，因肋片的外形像螺纹，所以也称为螺纹管。

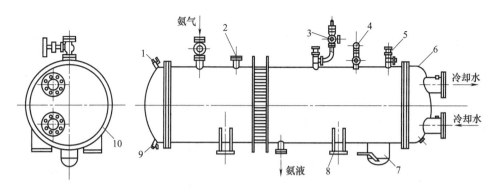

图 5-3　氨用卧式壳管式冷凝器

1—放气旋塞；2—气体平衡管；3—安全阀；4—压力表；5—放空气管；

6—端盖；7—放油管；8—支座；9—泄水旋塞；10—筒体

卧式壳管式冷凝器的优点是传热系数较高、冷却水用量较少、操作管理方便、使用最广泛。但是水侧流动阻力大，对水质要求较高，清洗不方便。

2）立式壳管式冷凝器

立式壳管式冷凝器以适合立式安装而得名。与卧式壳管式冷凝器的不同点在于它的壳体两端无端盖，制冷剂过热蒸气由竖直壳体的上部进入壳内，在竖直管簇外冷凝成为液体，然后从壳体下部引出，见图 5-4 立式冷凝器。壳体的上端口设有配水槽。管簇的每一根管口装有一个水分配器，冷却水通过该分配器上的斜分水槽进入管内，并沿内表面形成液膜向下流动，以提高表面传热系数，节约冷却水循环量。冷却水由下端流出并集中到水池内，再用泵送到冷却塔降温，可循环使用。

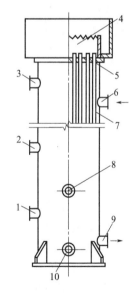

图 5-4　立式冷凝器

1—放气管；2—均压管；3—安全阀接管；4—配水箱；5—管板；6—进气管；7—无缝钢管；8—压力表接管；9—出液管；10—放油管

高压气态制冷剂从冷凝器外壳的中部进入管束外部空间，为了使气体易于与管束各根管的外壁接触，管束中可留有气道。冷凝后的液体沿管外壁流下，积于冷凝器的底部，从出液管流出。冷凝器外壳上还设有液面指示器以及放气阀、安全阀、平衡阀和放油阀等管接头。

立式壳管式冷凝器适用于水源充足、水质较差的地区，常用于大、中型氨制冷系统中。设备垂直安装，占地面积小，无冻结危险，可安装在室外，不占用室内建筑面积。换热管是直管，便于清除铁锈和污垢，且清洗时不必停止系统的运行，对冷却水水质要求不高。但是冷却水用量大，制冷剂泄漏不易发现，且体型比较笨重，传热系数低于卧式冷凝器。

(2)　套管式冷凝器

套管式冷凝器的构造见图 5-5，在一根较大直径的无缝钢管内套有一根或数根小直径的铜管（光管或低肋管），并弯制成螺旋形的盘管。制冷剂蒸气从上部进入外套管内，冷凝后的液体由下部流出。冷却水由下部进入内管，吸热后从上部流出，与制冷剂成逆向流动，以增强传热效果。套管式冷凝器常用于立柜式空调机组的制冷设备中。

套管式冷凝器的优点是传热效果好、结构紧凑、制造简单、价格便宜、冷凝液体再冷度较大、冷却水耗量较少。但两侧流体的流动阻力较大、清除水垢困难、金属耗量大。使用范围在单机制冷量小于 40kW 的小型氟利昂制冷机组。

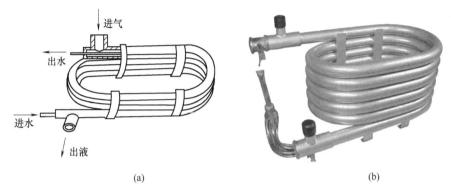

(a)　　　　　　　　　　　　　(b)

图 5-5　套管式冷凝器

(3) 板式冷凝器

　　板式冷凝器由传热板片、密封垫、压紧板、夹紧螺栓等部件组成。图 5-6 可以看出板式冷凝器是按一定的间隔（板间距一般为 2～5mm），由多层波纹形的金属传热板片（一般厚度为 0.5～1.0mm），通过焊接或由橡胶垫片压紧构成的高效换热设备。板片由不锈钢、工业纯钛或其他材料的薄板压制而成。通常用模具将板片压制成各种槽形或波纹形，既可以增大板片的刚度，以防止板片受压时变形，又增强了流体的湍流程度，增加了换热面积。每个板片的四角各开有一孔，板片四周以及孔的周围压有密封垫片槽，并根据需要在孔的周槽中放置垫片，起到允许流体或阻止流体进入板面之间通道的作用。若将数个板片按照换热要求依次排列在支架上，并用固定压紧板和活动压紧板由压紧螺杆压紧，借助板片四角的孔口与垫片，在相邻的板片间就形成了流体通道。板上的四个角孔，设计成流体的分配管和泄集管，两种换热介质分别流入各自流道，形成逆流或并流通过每个板片进行热量的交换。

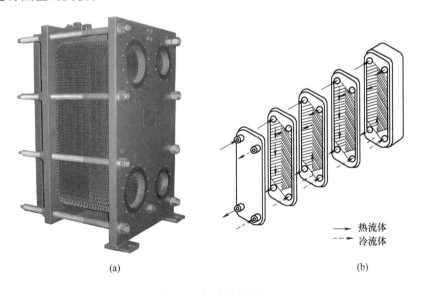

(a)　　　　　　　　　　　　　(b)

图 5-6　板式冷凝器

板式换热器传热效率高、体积小（是管壳式换热器体积的 1/3～1/5）、重量轻、节省了金属材料，又减少了占地面积，组装灵活，且不易结垢，清洗方便，便于日常维护。目前在模块化空调冷水机组、热泵机组中都有使用。

5.1.2　空气冷却式冷凝器

空气冷却式冷凝器也称为风冷式冷凝器，是以空气作为冷却介质来冷却冷凝制冷剂蒸气的。它利用空气作冷却介质，制冷剂在管内冷凝，空气在管外流动吸收管内制冷剂放出的热量，由于空气的换热系数较小，管外（空气侧）常设置肋片，以强化管外换热。制冷剂在风冷式冷凝器中的传热过程和水冷式冷凝器相似，分为降低过热、冷凝和再冷三个阶段。按空气在冷凝器盘管外侧流动的驱动动力来源，可分为自然对流和强制对流两种形式。自然对流式冷凝器靠空气自然流动，传热效率低，仅适用于制冷量很小的家用冰箱等微型制冷装置，如图 5-7 所示。强制对流式冷凝器一般装有轴流风机，传热效率高，广泛应用于中小型氟利昂制冷和空调装置。

强制对流风冷冷凝器一般制成长方形，由几根蛇形管并联成几排组成，如图 5-8 所示。制冷剂蒸气从上部集管进入每根蛇管中，在管内凝结成液体，沿蛇管下流，最后汇于下部从冷凝器排出。由于空气侧的对流换热表面传热系数远小于管内制冷剂冷凝时的对流换热表面传热系数，所以需要在空气侧采用肋管强化空气侧的传热。肋管通常采用铜管铝片，钢管钢片或铜管铜片。同时配以风机，使空气在风机的强制作用下横向掠过肋片盘管，以加强换热效果。

图 5-7　电冰箱的冷凝器

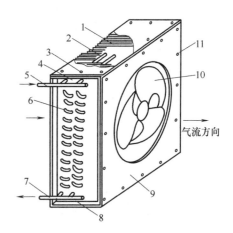

图 5-8　家用空调的冷凝器

1—肋片；2—换热管；3—上封板；4—左端板；5—进气集管；
6—弯头；7—出液集管；8—下封板；9—前封板；
10—通风机；11—装配螺钉

风冷式冷凝器与水冷式冷凝器相比，唯一的优点是可以不用水而使得冷却系统变得十分简单，但其初投资和运行费用均高于水冷式。风冷式冷凝器只能应用于氟利昂制冷系统。

5.1.3 水-空气冷却式冷凝器

水-空气冷却式冷凝器包括蒸发式冷凝器和淋激式冷凝器两大类。在这两类冷凝器中,制冷剂在管内冷凝,冷却水喷洒在换热管外。在蒸发式冷凝器中,制冷剂放出的热量主要由水蒸发吸热带走,蒸发时产生的蒸气由强制流动的空气带走,少部分热量通过管壁传给管外壁上的水膜,由水膜传给空气。而淋激式冷凝器中,制冷剂放出的热量大部分依靠空气自然对流带走,少部分热量是由水的蒸发吸热带走。

图 5-9 是蒸发式冷凝器的结构示意图。蛇形盘管装在立式的箱体内,箱体的底部为蓄水盘,制冷压缩机排出的制冷剂蒸气从上部进入蛇形盘管,冷凝后由下部排出。蓄水盘内的冷却水由循环泵送到盘管的上方,经喷嘴喷淋在盘管的外表面。一部分冷却水吸收管内制冷剂

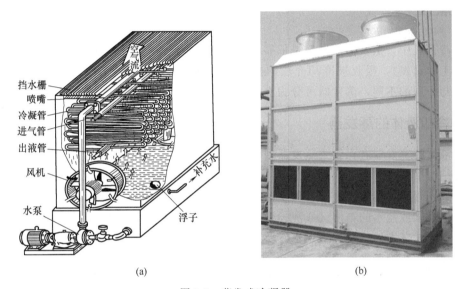

(a) (b)

图 5-9 蒸发式冷凝器

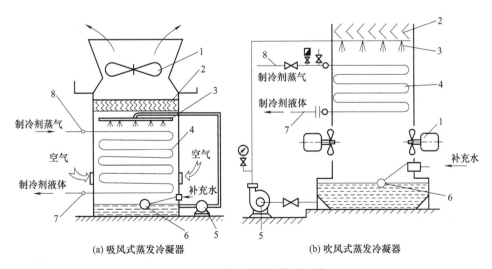

(a) 吸风式蒸发冷凝器 (b) 吹风式蒸发冷凝器

图 5-10 蒸发式冷凝器原理图

1—风机；2—挡水板；3—冷却水喷淋机；4—换热管束；
5—冷却水泵；6—补水浮球；7—制冷剂出液管；8—制冷剂进气管

蒸气冷凝时放出的热量而蒸发，未蒸发的喷淋水仍收集在水盘内。

根据风机安装位置的不同，蒸发式冷凝器可分为吸风式和吹风式两种形式，其结构如图5-10 所示。吸风式是将风机安装在箱体顶部，当风机运转时，箱体内的热空气从顶部排出，新鲜空气从箱体下侧的吸风口处吸入。它的优点是箱体内能保持一定的负压，可降低水的蒸发温度，更有利于换热。缺点是潮湿的空气流经风机时，会腐蚀电动机及其他零部件，所以，要选用密封防潮的全封闭式电动机和耐潮、耐高温的风机驱动设备。吹风式的结构是将风机安装在箱体下部的侧面部位，新鲜空气在风机的作用下进入箱体，经过冷却盘管后，成为热空气，从顶部排出。它的优缺点与吸风式的相反。根据经验，吸风式的冷却效果要比吹风式的好一些，因此，在实际工程中，使用吸风式的蒸发式冷凝器要多一些。

5.2 蒸发器

在制冷系统中，蒸发器的作用是依靠节流后的低温低压制冷剂液体在蒸发器管路内的沸腾（习惯上称蒸发），吸收被冷却介质的热量，使被冷却介质温度降低，达到制冷的目的。按照被冷却介质的不同，蒸发器可分为冷却液体的蒸发器和冷却空气的蒸发器。

5.2.1 冷却液体的蒸发器

冷却液体的蒸发器有壳管式蒸发器、沉浸式蒸发器等。壳管式蒸发器均为卧式，卧壳式蒸发器的结构形式与卧式壳管式冷凝器基本相似，根据制冷剂在壳体内或换热管内的流动，分为满液式壳管蒸发器和干式壳管蒸发器。沉浸式蒸发器又称为水箱式蒸发器，蒸发器的管组沉浸在盛满水或盐水的箱体（或池、槽）内，根据水箱中管组的形式不同，沉浸式蒸发器又分为直立管式蒸发器、螺旋管式蒸发器及蛇管式蒸发器等几种。

(1) 满液式壳管蒸发器

满液式壳管蒸发器的构造与卧式壳管式冷凝器相似，如图5-11 所示的氨用满液式蒸发器。制冷剂在管外空间气化，载冷剂在管内流动。为了保证载冷剂在管内具有一定的流速，在两端盖内铸有隔板，使载冷剂多流程通过蒸发器。

制冷剂液体经膨胀阀节流后，从进液口进入管外空间，充满筒体空间的70%～80%。吸热气化后的制冷剂蒸气上升至液体分离器，分离后的蒸气被压缩机吸入，制冷剂液滴仍落入蒸发器内。为了能观察到蒸发器内的液体，在液体分离器和壳体之间装设一根旁通管，旁通管上的结霜处即表示蒸发器内的液位。

氨蒸发器的底部焊有集油器，可定期放出沉积在其中的润滑油。在氟利昂系统中也可以采用卧式壳管式蒸发器，为了提高制冷剂侧的沸腾放热系数，换热管大多采用低肋铜管，见图5-12 氟利昂用满液式蒸发器。由于氟利昂和润滑油在蒸发温度部分互溶，且润滑油密度小于氟利昂，故在氟利昂满液式蒸发器溶液制冷剂上部液体中存在一个集油层，还要采用一定的回油措施。

(2) 干式壳管蒸发器

干式壳管蒸发器的外形和结构，与满液式壳管蒸发器基本相同，如图5-13 所示。主要不同点在于：干式壳管蒸发器中制冷剂在换热管内气化吸热，制冷剂液体的充灌量很少，大约为管组内容积的35%～40%。液体载冷剂在管外流动，为了提高载冷剂的流速，在筒体内横跨管束装有多块折流板。由于制冷剂在管内流动，充液量少，流速较高，容易解决润滑

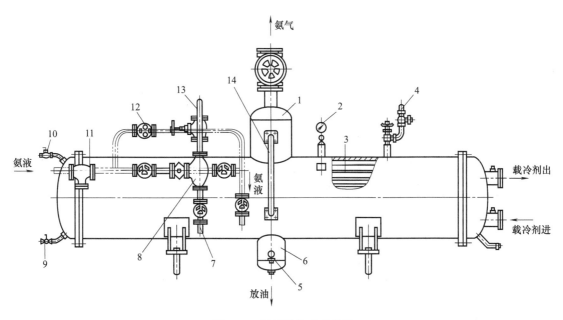

图 5-11 氨用满液式蒸发器

1—回气包；2—压力表；3—换热管束；4—安全阀；5—放油阀；

6—集油包；7—液体平衡管；8—浮球阀；9—泄水旋塞；10—放气旋塞；

11—过滤器；12—节流阀；13—气体平衡管；14—金属管液面指示器

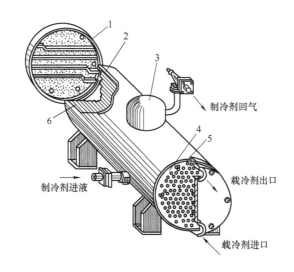

图 5-12 氟利昂用满液式蒸发器

1—端盖；2—筒体；3—回气包；4—管板；5—橡胶垫圈；6—换热管束

油返回压缩机的问题；此外，干式壳管式蒸发器还具有冷损失少，传热管不致发生冻裂等优点。

（3）水箱式蒸发器

卧式壳管蒸发器存在的缺点：使用时需注意蒸发压力的变化，避免蒸发压力过低，导致冷冻水冻结，胀裂换热管；蒸发器水容量小，运行过程的热稳定差，水温易发生较大变化。

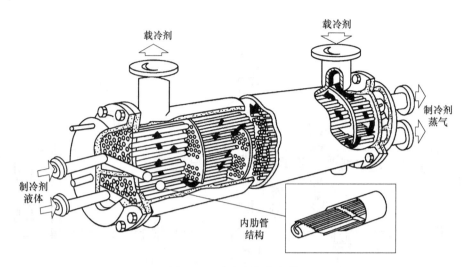

图 5-13　干式壳管蒸发器

而水箱式蒸发器可消除此缺点。

　　水箱式蒸发器由水箱和蒸发盘管组成，水箱由钢板焊接而成，盘管可为立管、螺旋形盘管和蛇形盘管。图 5-14 为氨立管式水箱式蒸发器，水箱中装有两排或多排管组，每排管组由上下集管和介于其间的许多钢制立管组成，其管径较集管要小；上集管焊有液体分离器，下集管焊有集油罐，集油罐上部接有与回气管相通的均压管。

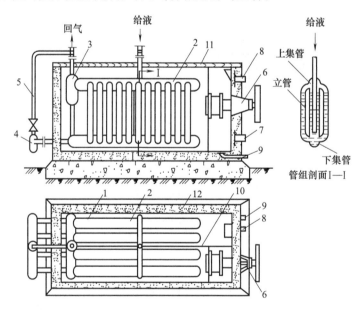

图 5-14　氨立管式水箱式蒸发器

1—水箱；2—管组；3—液体分离器；4—集油罐；5—均压管；6—螺旋搅拌器；
7—出水口；8—溢流口；9—泄水口；10—隔板；11—盖板；12—保温层

　　制冷剂液体从设置中间部位的进液管进入蒸发器中。由于进液管一直伸到靠近下集管，使其可利用氨液的冲力，促使制冷剂在立管内循环流动。制冷剂在蒸发过程中产生的氨气沿上集管进入气液分离器中，因流动方向的改变和速度的降低，将氨气中携带的液滴分离出来。蒸气由上方引出，返回压缩机，液体则返回到下集管投入新一轮的循环。

在立管式蒸发器中，制冷剂为下进上出，符合液体沸腾过程的运动规律，故循环良好，沸腾换热系数较高。为了使水以一定速度在水箱内循环，箱内装有纵向隔板和搅拌器，水速可达 0.5～0.7m/s。由于搅拌器的作用，液体载冷剂在容器内循环流动，以增强传热效果。制冷剂液体在管内蒸发吸热，使管外载冷剂降温。

在集油器中沉积的润滑油通过定时放油阀可定时排放。沉浸在载冷剂容器中的蒸发器管组，可以是一组，也可以多组并列安装。组数的多少由热负荷大小确定。

直管式蒸发器制造过程中，直管与上下集管连接的焊接工作量很大，为此其泄漏的机会也增多。为了降低成本、提高产品质量，制造厂商将直管改变为螺旋管使同样传热面积的蒸发器的焊接工作量大为减少，而且其传热系数还有所提高。

5.2.2 冷却空气的蒸发器

冷却空气的蒸发器主要用于冷藏库、冰柜、空调，制冷剂在管内直接蒸发来冷却管外的空气。按照管外空气流动的原因可分自然对流式和强制对流式两种。

(1) 自然对流式冷却空气的蒸发器

自然对流式冷却空气的蒸发器主要应用于冰箱、冷藏柜、冷藏车、冷藏库和低温试验装置。蒸发器传热面的结构形式不同，主要用于电冰箱的有铝复合板式、管板式、单脊翅片管式、层架盘管式蒸发器，冷藏箱和冷藏库中广泛采用排管式蒸发器。

排管式蒸发器又称为冷却排管，是利用制冷剂在排管内流动并气化而吸收冷藏箱（或冷藏库）内储存的物体的热量，并达到冷藏温度，多用于空气流动空间不大的冷库内。图5-15所示为冷却排管的三种结构布置。墙排管是靠墙安装，顶排管则是吊装在顶棚的下面，搁架

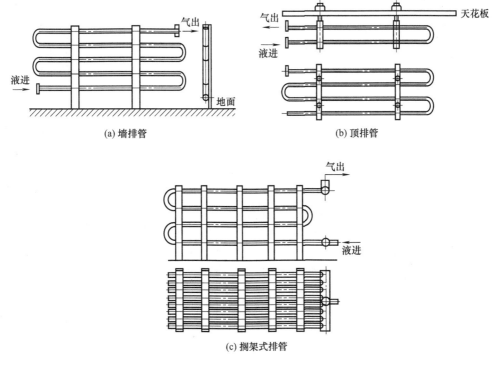

(a) 墙排管

(b) 顶排管

(c) 搁架式排管

图 5-15 冷却排管的三种结构布置

式排管被放置在库房的中央，并作为放置被冷冻食品的搁架。这三种布置均适用于热力膨胀阀供液的小型氟利昂冷冻冷藏及低温试验装置，氨冷却排管结构以立式排管居多。

在冰箱中的蒸发器，预先以铝-锌-铝三层金属板，按蒸发器所需尺寸裁剪好，平放在刻有管路通道的模具上，通过加压、加热并以氮气吹胀成形，如图 5-16 所示。

(2) 强制对流式冷却空气的蒸发器

强制对流式冷却空气的蒸发器又称为直接蒸发式空气冷却器，在冷库或空调系统中又称为冷风机。它由几排带肋片的盘管和风机组成，依靠风机的强制作用，使被冷却房间的空气通过盘管表面，管内制冷剂吸热气化，管外空气被冷却降温后送入房间。氨用蒸发器一般用无缝钢管制成，管外绕以钢肋片。氟利昂用蒸发器一般用铜管制成，管外肋片为铜片或铝片。这种蒸发器多用于空气调节装置、大型冷藏库，以及大型低温环境试验场合。

图 5-17 为空调用强制对流直接蒸发式空气冷却器构造示意图，来自节流装置的低压制冷剂湿蒸气通过分液器分成多通路，吸热蒸发后为气态制冷剂，汇集到集管中流出；而空气以一定流速从肋片管的肋片间掠过，将热量传给管内流动的制冷剂，温度降低。强制对流与

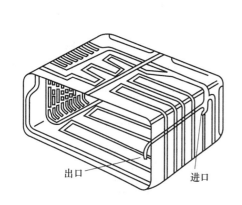

图 5-16　电冰箱用的蒸发器

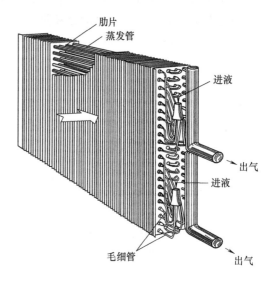

图 5-17　直接蒸发式空气冷却器构造示意图

图 5-18　直接蒸发式空气冷却器实物照片

自然对流蒸发器相比，具有传热效果好、结构紧凑等优点。图 5-18 为大金家用空调室内机的外观图。

5.3 其他换热设备

制冷装置的换热设备除了冷凝器和蒸发器之外，为了提高制冷系统的工作效率或达到所需要的低温要求，还有一些其他的换热设备，包括再冷却器、回热器、中间冷却器和冷凝-蒸发器。

5.3.1 再冷却器

在大型低温制冷装置中，为了降低节流损失和提高装置运行的经济性，可以通过串联于冷凝器或储液器后的再冷却器（也称为过冷器），使节流前的液体制冷剂温度进一步降低。

液氨再冷却器由许多根套管依次连接而组成，每根套管又由两种直径的无缝钢管套在一起而构成。图 5-19 是这种再冷却器的结构示意图。来自冷凝器或储液器的氨液从上方进入管间的空间，沿套管依次下流，过冷后的氨液由下部出口排出。温度较低的冷却水从再冷却器的下部进入，依次流经内管而由上部流出，可作为冷凝器冷却水系统的补充水。

对于氟利昂系统的制冷装置，当制冷量不很大时，可采用套管式过冷器。这种形式的过冷器也可以通过制冷剂的直接蒸发来过冷节流前的高压液体，此时制冷剂在管腔内蒸发。为了提高传热效果，内管可用滚压肋片的纯铜管。

5.3.2 回热器

回热器一般是指氟利昂制冷装置中的气-液热交换器；它的主要作用是使进入热力膨胀阀前的液体得到必要的过冷，以减少闪发气体产生，保证节流效果的正常发挥；同时还可使回气达到过热状态后进入压缩机，以防止压缩机液击故障。

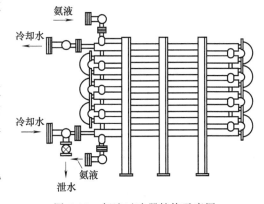

图 5-19 氨液过冷器结构示意图

由于回热器中是相同介质的气-液进行热交换，根据制冷装置的容量大小不同，有盘管式、套管式、液管与回气管焊接式几种结构形式。一般大、中型装置多采用盘管式结构；0.5~15kW 容量的装置可采用套管式；液管与回气管焊接式适用于电冰箱等小型制冷装置。此外，电冰箱系统中也有将节流毛细管穿入吸气管的处理办法，可以收到同样的回热效果。

盘管式回热器均采用壳内盘管结构，如图 5-20 所示。其外壳采用无缝钢管，盘管用铜管绕制而成，制冷剂液体在管内流动，蒸气在管外横掠流过盘管螺线管簇。管簇有单层或多层，每层由一根或两根管子绕成。

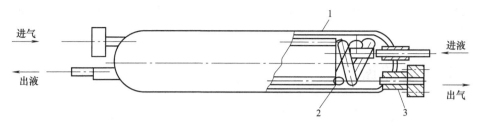

图 5-20 盘管式回热器结构

1—壳体；2—盘管；3—进、出气接管及法兰

5.3.3 中间冷却器

中间冷却器是双级蒸气压缩式制冷系统中的中间冷却设备，位于制冷压缩机的低、高压级之间，主要作用是冷却低压级制冷压缩机排出的过热蒸气，并使进入蒸发器的制冷剂液体在中间冷却器的盘管中得到过冷。氨用中间冷却器还能分离低压级制冷压缩机排气中夹带的润滑油。

如图 5-21（a）所示氨用中间冷却器，低压级压缩机排气经顶部的进气管直接通入氨液中，被冷却后与所蒸发的氨气由上侧面接管送到高压压缩机的吸气侧。用于冷却高压氨液的盘管置于中间冷却器底部的氨液中，其进出口一般经过下封头伸到壳外。进气管上部开有一个平衡孔，以防止中冷器内氨液在停机后压力升高时进入低压级压缩机排气管。

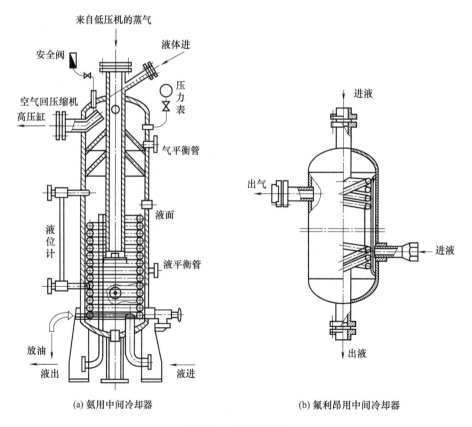

(a) 氨用中间冷却器　　　　　　　(b) 氟利昂用中间冷却器

图 5-21 中间冷却器

图 5-21（b）所示为氟利昂两级压缩制冷装置的中间冷却器，因系统常以中间不完全冷却循环工作，中间冷却器仅用于高压液体的过冷和冷却低压级压缩机排气，结构较氨中冷器简单。

5.3.4　冷凝-蒸发器

冷凝-蒸发器是在复叠式蒸气压缩制冷系统中使用的设备，它既是系统中低温级循环的冷凝器，又是高温级循环的蒸发器。常见的结构形式有绕管式、壳管式和套管式三种。

（1）绕管式冷凝-蒸发器

如图 5-22 所示，将一个四头螺旋形盘管绕在一个管芯上放置在一圆筒形壳体内。一般用于氟利昂复叠式（即 R22/R23）系统，R22 由盘管上方管口进入管内蒸发吸热，产生的蒸气由下方管口导出，R23 在盘管外表面冷凝后由壳体底部排出。

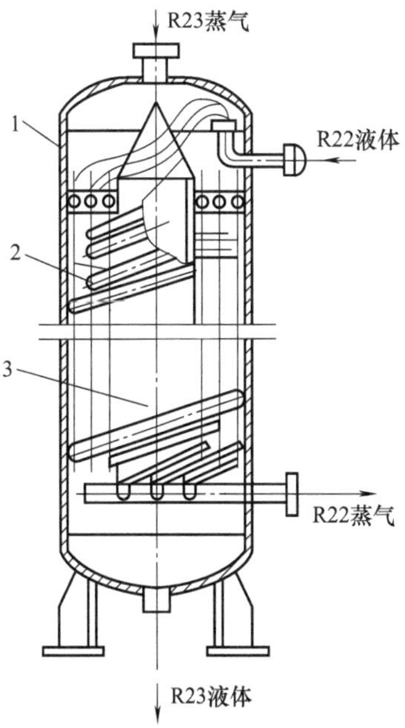

（2）壳管式冷凝-蒸发器

在结构上是将直管管族设置在壳筒内，以取代盘管式中的螺旋盘管，其形式与壳管式冷凝器基本相同。

图 5-22　绕管式冷凝-蒸发器结构
1—圆筒形壳体；2—盘管；3—管芯

（3）套管式冷凝-蒸发器

它结构简单、易于制造。但当为蛇形套管管组结构时，外形尺寸较大、流动阻力大，所以它仅适用于小型复叠式制冷装置。

5.4　节流机构

在蒸气压缩制冷装置中，节流机构的主要作用是降低冷凝后制冷剂液体的压力和温度，另外它还可以调节进入蒸发器的制冷剂流量，以适应制冷负荷不断变化的需要。节流机构种类较多，有手动节流阀、浮球节流阀、热力膨胀阀、电子膨胀阀、毛细管、节流短管和节流孔板等。

5.4.1　手动节流阀

手动节流阀是一种原始的节流机构，工作原理是利用阀芯与阀座间隙变化调节工质通过量。其外形与普通截止阀相似，如图 5-23 所示。由阀芯、阀座、手轮构成，阀芯锥度较小，呈针状或 V 形缺口的锥体，以保证阀芯的升程与制冷剂流量之间保持一定的比例关系；阀杆采用细牙螺纹，以保证手轮转动时，阀芯与阀座间空隙变化平缓，便于调节制冷剂流量。手动膨胀阀的开启随负荷大小而定，通常开启度为手轮旋转 1/8 或 1/4 圈，一般不超过一圈，否则开启过大就起不到节流膨胀的作用。

手动节流阀现在已被自动节流机构取代，目前主要作为备用阀装在旁通管路上，以备应急或检修自动节流阀时使用。

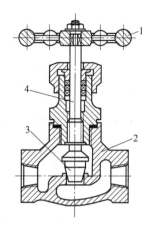

图 5-23　手动节流阀

1—出口；2—针阀；3—阀体；4—阀杆

5.4.2　浮球节流阀

浮球调节阀简称浮球阀，是根据液位变化进行流量控制的调节阀，起着节流降压和控制液位的作用。它是一种自动调节的节流阀，常用于具有自由液面的蒸发器（如壳管式、立管式及螺旋管式等）、气液分离器和中间冷却器供液量的自动调节。目前主要用于氨制冷装置中。

浮球阀按制冷剂液体在其中的流通方式可分为直通式和非直通式两种。浮球阀的结构示意图及非直通式的管路系统如图 5-24 所示。浮球阀是用液体连接管及气体连接管分别与蒸发器（或中间冷却器）的液体部分及气体部分连通，因而两者具有相同的液位。当蒸发器（或中间冷却器）内的液面下降时阀体内的液面也随之下降，浮球落下，针阀便将阀孔开大，于是供液量增大。反之当液面上升时浮球上升，阀孔开度减小，供液量减小。而当液面升高到一定的限度时阀孔被关死，即停止供液。

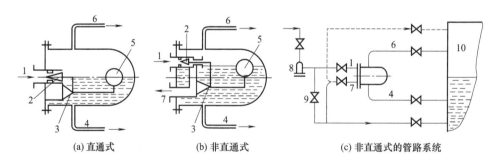

(a) 直通式　　　　　(b) 非直通式　　　　　(c) 非直通式的管路系统

图 5-24　浮球阀的结构示意图及非直通式的管路系统

1—液体进口；2—针阀；3—支点；4—液体连接管；5—浮球；6—气体连接管；
7—液体出口；8—过滤器；9—手动节流阀；10—蒸发器或中冷器

直通式及非直通式浮球阀中液体的流通方式是不相同的。直通式浮球阀中液体经阀孔节流后先流入壳体内，再经液体连接管进入蒸发器（或中间冷却器）中，而节流时产生的蒸气则经气体连接管进入蒸发器（或中间冷却器）中。非直通式浮球阀中液体不进入阀体，而是用一单独的管路送入蒸发器（或中间冷却器）中。直通式浮球阀比较简单，但阀体内因液体进入时的冲击作用往往引起液面波动较大，使浮球阀的工作不稳定，而且液体从阀体流入蒸发器（或中间冷却器）是依靠液位差，因而只能供液到液面以下。非直通式浮球阀工作较稳定，因节流后的压力高于蒸发器（或中间冷却器）压力，可以供液到任何地点。

图 5-24（c）表示了非直通式浮球调节阀的管路连接系统，制冷剂液体可以由最下面的实线表示的管子供入蒸发器，也可以由上面虚线表示的管子供入蒸发器。

为了保证调节的灵敏度和可靠性，在浮球阀前都设有过滤器，以防止其他物质的进入。在浮球调节阀的管路系统中，一般都装有手动调节阀的旁路系统，一旦浮球调节阀发生故障或者清洗过滤器时，可使用手动调节阀来调节供液量。

5.4.3　热力膨胀阀

热力膨胀阀又称热力调节阀，利用蒸发器出口处制冷剂蒸气过热度的变化来调节供液量。它主要由阀体、感温包和毛细管组成，适用于没有自由液面的蒸发器，如干式蒸发器、蛇管式蒸发器和蛇管式中间冷却器等，在氟利昂系统中广泛使用。热力膨胀阀可分为内平衡式和外平衡式两种类型。

（1）内平衡式热力膨胀阀

内平衡式热力膨胀阀由阀体、阀座、顶杆、阀针、弹簧、调节杆、感温包、毛细管、膜片等部件组成，如图 5-25 所示。

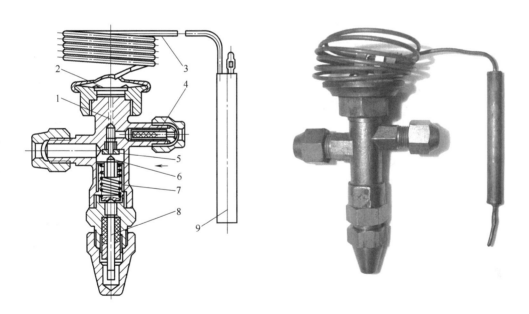

图 5-25　内平衡式热力膨胀阀

1—顶杆；2—膜片；3—毛细管；4—阀体；5—阀座；
6—阀针；7—弹簧；8—调节杆；9—感温包

图 5-26 为内平衡式热力膨胀阀的安装与工作原理图，膨胀阀安装在蒸发器的进液管上，感温包敷设在蒸发器回气管的外壁上。在感温包中，充注有制冷剂的液体或其他感温剂。通常情况下，感温包中充注的工质与制冷系统中的制冷剂相同。

热力膨胀阀的工作原理是建立在力平衡基础上的。热力膨胀阀对制冷剂流量的调节是通

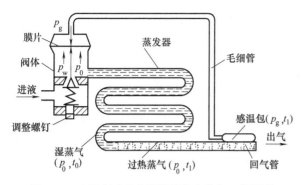

图 5-26 内平衡式热力膨胀阀的安装与工作原理

过膜片上的三个作用力的变化而自动进行的。膜片是一块厚 0.1～0.2mm 的铍青铜合金片，器断面冲压成波浪形。作用在膜片上方的是感温包内感温工质的气体压力 p_g，膜片下方作用着制冷剂的蒸发压力 p_0 和弹簧力 p_w，在平衡状态时，$p_g = p_0 + p_w$。当蒸发器的供液量小于蒸发器热负荷的需要时，蒸发器出口处蒸气的过热度就增大，则感温包感受到的温度提高，使对应的 p_g 随之升高，三力失去平衡，$p_g > p_0 + p_w$，使膜片向下弯曲，通过顶杆推动阀针增大开启度，则蒸发器的供液量增大，制冷量也随之增大；反之，阀逐渐关闭，供液量减少。膜片上下侧的压力平衡是以蒸发器内压力 p_0 作为稳定条件的，因此称为内平衡式热力膨胀阀。

内平衡式热力膨胀阀只适用于蒸发器内部阻力较小的场合，广泛应用于小型制冷机和空调机。

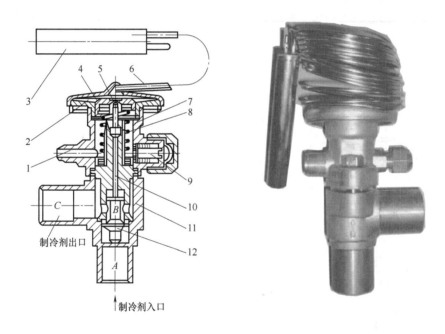

图 5-27 外平衡式热力膨胀阀

1—平衡管接头；2—薄膜外室；3—感温包；4—薄膜内室；5—膜片；6—毛细管；
7—上阀体；8—弹簧；9—调节杆；10—顶杆；11—下阀体；12—阀芯

（2）外平衡式热力膨胀阀

外平衡式热力膨胀阀结构和实物如图 5-27 所示。外平衡式热力膨胀阀与内平衡的区别是有一根外部连接管，如图 5-28 所示，将膜片下部的空间蒸发器出口相连接，消除了由于制冷剂在蒸发器中的流动阻力所引起的附加过热度。对于外平衡式热力膨胀阀，作用于膜片下方的制冷剂压力不是节流后蒸发器进口处的压力 p_0，而是蒸发器出口处的压力 p_c，膜片受力平衡时，$p_g = p_c + p_w$。可见，阀的开启度不受蒸发器盘管内流动阻力的影响，克服了

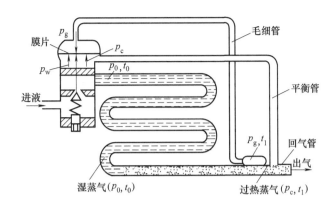

图 5-28 外平衡式热力膨胀阀的安装与工作原理

使用内平衡热力膨胀阀时随着制冷剂压力的降低，出口处产生较大的过热度，从而将降低蒸发器传热面积的利用率这一缺点。

外平衡式热力膨胀阀可以改善蒸发器的工作条件，但结构比较复杂，安装与调试比较复杂，因此，只有蒸发器的压力损失较大时才采用外平衡式热力膨胀阀。

热力膨胀阀的容量选择应与制冷系统相匹配，实际应用中，一般要求热力膨胀阀的容量比蒸发器大 20%～30%。热力膨胀阀安装前应检查膨胀阀是否完好，阀体安装时应垂直安装，不能倾斜或颠倒，安装位置应尽可能靠近蒸发器，尽可能避免冷量损失。感温包安装时要尽量安装在靠近蒸发器出口的吸气管上，注意不能安装在有积存液体的吸气管处，并做好保温。安装外平衡式热力膨胀阀时，注意外平衡管要安装在蒸发器出口、感温包后的压缩机吸气管上，注意不能安装在感温包前面，连接口应位于吸气管顶部。

5.4.4 电子膨胀阀

热力膨胀阀往往存在讯号的反馈有较大的滞后、控制精度低、调节范围有限等缺点，对于一些要求供液量调节范围宽、调节反应快的制冷系统，热力膨胀阀则无法满足使用需求。电子膨胀阀的应用，克服了热力膨胀阀的上述缺点，并为制冷装置的智能化提供了条件。

电子膨胀阀是利用热敏电阻来调节蒸发器供液量的节流装置，按照预设程序调节蒸发器供液量。它适应了制冷机电一体化的发展要求，具有热力膨胀阀无法比拟的优良特性，为制冷系统的智能化控制提供了条件，是一种很有发展前途的自控节能元件。

(1) 工作原理

由控制器测出蒸发器前后制冷剂的过热度值，将此值与储存在控制器内的过热度设定值进行比较。如果测量值大于设定值，控制器指令膨胀阀加大开启度，增加制冷剂流量，反之亦然。

采用电子膨胀阀的制冷剂流量自动控制系统如图 5-29 所示。调节器根据过热度的变化值，按照给定的控制规律计算并输出调节量，电动执行机构驱动阀门完成流量调节。电子膨胀阀的基本结构差别不大，根据驱动方式的不同，主要有电磁式、电动式两种。

(2) 电磁式电子膨胀阀

电磁式电子膨胀阀结构如图 5-30 (a) 所示，电磁线圈通电前处于全开位置，通电后由于电磁力的作用，磁性材料所支撑的柱塞被吸引上升，带动针阀向上运动使开度变小。阀的开度取决于加在线圈上的控制电压（或电流），电压越高，开度越小，如图 5-30 (b) 所示，

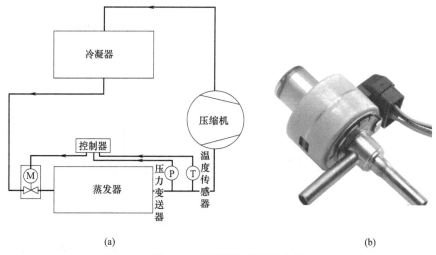

(a)　　　　　　　　　　　(b)

图 5-29　电子膨胀阀安装位置

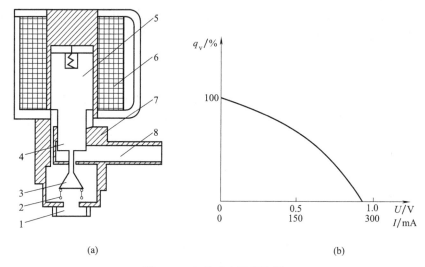

(a)　　　　　　　　　　　(b)

图 5-30　电磁式电子膨胀阀

1—出口；2—弹簧；3—针阀；4—阀杆；5—柱塞；6—线圈；7—阀座；8—入口

故可以通过改变控制电压来调节流量。这种电磁式膨胀阀结构简单、动作响应快，但工作时需要一直为它提供控制电压。

（3）电动式电子膨胀阀

即步进电动机驱动电子膨胀阀，它通过给电动机驱动施加一定逻辑关系的数字信号，使步进电动机通过螺纹驱动阀针的向前和向后运动，从而改变阀口的流通面积达到控制流量的目的。步进电动机驱动的电子膨胀阀因其更适用微机控制、并有较好的稳定性，而被更多的制冷系统采用。电动式电子膨胀阀又分直动型和减速型两种。

1）直动型

直动型电动式电子膨胀阀的结构如图 5-31。该膨胀阀是用脉冲步进电动机直接驱动针阀。当控制电路的脉冲电压按照一定的逻辑关系作用到电动机定子的各相线圈上时，永久磁铁制成的电动机转子受磁力矩作用产生旋转运动，通过螺纹的传递，使针阀上升或下降，调节阀的流量。

直动型电动式电子膨胀阀驱动针阀的力矩直接来自于定子线圈的磁力矩，限于电动机尺寸，故这个力矩较小。

2）减速型

减速型电动式电子膨胀阀的结构见图 5-32。该膨胀阀内装有减速齿轮组。步进电动机通过减速齿轮组将其磁力矩传递给针阀。减速齿轮组放大了磁力矩的作用，因而该步进电动机易与不同规格的阀体配合，满足不同调节范围的需要。

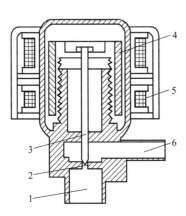

图 5-31　直动型电动式电子膨胀阀

1—出口；2—阀针；3—阀杆；

4—转子；5—线圈；6—入口

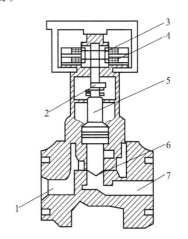

图 5-32　减速型电动式电子膨胀阀

1—入口；2—减速齿轮组；3—转子；

4—阀针；5—阀杆；6—阀针；7—出口

（4）特点

1）适用温度低

对于热力膨胀阀，当环境温度较低，其感温包内部的感温介质的压力变化大大减小，严重影响了调节性能。而对于电子膨胀阀，其感温部件为热电偶或热电阻，它们在低温下同样能准确反映出过热度的变化。因此，在冷藏库的冻结间等低温环境中，电子膨胀阀也能提供较好的流量调节。

2）过热度设定值可调

只需改变一下控制程序中的源代码，就可改变过热度的设定值。完全不像热力膨胀阀那样需要现场调节弹簧的预紧力来改变过热度的设定值，对电子膨胀阀的调节作用可以彻底实现远距离控制。

3）驱动方式

控制器通过对传感器采集得到的参数进行计算，向驱动板发出调节指令，由驱动板向电子膨胀阀输出电信号，驱动电子膨胀阀的动作。电子膨胀阀从全闭到全开状态用时仅需几秒，反应和动作速度快，且开闭特性和速度均可人为设定，尤其适合于工况波动剧烈的热泵机组的使用。

5.4.5　毛细管

毛细管是最简单的节流机构，实际上就是一根又细又长的铜管，如图 5-33 所示。流体流经铜管时，克服管道内的阻力，产生一定的压力降，而且随着管径减小，管长增加，压力降也就越大。由此，可以选择适当直径和长度的毛细管作为节流机构，实现节流降压和控制制冷剂流量的目的。目前使用的毛细管一般为内径 0.6～2.5mm 之间的铜管，管长则根据制冷系统的需要而定，一般长度在 0.5～2.0m 之间。毛细管可以用一根或者多根并联，使用多根毛细管时，需要安装分液器，同时还要安装过滤器。在电冰箱、窗式空调器、小型降湿机等小型的氟利昂制冷装置中，由于冷凝温度和蒸发温度变化不大，且制冷量较小，为了简化结构，一般都用毛细管作节流降压机构。毛细管一头连接冷凝器出口，另一头连接蒸发器入口。在一些冰箱制冷系统中，毛细管和回气管是焊在一起的。

图 5-33　毛细管

毛细管作为节流机构，具有结构简单、制造方便、价格便宜和不易发生故障的优点，而且压缩机停机后，冷凝器和蒸发器的压力可以自动达到平衡，减轻了再次启动电动机时的负荷。但是，毛细管的内径和长度一定时，在毛细管两端的压力差保持不变的情况下，不能调节制冷剂流量。因此毛细管仅适用于工况比较稳定、负荷变化不大和采用封闭式压缩机的制冷装置中。

5.5　辅助设备

蒸气式压缩制冷，除了四大部件和一些其他的换热设备外，还有一些辅助设备，用来实现制冷剂的储存、分离和净化，润滑油的分离与收集，安全保护等，来改善制冷系统的工作条件，保证正常运转，提高运行的经济性和可靠性。当然，为了简化系统，一些部件可以省略。

5.5.1　制冷剂储存与分离设备

制冷剂的储存主要依靠储液器，分离设备为气液分离器。

(1) 储液器

储液器是用来储存和供应制冷系统中的液体制冷剂的压力容器，用来储存制冷系统在负载变化时所导致的多余制冷剂。在大型系统中，可以在维护或维修时临时储存制冷系统的所有或部分制冷剂，以免造成浪费。根据其作用和工作压力的不同，可分为高压储液器和低压储液器。低压储液器仅在大型氨制冷装置中使用，一般安设在压缩机总回气管路上的氨液分离器下部，是用来收集压缩机总回气管路上氨液分离器所分离出来的低压氨液的容器。因空调系统中不使用低压储液器，本书不多作介绍。

高压储液器安装位置在冷凝器和节流阀之间，如图 5-34 所示安装在冷凝器下面。它的作用有：储存冷凝器中凝结下来的制冷剂液体，以保证冷凝器的传热面充分发挥作用；调节和稳定制冷剂液体循环量，以适应变工况需要；起液封作用，防止高压侧气体窜到低压侧而造成事故。如图 5-35所示，高压储液器外形上和卧式壳管式冷凝器类似，储液器上设有液体进口、液体出口、安全阀、压力表、平衡管等。

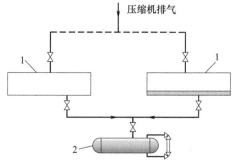

图 5-34　高压储液器与冷凝器的连接
1—卧式壳管式冷凝器；2—高压储液器

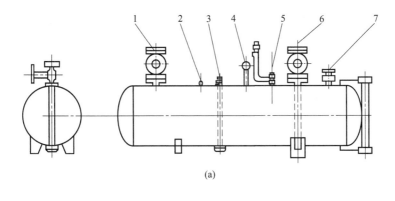

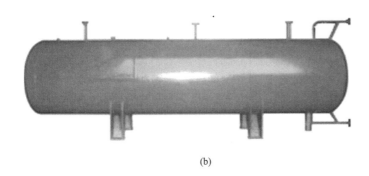

图 5-35　高压储液器
1—液体进口；2—平衡管；3—放油阀；4—压力表；5—安全阀；
6—液体出口；7—放空气

对于小型制冷装置和采用干式蒸发器的氟利昂制冷系统，由于系统中充注的制冷剂很少，系统气密性较好，可以采用容积较小的储液器，或者在采用卧式壳管式冷凝器时利用冷凝器壳体下部的空间存储一定的制冷剂，不需单独设置储液器。

高压储液器的选择主要是确定其容积，其容积应能使得在制冷系统运行时在其中的最大储液量不超过容积的 70%，最少储液量不少于容积的 10%。

（2）气液分离器

气液分离器是将制冷剂蒸气与制冷剂液体进行分离的设备，用于重力供液系统。

氨用气液分离器一般具有两方面的作用：一是用来分离由蒸发器来的低压蒸气中的液滴，以保证压缩机吸入的是干饱和蒸气，实现运行安全；二是使经节流阀供来的气液混合物分离，只让氨液进入蒸发器中，兼有分配液体的作用。结构上又可以分为立式与卧式两种，如图 5-36 和图 5-37 所示。分离原理主要利用气体和液体的密度不同，通过扩大管路通径减小速度以及改变速度的方向，使气体和液体分离。

氟利昂制冷系统用的气液分离器是一种带 U 形管的装置，主要用于机房。其作用一是储存分离下来的液体制冷剂，防止压缩机发生湿冲程，并防止液体进入压缩机曲轴箱将润滑油稀释；二是返送足够的润滑油回到压缩机，保证曲轴箱内油量正常；三是气液分离器内的盘管可作为回热器，使制冷系统运转良好。这种气液分离器常与气-液热交换器合为一体，其功用除了气液分离外兼有气-液热交换器的作用。

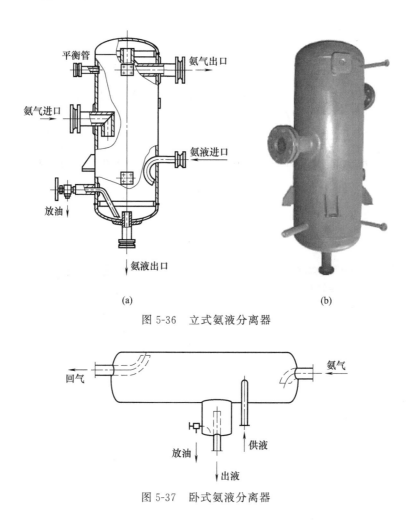

(a)   (b)

图 5-36   立式氨液分离器

图 5-37   卧式氨液分离器

5.5.2   润滑油的分离与收集设备

(1) 油分离器

润滑油在制冷机内起润滑、冷却和密封作用。制冷系统在运行过程中，润滑油往往会随压缩机排气进入冷凝器甚至蒸发器，在传热壁面上凝成一层油膜，使冷凝器或蒸发器的传热效果降低。所以要在压缩机和冷凝器之间设置油分离器，把压缩机排出的过热蒸气中夹带的润滑油在进入冷凝器之前分离出来。对于氨制冷装置，还要设置集油器。

油分离器是一种气液分离设备，将制冷剂过热蒸气中夹带的润滑油油滴分离出来。基本工作原理主要是利用油滴与制冷剂蒸气的密度不同，通过降低混有润滑油的制冷剂蒸气的温度和流速分离出润滑油。常用的油分离器有洗涤式、离心式、填料式及过滤式等。

1) 洗涤式油分离器

洗涤式油分离器是氨制冷系统中常用的油分离器，如图 5-38 所示。洗涤式油分离器在工作时主要是利用混合气体在氨液中被洗涤和冷却来分离油，同时还利用降低气流速度与改变气流运动方向，让油滴自然沉降。洗涤和冷却作用对洗涤式油分离器的分油效率影响最大，因此筒体内必须保持一定高度的氨液。洗涤式油分离器中的氨液一般是由冷凝器供给，为了保证油分离器内有足够高度的氨液，它的进液管应比冷凝器出液口位置低 240～

250mm，另外它一般装在机房外，紧临冷凝器的地方，这样可以多台压缩机共同用一个油分离器。

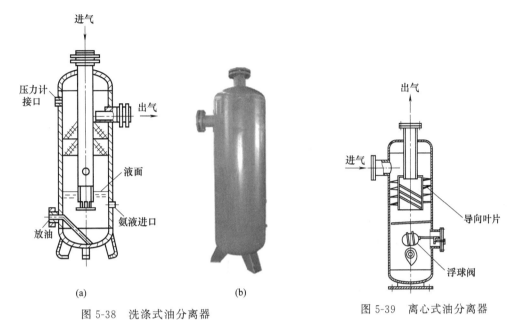

图 5-38 洗涤式油分离器

图 5-39 离心式油分离器

2）离心式油分离器

离心式油分离器分离效果较好，适用于大中型制冷系统，它的结构如图 5-39 所示。压缩机的排气经油分离器进气管沿切线方向进入筒内，随即沿螺旋导向叶片高速旋转并自上而下流动。借离心力的作用将排气中密度较大的油滴抛在筒壁上分离出来，沿壁流下，沉积在筒底部。蒸气经筒体中心的出气管内多孔板引出。

筒侧装有浮球阀，当油面上升到上限位时，润滑油通过浮球阀打开阀芯，自动向压缩机曲轴箱或集油器排油。有的在油分离器外部还设有冷却水套，使混合气体在其中又受到冷却水的冷却并通过降低流速和改变流向的作用，提高分油效果。

3）填料式油分离器

填料式油分离器是干式油分离器的一种，主要是通过降低蒸气流速、改变流向及填料过滤来分离润滑油，分油效果好（可高达 96%～98%），结构简单，但填料层阻力较大，适用于大中型制冷装置，其结构如图 5-40 所示。

填料式油分离器安装位置较紧凑且对安装位置及安装高度没有严格的要求，可以多台压缩机共同用一台油分离器，故填料式油分离器现已广泛用于氨制冷系统中。

当带油的制冷剂蒸气进入筒体内降低流速后，先通过填料吸附油雾，沿伞形板扩展方向顺筒壁而下，然后改变流向从中心管返回顶腔排出。分离出的油沉积在它的底部，再经过浮球阀或手动阀排回压缩机曲轴箱。但填料式油分离器对气流的阻力较大，要求筒内制冷剂蒸气的流速不大于 0.5m/s。此外填料式油分离器的金属丝网一般采用不锈钢丝网，价格较贵。

4）过滤式油分离器

过滤式油分离器多用于小型氟利昂制冷系统中，它也是干式油分离器的一种，结构如图 5-41 所示。当压缩机排出的高压制冷剂气体进入分离器后，由于过流截面较大，气体流速突然降低并改变方向，加上进气时几层金属丝网的过滤作用，即将混入气体制冷剂中的润滑油分离出来，并向下滴落聚集在容器底部。当聚集的润滑油量达一定高度后，则通过自动回油阀，回到压缩机曲轴箱。

正常运行时，由于浮球阀的断续工作，使得回油管时冷时热，回油时管子热，不回油时管子就冷。过滤式油分离器分油效果不如前三种好，但结构简单、制作方便、回油及时，在小型制冷装置中应用相当广泛。

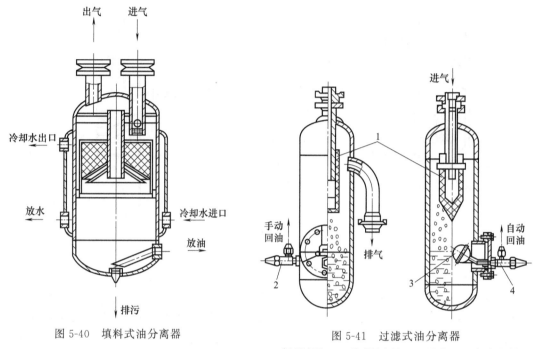

图 5-40　填料式油分离器

图 5-41　过滤式油分离器
1—铜丝滤网；2—手动回油阀；3—浮球；4—自动回油阀

(2) 集油器

集油器用于氨制冷系统，是用钢板焊制而成的圆筒形密闭压力容器，如图 5-42 所示。筒体上侧有进油管接头，与油分离器、冷凝器、储液器、中间冷却器、蒸发器和排液桶等设备的放油管相接，用于收集从各设备放出的润滑油。集油器顶部的回气管接头与系统中氨液分离器或低压循环储液器的回气管相通，用作回收氨气和降低集油器内的压力。集油器下侧设有放油管，用以回收氨蒸气后将集油器内的油放出。集油器上还装有压力表和玻璃液面指示器。

在小型制冷装置采用一台集油器，大中型制冷装置采用高低压集油器。集油器在氨制冷系统中的设置应根据润滑油排放安全、方便的原则。高压部分的集油器一般设置于放油频繁的油分离器附近，低压部分的集油器设置在设备间低压循环储液器或排液桶附近。

对于氟利昂系统，油分离器分离出来的润滑油一般都通过它下部的手动或浮球自动放油阀直接送回压缩机曲轴箱，其他设备中的润滑油带回压缩机。因此氟利昂制冷系统一般不单独设置集油器。

5.5.3　制冷剂的净化设备

(1) 空气分离器

空气分离器又称不凝性气体分离器，是排除制冷系统中不凝性气体（主要是空气）并同

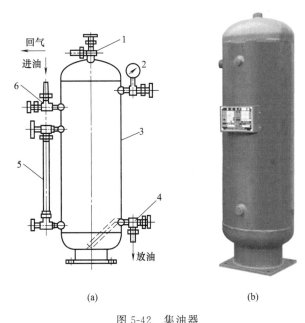

图 5-42 集油器

1—回气阀；2—压力表；3—壳体；4—放油阀；5—液面指示器；6—进液阀

时回收制冷剂的设备。它通常只是在大中型的制冷装置中使用，而在小型制冷装置中为简化系统，通常不设置空气分离器，而直接从冷凝器、高压储液器或排气管上的放空阀把空气等不凝性气体放出。

制冷系统中不凝性气体的主要来源有：①在第一次充灌制冷剂前系统中有残留空气；②补充润滑油、制冷剂或检修机器设备时，空气混入系统中；③当蒸发压力低于大气压力时，空气从不严密处渗入系统中；④制冷剂和润滑油在较高排气温度下少量分解时产生的不凝性气体。不凝性气体存在于冷凝器和高压储液器中，其中大部分是集中在冷凝器中。制冷系统存有不凝性气体时，会使冷凝器的传热效果变差，压缩机的排气压力、温度升高，压缩机耗功增加。因此必须将它及时分离出去。

空气分离器的工作原理是利用冷却的方法把混有不凝性气体的制冷剂冷凝成液体，从而把不凝性气体分离出来并排出去。结构上分为卧式和立式两种。

1）卧式空气分离器

卧式空气分离器也称四重套管式空气分离器，结构上如图 5-43 所示。管 1 与管 3 相通，管 2 与管 4 相通。混合气体自冷凝器来，通过混合进气阀进入管 2，从储液器来的氨液经节流阀节流后进入管 1 后吸收管 2 内的混合气体热量而气化，蒸发的气体经回气管去氨液分离器或低压循环筒。管 2 里的混合气体则在较高的冷凝压力和较低的蒸发温度下被冷却，其中的氨蒸气被冷凝为液体，并流到空气分离器的底部，通过节流阀节流后，送往管 1 供使用。空气不会被凝结为液体，仍以气态存在，将分离出来的空气经放空气阀放出，达到使系统内空气分离出去的目的。不凝性气体通过一接管放至水中从水中气泡的大小和多少可以判断系统中的空气是否已放尽。卧式空气分离器一般应用在大中型氨制冷系统的冷库，一座冷库只选用一台卧式空气分离器就够了。

2）立式空气分离器

立式空气分离器如图 5-44 所示，由钢板卷成，内部有蛇形蒸发盘管。它的工作原理与卧式相同，混合气体自阀 1 进入，蒸发盘管内的氨液吸收混合气体热量而气化，从阀 2 被压缩机吸走，混合气体内的氨气液化流到底部，不凝性气体便被分离出来从阀 4 放出。

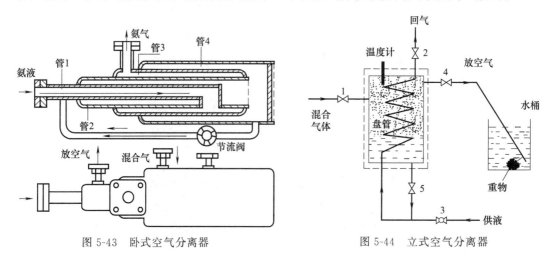

图 5-43　卧式空气分离器　　　　图 5-44　立式空气分离器

立式空气分离器的顶部有一支温度计，从温度计读数来决定是否需要放空气。当温度值低于冷凝压力 p_k 所对应的饱和温度 t_k 很多时，证明空气含量多，需要放空气。反之，若温度计读数接近冷凝温度 t_k 时，说明放空气工作应停止。立式空气分离器一般用在中小型氨制冷系统中。

（2）过滤器

过滤器用于清除制冷剂中的机械杂质，如金属屑、焊渣、氧化皮等。它分气体过滤器和液体过滤器两种。液体过滤器，如图 5-45 所示，安装在调节阀或自动控制阀前的液体管路上，防止杂质堵塞或损坏阀件。气体过滤器，如图 5-46 所示。安装在压缩机吸气管路上或压缩机吸气腔，防止杂质进入压缩机气缸，破坏压缩机的性能。

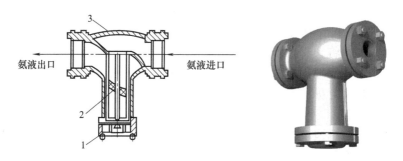

图 5-45　氨液过滤器
1—盖板；2—钢丝网过滤芯；3—壳体

过滤器的原理很简单，即用金属丝网阻挡污秽物。氨用过滤器一般是由 2～3 层、网孔为 0.1～0.2mm 的钢丝网制成。氟利昂过滤器则有网孔为 0.1～0.2mm 的铜丝网制成。

图 5-47 示出了氟利昂液体过滤器，它是由一段无缝钢管作为壳体，壳体内装有铜丝网，两端有端盖用螺纹与壳体连接，再用锡焊焊接，以防泄漏。端盖上焊有进液管和出液管接头，以便与管路连接。

（3）干燥器

氟利昂制冷系统中制冷剂含有一定水量时，会引起制冷剂水解或腐蚀金属，同时产生污

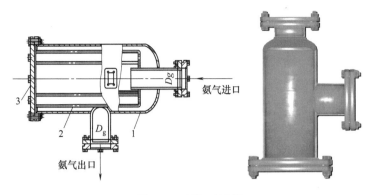

图 5-46 氨气过滤器
1—壳体；2—钢丝网过滤芯；3—盖板

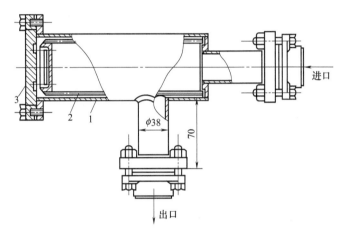

图 5-47 氟利昂液体过滤器
1—壳体；2—铜丝网过滤器；3—盖板

垢及乳化润滑油。当制冷温度在 0℃ 以下，会在较细的管道处特别是膨胀阀处结冰，产生"冰堵"现象。通常在出液器的出口节流阀的入口前安装干燥器，来吸收制冷剂中的水分。目前使用较多的干燥剂是分子筛和硅胶，它们都属于吸附性干燥剂，以物理吸附的方式吸收水分后不生成有害物，并可加热再生后重复使用。

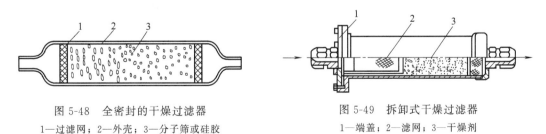

图 5-48 全密封的干燥过滤器
1—过滤网；2—外壳；3—分子筛或硅胶

图 5-49 拆卸式干燥过滤器
1—端盖；2—滤网；3—干燥剂

常常将过滤器和干燥器结合在一起，统称为干燥过滤器。干燥过滤器设置在氟利昂制冷系统液体管路的节流阀前，既能清除制冷剂中的机械杂质，又能吸收制冷剂中的水分，防止节流阀脏堵或冰堵，保证系统正常运行。干燥过滤器的形式很多，有的制冷系统仅安装带有滤网的过滤器，但在电冰箱等小型制冷设备中，通常使用全密封的干燥过滤器，如图 5-48

所示。制冷量较大的冷冻设备，常把干燥过滤器制成可拆结构，如图 5-49 所示。从端盖的法兰盘处拆下端盖，可取出过滤网清洗，或更换吸水材料，恢复后能够继续使用。

5.5.4 安全设备

(1) 紧急泄氨器

大型的氨制冷装置中，充氨量比较多，而氨会燃烧和爆炸，因此在遇到紧急情况或意外事故时，必须将系统中的氨液迅速排出，保证设备和人员的安全。图 5-50 为紧急泄氨器的构造。氨液泄出管从壳体顶部伸入，管上钻有许多小孔，壳体侧上部焊有进水管，下部为氨水混合物的泄出口。氨液入口与储液器及蒸发器等设备的泄氨接口连接，水入口与供水管连接。发生事故时，应先打开供水管阀，然后再打开紧急泄氨器与制冷系统的连接阀门，使大量的水与氨液混合，形成较小浓度的氨水排入下水道。

(2) 安全阀

安全阀是用于受压容器的保护装置，当容器内制冷剂压力超过规定数值时，阀门自动开启，将制冷剂排出系统，当压力恢复到规定数值时自动关闭，保证设备安全运行。安全阀的结构形式采用弹簧微启式，如图 5-51 所示，它依靠压缩弹簧力，平衡阀芯脱开阀座所承受的压力，达到密封和开启的目的。

安全阀可装在制冷压缩机上，连通进、排气管。当压缩机排气压力超过允许值时，阀门开启，使高低压两侧串通，保证压缩机的安全。制冷系统中的冷凝器、储液器、低压循环储液器、氨液分离器、中间冷却器等均装置安全阀，防止设备压力过高而爆炸。

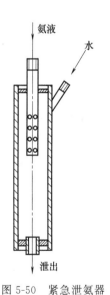

图 5-50　紧急泄氨器

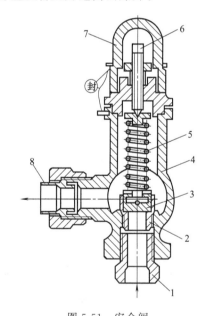

图 5-51　安全阀

1—接头；2—阀座；3—阀芯；4—阀体；5—弹簧；
6—调节杆；7—阀帽；8—排出管接头

(3) 自动保护装置

制冷装置的事故可能有：液击、排气压力过高、润滑油供应不足、蒸发器内载冷剂冻结、制冷压缩机配用电动机过载等，为此，制冷装置均应针对具体情况设置一定的保护装置。图 5-52 是氟利昂制冷装置的典型自动保护系统。

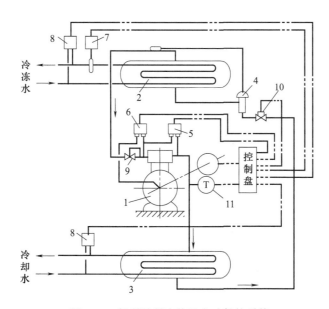

图 5-52 氟利昂制冷装置自动保护系统

1—压缩机；2—蒸发器；3—冷凝器；4—节流装置；5—高低压开关；6—油压差开关；7—水温控制器；
8—水流量继电器；9—吸气压力调节阀；10—电磁阀；11—排气温度控制器

从图中可以看出，该自动保护系统包括以下设备：

① 高低压开关 接于制冷压缩机排气管和吸气管，防止压缩机排气压力过高和吸气压力过低。

② 油压差开关 与制冷压缩机吸气管及油泵出油管相接，用于防止油压过低，压缩机润滑不良。

③ 水温控制器 安装在壳管式蒸发器的冷冻水管路上，防止冷冻水冻结。在电子控制系统中，温度继电器可以用水温传感器代替。压缩机排气温度过高会使润滑条件恶化，润滑油炭化，影响压缩机寿命，因此在压缩机排气腔内或排气管上设置温度继电器或温度传感器，当压缩机排气温度过高时，指令压缩机停机，当温度降低后，再恢复压缩机的运行。

④ 水流量继电器 分别安装在蒸发器和冷凝器的进、出水管之间，当冷冻水量或冷却水量过低时可自动停机，以防蒸发器冻结或冷凝压力过高。

⑤ 吸气压力调节阀 为避免压缩机在高吸气压力下运行，在压缩机吸气管上装有吸气压力调节阀。因为制冷装置在正常低温条件下工作时，压缩机耗功率较小，但在启动降温初期或蒸发器除霜结束重新返回制冷运行时，压缩机吸气压力较高，引起压缩机耗功率显著超高，长期运行将导致电动机烧毁，因此，在压缩机吸气管上设置吸气压力调节阀，通过吸气节流，增大吸气比容，减小制冷剂循环量，从而有效防止压缩机过载导致的电动机烧毁。

此外，膨胀阀前的给液管上装有电磁阀，它的电路与制冷压缩机的电路联动。制冷压缩机启动时，待压缩机运转后，电磁阀的线圈才通电，开启阀门向蒸发器供液。反之，停机时，首先切断电磁阀线圈的电源，关闭阀门停止向蒸发器供液后，再切断制冷压缩机的电源。这样可以防止压缩机停机后，高压侧液体进入蒸发器，同时可以防止压缩机启动时过载。

思考与练习

1. 冷凝器的作用是什么？它是如何分类的？
2. 常用的水冷冷凝器有哪些？其结构各有何特点？
3. 蒸发式冷凝器的工作原理是什么？
4. 蒸发器的作用是什么？它是如何分类的？
5. 冷却空气的蒸发器分为哪几种？各使用于什么系统之中？
6. 干式壳管式蒸发器和满液式壳管式蒸发器各有何优缺点？
7. 制冷系统中节流机构的作用是什么？常用的节流机构有哪些？
8. 热力膨胀阀的工作原理及其安装方法？
9. 平衡式热力膨胀阀和外平衡式热力膨胀阀在结构、原理及使用上有何区别？
10. 制冷系统中储液器的作用是什么？应安装在系统什么位置？
11. 油分离器的作用是什么？为什么制冷系统中需要润滑油又要进行分油？
12. 制冷系统中不凝性气体的来源主要是？有哪些危害？如何去除？
13. 干燥过滤器的作用是什么？安装在什么位置？
14. 紧急泄氨器是如何进行工作的？
15. 自动保护装置有哪些？其作用分别是什么？

第❻章

制冷系统

目标要求：

① 了解氟利昂和氨系统的不同；

② 掌握氨及氟利昂系统的工作流程；

③ 理解氟利昂和氨蒸气压缩式制冷系统的工作特点；

④ 掌握冷藏用制冷系统的各自特点；

⑤ 了解制冷剂管道的基本设计方法。

制冷系统是一组按照一定次序连接、能够产生制冷效果的部件或设备的组合。制冷系统按照工作原理的不同可以分为压缩式、吸收式、蒸汽喷射式、热电式、吸附式等形式，其中蒸气压缩式制冷系统是目前应用最多的一种制冷系统。除了机组本身外，合理的制冷管道设计也非常重要。本章主要介绍蒸气压缩式制冷系统组成及工作流程，以及制冷系统管道设计。

6.1 蒸气压缩式制冷系统的典型流程

由第 1 章和第 2 章内容可知，蒸气压缩式制冷系统有单级、双级和复叠式等多种形式，其中单级压缩制冷系统最为常用。而由于制冷系统选用的制冷剂不同，会造成该系统组成及运行要求不同，因此不同的制冷剂系统各有其特点。蒸气压缩式制冷系统按照常用制冷剂的种类可以分为氨制冷系统和氟利昂制冷系统，下面分别介绍这两大类制冷系统的组成和工作情况。

6.1.1 氟利昂制冷系统

氟利昂制冷系统的主要设备有压缩机、冷凝器、蒸发器、膨胀阀，其辅助设备主要有油分离器、储液器、干燥过滤器、回热器等。图 6-1 是典型氟利昂制冷系统流程图。

氟利昂制冷系统有以下几个特点：

① 氟利昂制冷系统由于节流损失较大，常采用回热式制冷循环。因此，在氟利昂制冷系统中装有换热设备，使高压液态氟利昂与低压低温气态氟利昂进行热交换，以提高制冷剂在节流前的过冷度和制冷压缩机吸气的过热度，增加系统的制冷能力。

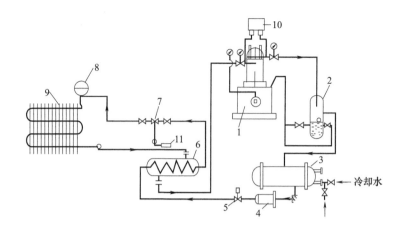

图 6-1　典型氟利昂制冷系统流程图

1—压缩机；2—油分离器；3—冷凝器；4—干燥过滤器；5—电磁阀；6—气液换热器；
7—热力膨胀阀；8—气液分离器；9—蒸发器；10—高低压力控制器；11—感温包

经过大量的实验发现，对于 R134a、R502、R290、R600a 等制冷剂，采用回热器可以提高单位容积制冷量和制冷系数。此外，采用回热器还可以使节流前制冷剂成为过冷状态，节流过程减少汽化，节流机构工作稳定。所以，氟利昂制冷系统中常采用回热器。

② 氟利昂不溶于水，氟利昂管道系统中如有水分存在，则在蒸发温度低于 0℃ 的情况下，在节流阀的节流孔处可能产生"冰堵"现象。此外，水与氟利昂发生化学反应将分解出氯化氢，从而引起金属的腐蚀和产生镀铜现象。另外，水还会使润滑油乳化。因此，氟利昂制冷系统的供液管上或充液管上装有干燥器。

③ 不同的氟利昂物质溶油性不同，因此氟利昂制冷系统一般均装有油分离器，以减少润滑油被带入系统。但对于小型制冷系统或采用内设油分离器的压缩机时，也可不设置油分离器。

④ 氟利昂类物质具有一定溶油能力，为了使带出的润滑油能顺利地返回压缩机，多采用非满液式蒸发器，并配套热力膨胀阀进行节流。对于 R22 大型制冷系统，由于温度较低时，蒸发器内润滑油将与 R22 分离而浮于液面，可采用满液式蒸发器，但必须采取措施保证回油。

在氟利昂系统中设置了高低压力继电器，与压缩机的吸排气管道相连接，当排气压力超过额定数值时，可使压缩机自动停止，以免发生事故；当吸气压力低于额定数值时，可使压缩机自行停机，以免压缩机在不必要的低温下工作而浪费电能。

6.1.2　氨制冷系统

氨蒸气压缩式制冷系统可以包括的子系统有制冷剂循环系统、润滑油循环系统、冷却水循环系统以及冷冻水循环系统等，其主体为制冷剂循环系统，其他部分是为保证制冷剂循环系统安全稳定、经济有效工作服务的。

为了保障制冷系统的安全性、可靠性、经济性和操作的方便，氨蒸气压缩式制冷系统中除四大件外，还包括油分离器、储液器、气液分离器、集油器、不凝性气体分离器、紧急泄氨器、仪表、控制器件、阀门和管道等辅助设备。图 6-2 为典型活塞式压缩机氨制冷系统工艺流程图，其中可分为氨、润滑油、冷冻水和冷却水四种管道系统。

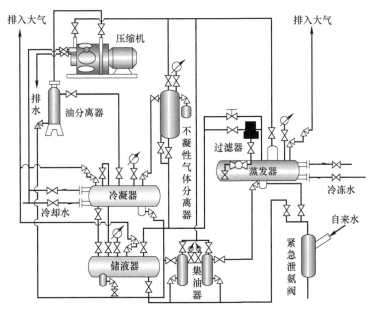

图 6-2　典型活塞式压缩机氨制冷系统工艺流程图

(1) 氨制冷剂循环系统

以图 6-2 为例，氨制冷系统工作流程为：低温低压氨气进入活塞式压缩机，被压缩为高温高压的过热氨气；由于来自制冷压缩机的氨气中带有润滑油，故高压氨气首先进入油分离器，将润滑油分离出来，再进入卧式壳管冷凝器，利用冷却水进行冷却并冷凝成高温高压的氨液；冷凝后的高压氨液储存在储液器内，通过供液管将其送至过滤器、膨胀阀，经膨胀阀的节流减压后进入蒸发器；低温低压的氨液（含闪发蒸气）在蒸发器内定压吸取周围空间或物体的热量气化，从而输出冷量，而后低压氨气则被制冷压缩机吸入，如此周而复始不断进行循环。此外，为了保证制冷系统的正常运行，还装设有不凝性气体分离器，以便从系统中放出不凝性气体（主要是空气）。

为保证制冷系统的安全运行，在冷凝器、储液器和蒸发器等装置上设置安全阀，并设置紧急泄氨器。

(2) 润滑油系统

在氨压缩式制冷循环系统中，润滑油在压缩机工作中占有重要作用，但是当它进入制冷系统的其他设备，如热交换设备，将会形成油垢，影响热交换效果，带来一定危害。因此，在压缩机的排气管上应设有油分离器，分离出来的润滑油通过放油管排到集油器中。

被氨气从活塞式压缩机带出的润滑油，一部分在油分离器中被分离下来，但是，还会有部分润滑油被带入冷凝器、储液器以及蒸发器。由于润滑油基本上不溶于氨液，而且，润滑油的密度大于氨液的密度，所以，这些设备的下部积聚有大量的润滑油。为了避免这些设备存油过多，影响系统的正常工作，在这三个设备的下部均装有放油阀，并用管道将其分为高、低压两路通至集油器中，以便定期放油。由制冷系统放出的润滑油丢弃掉是不经济的，一般采用物理或化学的办法使其再生。经再生的润滑油其黏度和其他性能虽然不及新润滑油的润滑效果好，但是为了保证制冷压缩机的良好性能和更长的使用寿命及经济性，往往将再生油与新油混合使用。在目前使用的制冷系统中大多采用物理的方法处理陈油。物理再生法系统简单，具有良好的再生效果。而化学的方法则装置复杂、操作麻烦。

(3) 冷却水系统

氨制冷系统的冷却水分有三部分工作：冷凝器的冷却水、制冷压缩机的气缸和曲轴箱的冷却用水和蒸发器的融霜水供水，它们都是由冷却水带走热量。一般制冷系统使用的冷却水是循环工作的，需要在冷却水系统中增加一个使冷却水降温的设备——冷却塔，冷却水就可以连续循环使用。

氨制冷系统的冷却水正常使用后，仅仅温度升高，水质不受污染。冷却水系统的设计应根据制冷装置对水量、水质、水温和水压的要求，在了解水源的水量、水质、水温及冷却设备的形式、环境气象条件等，经技术经济比较之后进行。

当制冷系统采用风冷方式冷却冷凝高温高压制冷剂时，就没有冷却水系统。

(4) 冷冻水系统

制冷的目的在于供给用户冷量，而供冷方式可分为直接供冷和间接供冷两种。直接供冷系统也称为制冷剂直接蒸发制冷系统，是将制冷装置的蒸发器直接置于需要被冷却的对象处，使低压液态制冷剂直接吸收该对象的热量。采用这种方式供冷，是不需要冷冻水系统的，它可以减少一些中间设备，机房占地面积少，降低投资，由于只有一次换热传递，热交换损失少，制冷效率较高；它的缺点是蓄冷性能较差，制冷剂渗漏可能性增多，尤其用冷环境离制冷机房较远时，它是无法满足要求的，所以适用于用冷集中，且不十分大的制冷系统或低温系统。间接供冷系统也称为载冷间接冷却系统，它是将低温物体或低温环境内的热量通过载冷剂（冷冻水）传给蒸发器，再由制冷剂蒸发时吸收，它实际是制冷剂系统与载冷剂系统的一个组合系统，它解决了直接供冷不能为远距离、大环境供冷的问题。它的特点是用蒸发器首先冷却冷冻水，然后再将冷冻水输送到各个用户，使被冷却对象降低温度。这种供冷方式使用灵活，控制方便，特别适合于区域性的供冷。冷冻水系统根据用户需要和条件限制，可分为闭式系统和开式系统两种。冷却水系统和冷冻水系统将在第 8 章中进行详细介绍。

6.2 空调用制冷系统

空调用制冷机组在第 7 章进行详细介绍，本节主要介绍房间空调器、净化恒温空调机组、汽车空调器和冷冻除湿机等设备的制冷系统工作过程。

6.2.1 房间空调器

房间空气调节器以创造舒适的室内环境为主要目的，根据使用和安装要求，它可以分几种不同的工作和结构形式。如根据工作模式不同，可以分为冷风型、热泵型、热泵辅助电热型、电热型等；根据结构形式不同，可分为窗式、挂壁式、落地式、嵌入式、吊顶式等。本节以应用较为广泛的分体挂壁式热泵型空调器来介绍其制冷系统工作过程。

分体挂壁式热泵型空调器包括室内机组和室外机组，其结构如图 6-3 所示。室内机组主要由换热器、贯流风扇及电动机、自动风向系统、排水系统等组成。室外机组主要包括全封闭式压缩机、室外换热器、四通换向阀、毛细管、轴流风扇及电动机等。室内机组和室外机组由两根粗细不等的铜管连接，粗的一根是气管，细的一根是液管，统称配管。电路由室内机端子和室外机端子通过电缆连接。

热泵型空调器的制冷、制热工作原理如图 6-4 和图 6-5 所示。系统中四通换向阀用于切

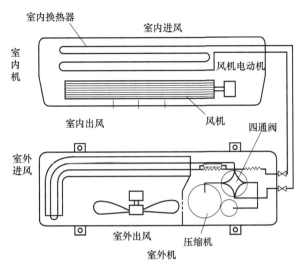

图 6-3 分体挂壁式热泵型空调器结构示意图

换制冷剂走向，使制冷、制热时制冷剂走向在压缩机以外的部位相反。辅助毛细管、单向阀用于切换节流量。

制冷工作时，如图 6-4 所示。四通阀管口 1、2 接通，管口 3、4 接通，使制冷剂循环走向如图箭头所示，制冷剂在循环过程中将单向阀内的钢球吹离锥形口，单向阀导通，将辅助毛细管旁路，辅助毛细管不起作用。这样，压缩机排出的高压高温制冷剂→经四通阀管口 4、3→先流经室外侧的热交换器进行放热冷凝为液态后→经过滤器→单向阀→主毛细管节流后→二通阀→室内侧热交换器进行吸热蒸发为气态→三通阀→四通阀管口 1、2→被压缩机吸回，完成一个制冷循环，实现制冷剂在室内吸热从而达到降低室温的目的。

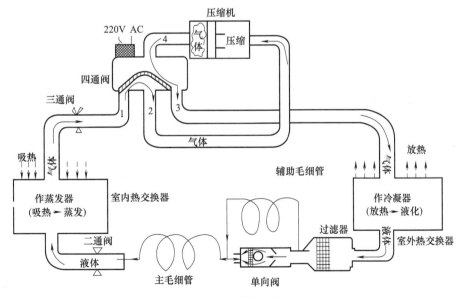

图 6-4 热泵型空调器制冷工作原理

制热工作时，如图 6-5 所示。四通阀管口 1、4 接通，管口 2、3 接通，制冷剂走向如图箭头方向所示，会推动单向阀内的钢球堵塞锥形口，单向阀截止，制冷剂只能通过辅助毛细管循环流动。这样，压缩机排出的高温高压气态制冷剂→流经四通换向阀的管口 4、1→三通阀→室内热交换器进行散热冷凝为液态制冷剂→二通阀→主毛细管＋辅助毛细管双重节流后→过滤器滤除有形脏物→室外热交换器吸热蒸发为气态→经四通换向阀的管口 3、2→被压缩机吸回，完成一制热循环，实现制冷剂在室内散热从而达到制热目的。

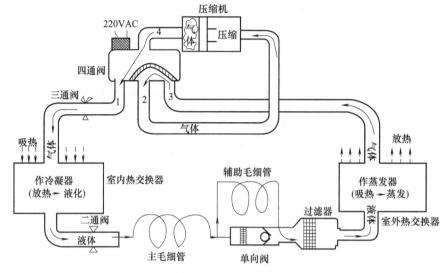

图 6-5　热泵型空调器制热工作原理

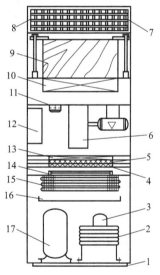

图 6-6　净化恒温空调机组
结构示意图

1—底座；2—冷凝器；3—储液器；4—手动电加热；5—自动电加热；6—风机；7—可调双层百叶；8—风帽；9—高效过滤器；10—中效过滤器加热；11—温度调节指示仪表；12—电器盒；13—活性炭过滤器；14—紫外线灯；15—蒸发器；16—接水盘；17—压缩机

6.2.2　净化恒温空调机组

图 6-6 为净化恒温空调机组的结构示意图。除了一般空调机组中的制冷装置外，该空调机组中还装有中效和高效过滤器、活性炭过滤器以及用于杀菌的紫外线灯等空气净化设备，可使被处理的空气达到较高的洁净度。净化恒温空调机组用于有净化、恒温及对空气中细菌有灭杀要求的场所，如精密仪表、电子、制药工业及医院手术室、烧伤病房等部门。

6.2.3　汽车空调器

汽车空调器是对汽车车厢内空气调节的装置，其功能是对车厢内空气的温度、湿度、流速和清洁度等参数进行调节，使驾驶员和乘客感到舒适，并预防或去除风窗玻璃上的雾、霜和冰雪，保证驾驶员和乘客身体健康与行车安全。

汽车空调系统由制冷系统、取暖系统、通风配气系统、空气净化系统和调节控制系统五大部分组成。其制冷系统主要由制冷剂、压缩机、蒸发器、冷凝器、节流装置和辅助控制元件等组成，具有如下的特点：

① 要求制冷量大，降温迅速。

② 系统中冷媒（制冷剂）流量变化幅度大，设计困难。

③ 不便于用电力作为动力源，必须要用汽车发动机或辅助发动机来带动压缩机。

④ 冷凝温度高。

⑤ 制冷剂容易泄漏。

⑥ 汽车本身结构非常紧凑，可供安装汽车空调设备的空间也极为有限，这不仅对汽车空调的外形、体积和质量要求较高，而且对其性能和选型也会产生影响。

⑦ 由于车厢高度低，风量分配不易均匀，因而车内的温度分布也不易均匀。

汽车空调按驱动方式可分为以下两类：非独立式汽车空调系统和独立式汽车空调系统。非独立式空调系统的制冷压缩机由汽车本身的发动机驱动，系统的制冷性能受汽车发动机工况的影响较大，工作稳定性较差，尤其是低速时制冷量不足，而在高速时制冷量过剩，并且消耗功率较大，影响发动机动力性。这种类型的汽车空调系统一般多用于制冷量相对较小的乘用车上。图 6-7 为一非独立式汽车空调系统的装置图。

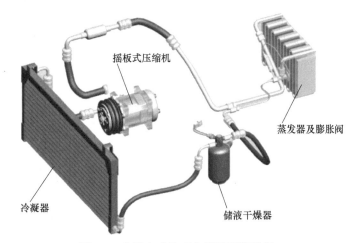

图 6-7　非独立式汽车空调系统装置图

独立式汽车空调系统制冷压缩机由专用的空调发动机（也称副发动机）驱动，因此汽车空调系统的制冷性能不受汽车主发动机工况的影响，工作稳定、制冷量大，但由于加装了一

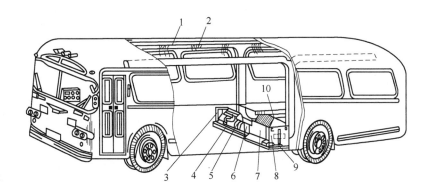

图 6-8　客车空调系统结构示意图

1—进气道；2—排气栅；3—散热器；4—空调发动机；5—离合器；6—压缩机；7—蒸发器；
8—冷凝器；9—冷凝风扇；10—循环空气入口

台发动机，不仅成本增加，而且体积和质量也增加。这种类型的汽车空调系统多用于商用车上。图 6-8 表示的是客车的空调系统结构示意图。

6.2.4 冷冻除湿机

冷冻除湿机是利用蒸气压缩式制冷机来对空气进行干燥处理的设备，它由全封闭制冷压缩机、风冷冷凝器、蒸发器、毛细管、离心风机、空气过滤器、凝结水盘和凝结水箱等设备组成。它有除湿的功能，但不能控制温度和湿度。冷冻除湿机通常用于精密仪器仪表室、档案室以及金属仓库等场所，以防止仪表器具和材料因潮湿而腐蚀和霉烂。地下建筑和涵洞建筑一般也使用冷冻除湿机来干燥空气。

图 6-9 为某一冷冻除湿机实物照片，图 6-10 为其工作原理图。待除湿的空气在离心风机的作用下被吸入，经空气过滤器滤去其中的机械杂质和污物，再经蒸发器冷却。由于蒸发器表面的温度低于空气的露点温度，当被除湿的空气与蒸发器的表面接触时，空气中的部分水蒸气被凝结析出并落入凝结水盘，从泄水管排出。此时空气的绝对含湿量减小，但由于空气的温度也被降低了，所以相对湿度反而增大。为了降低空气的相对湿度，使空气再经过风冷式冷凝器被等湿加热。此时随着空气温度的升高，虽然绝对含湿量不变，但相对湿度却减小了，这样就保证了冷冻除湿机出口的空气温度不致过低，相对湿度也适中，从而达到了除湿的目的。

图 6-9　冷冻除湿机实物照片

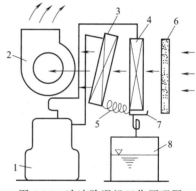

图 6-10　冷冻除湿机工作原理图
1—压缩机；2—离心风机；3—风冷冷凝器；4—蒸发器；
5—毛细管；6—空气过滤器；7—凝结水盘；8—凝结水箱

6.3　冷藏用制冷系统

冷藏用制冷系统用来在低温条件下储藏或运输食品和其他货品，包括各种冰箱、冷库、冷藏车、冷藏船和冷藏集装箱等。

冷藏用制冷装置的供冷方式也可采用直接供冷和间接供冷两种方式。间接供冷冷却速度慢，总的传热温差大，系统也较复杂，故只用于较少的场合，如盐水制冰和温度要求恒定的冷库等。当前，在食品冷藏库制冷系统中，大都采用氨或氟利昂作为制冷剂，由于氨单位容积制冷量大，价格也较低，特别是大型冷库，氨制冷系统应用比较广泛，而小型冷库几乎全部采用氟利昂制冷装置。无论是氟利昂还是氨冷藏用制冷系统都属于直接供冷系统，此系统所采用的设备少，故制冷装置的初投资少，而且制冷剂与被冷却介质间只存在一次温差，在某介质温度下蒸发温度较高，这对于提高制冷压缩机的制冷量、降低功耗是有利的，并且能使制冷装置的长期运转费用降低，因而直接供冷系统在制冷装置中得到广泛应用。

在冷藏库制冷系统中，高压部分的管道和设备大部分置于机器间或室外，常称其为机房系统。低压部分的设备和管道大部分置于库房中，常称其为库房系统。

在直接供冷的蒸气压缩式制冷系统中，根据向蒸发器的供液的动力不同，制冷系统可分为直接膨胀供液系统、重力供液系统、液泵供液系统三种。

6.3.1 直接膨胀供液系统

直接膨胀供液系统是利用系统内的冷凝压力和蒸发压力之间的压力差作为动力，将高压液体经节流降压后直接供入蒸发器而不经过其他设备的制冷系统。这种供液方式称为直接膨胀供液，如图 6-11 所示。在制冷装置中，它是应用最早和最简单的供液方式，由调节站和蒸发器组成。其工作原理是自高压储液器来的高压液体经液体调节站上的节流阀节流降压后送往各组蒸发器，在蒸发器中吸热蒸发为气体，然后通过气体调节站直接送入压缩机吸入口。

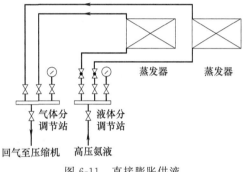

图 6-11 直接膨胀供液

目前直接供液主要用于负荷稳定的小型装置，如氟利昂制冷系统和成套制备空调冷冻水或低温盐水的氨系统，或用于其他供液方式中作为备用。另外，由于氟利昂系统使用了热力膨胀阀，能够根据蒸发器出口温度自动调节液量，控制压缩机回气具有一定的过热度，从而避免湿冲程，并能充分发挥这种供液方式系统简单的优点，因此生活服务性小冷库广泛采用该系统。

6.3.2 重力供液系统

重力供液系统是指从供液分配站来的氨液经膨胀阀节流后，不是直接进入蒸发排管，而是进入氨液分离器，先除去膨胀过程闪发气体，然后氨液借助氨液分离器的液面与蒸发器液面之间的液位差作为动力，被输送至蒸发排管之中的制冷系统，如图 6-12 所示。这种供液方式称为重力供液。

(1) 工作原理

高压的氨液被送入高于蒸发器的氨液分离器之中，在节流过程中所产生的闪发蒸气被分离，气体集中于氨液分离器上部，液体则沉积于其下部，在高差 H_1 的作用下，氨液进入蒸发器吸热蒸发，当蒸发器的负荷有较大变动时，容易使回气带液滴，为了避免液击现象，产生的气体夹杂着液滴经回气管先要进入氨液分离器，气液再次分离，液体下沉，气体与节流所产生的闪发气体一同被压缩机吸走。

(2) 重力供液的优、缺点

① 由于采用氨液分离器，高压氨液节流后产生的闪发气体被彻底分离，进入供液调节站的完全是饱和氨液，避免了闪发气体对传热的影响，这样不需要在每组排管的进液管上装设调节阀即可做到均匀供液。

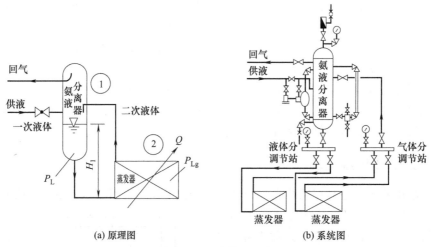

图 6-12 重力供液系统

② 由于采用氨液分离器，氨液可在供液制冷系统内形成内部循环，因此发生液击冲缸事故比直接膨胀供液系统大大减少。但是当负荷剧烈变化或制冷压缩机工作点选择不当时，由于二次液体的增多，氨液分离器的正常液位难于稳定，制冷压缩机还是有发生湿压缩的可能。

③ 较难保持正确的静液柱，液柱过小则供液不足，液柱过大则影响蒸发压力，进而影响蒸发温度，特别是当蒸发温度很低的时候，影响尤为突出，因此低温系统不宜采用这种供液方式。

④ 低压制冷剂液体在蒸发器及有关管道内循环，依靠其相对于蒸发器的液位差所具有的位能作为动力，其流速一般都较缓慢，而且制冷剂与管壁内表面之间的放热系数小，蒸发管道内表面的润湿面积占总蒸发面积的比例也小，因此，蒸发器的总换热强度较低。

⑤ 液柱压力差要足以克服制冷剂流动阻力。对于多层冷库，必须分层设置氨液分离器，不然会因供液管路长短不一，造成均匀供液困难；氨液分离器必须放在库房上方，多层须分层设置专用房间，这不但增加了土建造价，而且从操作角度来说，调节站被分散布置，操作人员需要经常跑路和爬高，增加了工作量，且不便管理。

由以上分析可知，重力供液系统优于直接供液系统，但同时还存在许多难于克服的缺点，因此在我国除小型制冷装置以外已很少采用这种供液方式。

6.3.3 液泵供液系统

液泵供液制冷系统又称为液泵再循环系统，是指制冷系统借助液泵的机械力来向蒸发器供液。这种供液方式称为液泵供液。由于液泵供液方式常常用于氨系统，因此也称氨泵供液系统。液泵供液系统向蒸发器的供液形式有两种：一种是氨液从上部进入，气液混合物从下部返回，称上进下出式。当氨泵停止运行后，二层盘管中未蒸发的氨液可以自流返回到低压循环桶，此种供液方式必须采取相应的措施才能使供液均匀，而且一旦停止供液就丧失降温能力，库温回升较快。另一种是氨液从下部进入，气液混合物从上部返回，称下进上出式。这种方式供液比较均匀，因此若采用多组并联集管式顶排管，不需每组排管装调节流量的阀门，并且若停止供液，只要回气阀不关，压缩机尚在运行，排管内留存的氨液还能持续降温，库温回升较慢。这两种形式在制冷系统中应用都很普遍。

（1）液泵供液系统的工作原理

如图 6-13 所示，高压制冷剂液体节流后进入低压循环桶，气液分离后，液体经过氨泵送入蒸发器中蒸发制冷，蒸发形成的气体和未蒸发的液体一并返回低压循环桶被再次分离，气体和闪发气体被压缩机吸走，液体和补充来的氨液供氨泵再循环。氨泵出口装有止回阀和自动旁通阀。当蒸发器中有几组蒸发器的供液阀关闭而使其他蒸发器供液量过大和压力过高时，这时旁通阀会自动将氨液旁通到低压循环桶中。

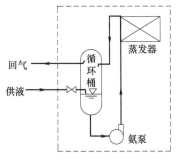

图 6-13 氨泵供液系统原理图

（2）液泵供液系统的特点

① 由于蒸发器内氨液流量远大于蒸发量，供液量为实际蒸发量的 3～6 倍，制冷效果好，供液量充分，回流过热度小，可以提高压缩效率和制冷系数。

② 氨泵强制输送氨液，蒸发器内制冷剂流量大，进液压力高，对蒸发回路复杂、流程长、蒸发器高差大的情况仍能够确保蒸发器有比较均匀的供液。

③ 循环桶的容积大，提供了充分的气、液分离条件，虽然进气管有数倍于蒸发量的二次液体进入，压缩机仍然能够吸入干饱和蒸气，在确保循环桶正常工作液面的情况下不会出现湿压缩。

④ 设备和调节站均集中于制冷机房内，便于操作和集中管理。由于循环桶直径大、液面稳定，加之氨泵启闭和保护简单，很容易实现自动控制。

⑤ 设置氨泵使制冷系统的动力消耗增加 1%～1.5%，同时还要增加泵的维护和检修工作。在设计过程中如果对氨泵进液管流动阻力估计不足或操作不当，容易造成氨泵发生汽蚀，甚至造成泵的损坏。

由以上的分析可知，氨泵供液制冷系统比直接膨胀供液系统或重力供液系统要优越得多。所以，大中型冷库、人工冰场等的制冷装置中都采用这种供液方式。

6.4 制冷系统管道

在制冷系统中，管道起着连接各种设备、输送冷媒以及维持系统连续运行的作用。制冷系统管道是由制冷剂管道（氟利昂或氨）、载冷剂管道（水或盐水）、冷却水管道（水）和润滑油管道（制冷剂及润滑油）组成。本节主要介绍制冷剂管道的设计，即用相应材质的管道将制冷压缩机、冷凝器、节流阀和蒸发器四大主要部件及油分离器、储液器、气液分离器等辅助部件连接成一个封闭循环的制冷系统，使制冷剂不间断地循环流动。

制冷剂管道的设计包括管道与管件的布置、管径确定和管道的保温。制冷剂管道的设计质量，关系到制冷装置运行的安全可靠性、经济合理性和安装操作的简单方便程度，在整个制冷系统中起着举足轻重的作用。

6.4.1 制冷剂管道的布置

(1) 制冷剂管道布置的基本原则

① 管道的布置应符合工艺流程，还要考虑操作、检修和管理方便，并适当注意整齐。

② 配管应力求简单、流向顺通，尽可能短而直，以减少系统制冷剂的充灌量及压力降。

③ 管材、阀门和仪表等的选择必须符合制冷系统所用不同制冷剂的特点。

④ 管径的选择应合理，避免过大的压力损失，以防止系统制冷能力和制冷效率不必要的降低。

⑤ 吸气管道的布置要防止液态制冷剂进入压缩机。

⑥ 供液管道的布置要求保证各蒸发器充分供液。

⑦ 防止制冷压缩机曲轴箱内缺少润滑油。

⑧ 根据制冷系统的不同特点和不同管段，必须设计有一定的坡度和坡向。

⑨ 输送液体的管段，除特殊要求外，不允许设计成倒 U 形管段，以避免形成阻碍流动的气囊。

⑩ 输送气体的管段，除特殊要求外，不允许设计成倒 U 形管段，以免形成阻碍流动的液囊。

(2) 氟利昂管道的布置

氟利昂能溶解不同数量的润滑油，在管路设计与配置时应保证润滑油能顺利地由吸气管返回制冷机曲轴箱；当多台制冷机并联运行时，润滑油应能均匀地回到每台制冷机。此外，在进行管道设计时还应注意带油问题，对于有坡度的管道，都应坡向制冷剂流动的方向。

1) 吸气管

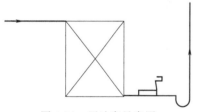

图 6-14　回油弯示意图

吸气管的水平部分应有 0.5%～1.0% 的坡度，坡向压缩机，以便于回油。布置中应避免出现液囊。为了使得上升立管中气体的带油速度将油带出，必须在回气管中建立一定的带油条件，通常是在蒸发器出口的水平回气管弯向垂直回气管的交角处设置一个 U 形弯头，俗称"回油弯"，如图 6-14 所示。在机器负荷变化较大的系统中，宜采用"双上升回气立管"，既可以保证压降在允许的范围内，又能够使润滑油被气体带至水平回气管，如图 6-15 所示。

当蒸发器低于压缩机时，吸气管与蒸发器的连接需要考虑蒸发器的回油和防止油液的串流。其中，上升回气立管的布置不能任意长，当上升立管较长时每隔 8m 或更短距离设一个回油弯分级提升，以利于回油，如图 6-16 所示。

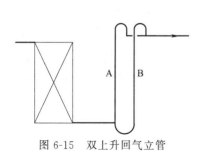

图 6-15　双上升回气立管

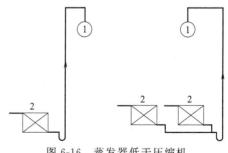

图 6-16　蒸发器低于压缩机
1—压缩机；2—蒸发器

在压缩机吸入口附近的回气管上禁止设置回油弯,以免出现液囊,造成机器重新启动时发生湿压缩。对于多台压缩机并联连接时,应设置一个集气管,且每一个吸气支管应插到集气管的底部,端部设计成 45°斜口,从而使回到水平回气管中的油能均匀地返回到每一台压缩机,也防止了回气管中的油液进入停止工作的压缩机中。图 6-17 所示为三台并联压缩机与回气总管的连接示意图。

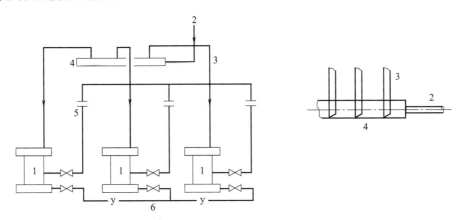

图 6-17 并联压缩机与回气总管的连接示意图
1—压缩机;2—回气总管;3—回气支管;4—集气管;5—均压管;6—均油管

2)排气管

排气管是指从压缩机排出口至冷凝器进气口之间的高压气体管道。对将压缩机、油分离器、冷凝器等分开设置的机组来说,需对排气管进行设计布置。排气管布置时应保持大于或等于 0.01 的坡度,且必须坡向油分离器或冷凝器,确保竖管中的润滑油均匀地随制冷剂气体一起流向油分离器或冷凝器。当两台压缩机合用一台冷凝器,且冷凝器位于制冷机之下时,应采用 45°Y 形三通连接,以防止一台压缩机运行时,润滑油流入另一台压缩机。当排气管的连接不设油分离器时,上升的排气立管要考虑一定的带油速度并设置回油弯,在上升立管较长时可采用分级提升润滑油。两台并联压缩机排气管的连接如图 6-18 所示。当排气管的连接设置油分离器时,上升的排气立管应设在油分离器之后,油分离器后的上升立管不需设置回油弯和考虑带油速度问题。设置油分离器时排气管的连接如图 6-19 所示。

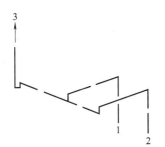

图 6-18 并联压缩机排气管的连接
1,2—来自压缩机;3—接往冷凝器

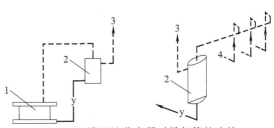

图 6-19 设置油分离器时排气管的连接
1—压缩机;2—油分离器;
3—接往冷凝器;4—来自压缩机

3)液体管

液体管是指冷凝器、储液器、膨胀阀和蒸发器之间相连接的液体管段。氟利昂液体能与润滑油互溶，因此在液体管的布置中不用考虑回油。液体管路要解决的主要问题是防止产生闪发气体。为了避免在液管中产生闪发气体，有条件时，应把来自储液器的供液管与压缩机的吸气管贴在一起，并应用隔热材料将冷凝器或储液器保温，必要时，可装设回热器。当蒸发器位于冷凝器或储液器之下时，若液管上不装设电磁阀，则应设有倒 U 形液封，其高度应不小于 2m，以防止压缩机停止运行时液体继续流向蒸发器。其连接如图 6-20 所示。当多台不同高度的蒸发器位于冷凝器或储液器之上时，为避免闪发气体都进入最高的一个蒸发器，应按图 6-21 所示方法进行接管，若环境温度高于冷凝温度，管道应进行保温。

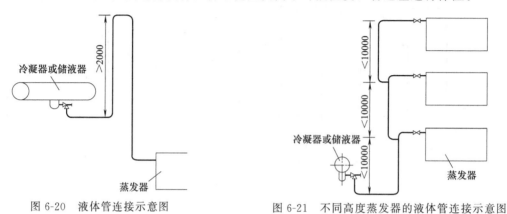

图 6-20 液体管连接示意图　　　　图 6-21 不同高度蒸发器的液体管连接示意图

(3) 氨管道的布置

氨具有剧毒、易挥发，并有腐蚀性和爆炸性，为保证人身和设备的安全，对氨系统管道的强度和严密性试验是首先要考虑的。另外，由于压缩机的润滑油不溶于氨液中，当润滑油被带到蒸发器、冷凝器时会降低传热效率，影响系统的制冷能力，所以氨系统管道要处理好润滑油的排放和回收。布置时应注意以下几个方面。

1) 吸气管

压缩机的吸气管道应有大于 0.003 的坡度，且坡向蒸发器、液体分离器或低压循环储液器，以防止氨液流向压缩机而产生湿冲程或液击事故。当多台压缩机并联连接时，为防止氨液由干管进入压缩机，到压缩机的支管应由主管顶部或由侧部向上呈 45°接出。

2) 排气管

压缩机的排气管应有不小于 0.01 的坡度，坡向油分离器。多台压缩机并联连接时，排气管上宜设止回阀。在装有洗涤式油分离器的制冷系统中，止回阀应装在油分离器的进气管上，且每台并联压缩机的支管与总管的连接应防止 T 形连接，以减少流动阻力。

3) 冷凝器与储液器接管

采用卧式冷凝器，当管道不长，未设置均压管时，管道内液体流速应按 0.5m/s 设计，对应的管径与氨液流量的关系如表 6-1 所示。卧式冷凝器与储液器之间应有一定的高差，以保证液体借自重流入储液器。

采用立式冷凝器时，如冷凝器出口管道上装设阀门，则冷凝器出液管与储液器进液阀之间应有不小于 200mm 的高差。水平管应有坡向储液器不小于 0.05 的坡度，管内液体流速为 0.5～0.75m/s，均压管的管径应不小于 DN20mm。

蒸发式冷凝器至储液器的液体管内的最高流速为 0.5m/s，坡向储液器的坡度为 0.05，单组冷却排管的蒸发式冷凝器可利用液体管本身均压，液体管应有大于 0.2 的坡度，且管径可以适当加大以减少阻力，从而使来自储液器的气体沿液体管回至冷凝器。

表 6-1　冷凝器管径与氨液流量的关系

冷凝器出液管道直径/mm	氨液流量/(kg/h)	冷凝器出液管道直径/mm	氨液流量/(kg/h)
9	95.5	38	1200
12	161	50	2020
20	300	65	3300
25	491	75	5070
32	872	100	8780

4）储液器与蒸发器接管

储液器至蒸发器的液体管道经调节阀直接进入蒸发器中，当采用调节站时，其分配总管的面积应大于各支管的截面积之和。同时，充氨管也接在储液器至蒸发器的液体管道上。浮球阀的接管应使液体能通过过滤器、浮球阀而进入蒸发器。

5）空气分离器的接管

卧式四重管空气分离器、立式不凝气体分离器均按照厂家提供的阀门尺寸来配置管道，分离器的安装高度可根据情况灵活确定，通常距地坪 1.2m 左右。

6）排油管及安全阀的接管

排油管应从冷凝器、储液器及蒸发器等设备底部接出，并接至一个或几个集油器。集油器上应设置抽气管以降低集油器内压力，并分离油中的混有的氨液。所有压力容器，如管壳式蒸发器、冷凝器和储液器等设备上，都应装设安全阀和压力表，安全阀的排气管应高于周围 50m 内最高建筑物的屋脊 5m，并设有防雨罩和防止雷击、防止杂物落入泄压管内的措施。

6.4.2　制冷管材管件的选择

(1) 制冷管材的选择要求

不同工质应采用不同材质的管道，其连接方式也不同。氟利昂制冷系统管材常采用黄铜管、紫铜管或无缝钢管，管内壁不宜镀锌。通常当系统容量较小时（$DN < 25mm$）采用黄铜管、紫铜管；当系统容量较大时（$DN \geqslant 25mm$）则采用无缝钢管。多联机的制冷剂管道宜采用挤压工艺生产的铜管，挤压管较拉伸工艺生产的铜管壁厚更为均匀。氟利昂制冷系统的管道连接通常可采用焊接、法兰连接和螺纹连接，密封材料一般选用特殊橡胶，如丁腈橡胶等。

氨制冷系统管道一律采用无缝钢管，无缝钢管的质量应符合现行国家标准《输送流体用无缝钢管》GB/T 8163—2008 的要求，并根据管内的最低工作温度（和工作压力）选用钢号。氨制冷系统工作压力一般不超过 14.7bar（1bar＝10^5Pa），气密性试验压力规定高压侧为 17.6bar，低压为 11.7bar。因此，通常采用 10 或 20 碳素无缝钢管。由于氨对铜、锌等有色金属有腐蚀性，故不允许采用铜管，另外与氨制冷剂接触的表面不允许镀锌。它的连接方式除设备、附件连接处采用法兰连接外，一律采用焊接连接。氨制冷系统采用法兰连接时，法兰垫圈一般选择天然橡胶，也常用石棉纸板或青铅。

制冷系统的润滑油管采用和制冷剂管路同样的材质。

(2) 管路附件要求

制冷剂管路的附件主要包括阀门和连接件。

① 阀门：各种阀门应采用符合制冷剂的专用产品。氨系统使用阀门应符合以下要求：第一，阀体是灰铸铁、可锻炼铁或铸钢。强度试验压力为 29～39bar，密封性试验压力 19～25bar。一般公称压力为 24.5bar 的阀即可满足要求。第二，氨系统所用阀类不允许有铜质和镀锌、镀锡的零配件。第三，阀门应有倒关阀座，在阀开足后能在运行中更换填料。

② 连接件：氟利昂制冷系统管路的连接方式为钢管与钢管采用焊接、钢管与铜管采用银焊、铜管与铜管采用银焊，且管壁内不宜镀锌，法兰处不得用天然橡胶，也不得涂矿物油，它的密封材料要选用耐腐蚀材料，一般用丁腈橡胶。氨系统的管道主要采用焊接，且管壁厚小于 4mm 者用气焊，4mm 以上者用电焊。必要的地方也可采用法兰连接，但法兰应带凸凹口；弯头一律采用煨弯；阀门与管道丝扣连接不得使用白油麻丝，应采用纯甘油与黄粉调合的填料；支管与集管相接时，支管应开弧形叉口与集管平接，以免造成配液不均匀。

③ 管件及附件的安装要求：管道与管道、管道与设备连接处必须可靠密封，采用焊接或可拆连接（法兰或螺纹连接），在连接处采用密封材料时，密封材料也必须与制冷剂相容。制冷剂管道系统内的管件及附件的安装要求如表 6-2 所示。

表 6-2　管件及附件的安装要求

名称	安装要求
弯头	冷弯时，曲率半径不应小于 4 倍的管外径
三通	宜采用顺流三通，Y 形羊角弯头也可采用斜三通
阀门	各种阀门应符合制冷剂的专用产品。氟利昂制冷系统中用的膨胀阀应垂直放置，不得倾斜，更不得颠倒安装
温度计	要有金属保护套，在管道上安装时，其水银（或酒精）球应处在管道中心线上，套管的感温端应迎着流体运动方向
压力表	高压容器及管道应安装 0～2.5MPa 的压力表，中、低压容器及管道应安装 0～1.6MPa 的压力表
感温包	安装在离制冷机吸气管道 1.5m 以外的平直管道上

6.4.3　制冷剂管道管径的确定

制冷剂管道管径的确定应综合考虑经济、压力降和回油三个因素。在工程设计中，一般是按其压力损失相当于制冷剂饱和蒸发温度的变化值确定，并有相应的计算图表可供选用。对于制冷剂蒸气吸气管，饱和蒸发温度降低应不大于 1℃；对于制冷剂排气管，饱和冷凝温度升高应不大于 0.5℃。

制冷剂管道常用无缝钢管的规格如表 6-3 所示。

表 6-3　制冷剂管道常用无缝钢管规格 （GB/T 8163—2008）

外径×壁厚 /mm	内径 /mm	理论重量 /(kg/m)	1m 长容量 /(L/m)	1m 长外表面积 /(m²/m)	1m² 外表面积管长 /(m/m²)
6×1.5	3	0.166	0.0071	0.019	52.63
8×2.0	4	0.296	0.0126	0.025	40.00
10×2.0	6	0.395	0.0283	0.031	32.26
14×2.0	10	0.592	0.0785	0.044	22.75
18×2.0	14	0.789	0.1540	0.057	17.54
22×2.0	18	0.986	0.2545	0.069	14.49

外径×壁厚 /mm	内径 /mm	理论重量 /(kg/m)	1m 长容量 /(L/m)	1m 长外表面积 /(m²/m)	1m² 外表面积管长 /(m/m²)
25×2.0	21	1.13	0.3464	0.079	12.66
25×2.5	20	1.39	0.3142		
25×3.0	19	1.63	0.2835		
32×2.5	27	1.76	0.5726	0.101	9.90
32×3.0	26	2.15	0.5309		
38×2.2	33.6	1.94	0.8867	0.119	8.40
38×2.5	33	2.19	0.8553		
38×3.0	32	2.59	0.8042		
38×3.5	31	2.98	0.7548		
45×2.5	40	2.62	1.2566	0.141	7.09
57×3.0	51	4.00	2.0428	0.179	5.59
57×3.5	50	4.62	1.9635		
76×3.0	70	5.40	3.8485	0.239	4.18
76×3.5	69	6.26	3.7393		
89×3.5	82	7.38	5.2810	0.280	3.57
89×4.0	81	8.38	5.1530		
89×4.5	80	9.38	5.0265		
108×4.0	100	10.26	7.8540	0.339	2.95
133×4.0	125	12.73	12.2718	0.418	2.39
133×4.5	124	14.26	12.0763		
159×4.5	150	17.15	17.6715	0.500	2.00
159×6.0	147	22.64	16.9717		
219×6.0	207	31.52	33.6535	0.688	1.45
219×8.0	203	41.63	32.3655		

6.4.4　制冷剂管道的隔热

在制冷系统中，为了减少系统的冷量损失，以及防止凝结水的产生和冷桥的形成，因此对相应的制冷剂管道要采取隔热保温措施。需要隔热的管道有：中、低压气体管，中、低压液体管，高压过冷液体管及排液管；融霜用热氨管；经过低温冷间的上下水管等。

隔热保温结构一般由防锈层、保温层、隔气层和色层组成。其中防锈层是为防止管道或设备表面锈蚀，一般在管道或设备外表面涂以樟丹漆或沥青漆。隔气层是在保温层外面缠包油毡或塑料布等，使保温层与空气隔开，以防止空气中的水蒸气透入保温层造成保温层内部结露，从而保证保温性能和使用寿命，如有必要，还可在隔气层外敷以铁皮等保护层，使保温层不致被碰坏。色层是在保护层外表面涂以不同颜色的调和漆，并标明管路的种类和流向，方便确认制冷剂工质。

制冷系统使用的隔热保温材料应具有热导率小、吸湿性小、密度小、抗冻性能好的特性，此外还应使用安全（如不燃烧、无刺激味、无毒等）、价廉易购买、易于加工等。目前制冷系统中常用的隔热保温材料有玻璃棉、软木、硅酸铝、聚苯乙烯泡沫塑料、聚氨酯、泡沫塑料、膨胀珍珠岩、岩棉、微孔硅酸钙、硅酸铝纤维制品以及泡沫石棉等，这些隔热保温材料一般先加工成形，这样施工方便、效果较好。

思考与练习

1. 氟利昂制冷系统主要由哪些设备组成？简述它的工作原理。

2. 氨制冷系统主要由哪些设备组成？与氟利昂系统比较，它们有何区别？

3. 简述汽车空调的组成及工作原理？

4. 冷藏用制冷系统有哪几种供液方式？它们的特点是什么？

5. 常用的氟利昂制冷管道和氨制冷管道的管材是什么？

6. 制冷管道设计应考虑的问题是什么？

7. 制冷管道的布置的基本原则是什么？

8. 氨制冷系统和氟利昂制冷系统的压缩机吸、排气管水平管段坡度有何不同？为什么？

9. 制冷剂管道阻力对制冷压缩机的吸、排气压力有什么影响？制冷系统吸、排气管的允许压力降是多少？

第 7 章

空调用制冷机组

目标要求：

① 了解制冷机组的结构、特点、工作流程；

② 掌握制冷机组的适用范围和选用方法；

③ 了解制冷机组的安装、使用方法。

制冷机组就是将制冷系统中的全部设备或部分设备配套组装在一起，成为一个整体，为用户提供所需要的冷量和用冷温度。制冷机组不但结构紧凑、占地面积小、使用灵活、管理方便，而且质量可靠、安装简便，能缩短施工周期，加快施工进度，自动化程度高。设备进场后，连接水管路、相应的电源和自动控制线路，即可投入调试和运行，在现代的大中型集中式或半集中式空调系统中普遍采用其作为冷源。

常用的制冷机组有压缩-冷凝机组，压缩式冷水机组和冷、热水机组，以及各种空气调节机组等。压缩-冷凝机组将压缩机、冷凝器等组装成一个整体，可为各种类型的蒸发器连续供应液态制冷剂。冷水机组就是利用水作为冷媒的制冷机组，它将压缩机、冷凝器、节流装置、蒸发器、辅助设备以及自动控制元件等组装成一个整体，专门为空调系统或其他工艺过程提供不同温度的冷水。空气调节机组是由制冷压缩机、冷凝器、节流装置、直接蒸发式空气冷却器以及通风机、空气过滤器等设备所组成的，向空调房间输送经过处理的空气。所有机组的型号、规格、性能参数均由制造厂商提供，用户可以直接从样本中选择。

对于空调工程来说，目前常用的是蒸气压缩式冷水机组和溴化锂吸收式冷水机组。本章主要介绍几种空调系统中常用的压缩式冷水机组，溴化锂吸收式冷水机组将在第 10 章介绍。

按照压缩机类型不同，冷水机组可分为活塞式、螺杆式、离心式和涡旋式冷水机组。在同一台机组中可以只有一台压缩机，也可有多台压缩机。机组中采用的冷凝器常为两种，一种是水冷的卧式壳管式冷凝器，另一种是风冷式冷凝器，因此冷水机组又可分为水冷式冷水机组和风冷式冷水机组。机组中常用的蒸发器常为卧式壳管式蒸发器，分为干式和满液式两种。在一些新型的制冷量较大的离心式或螺杆式冷水机组中，也常使用降膜式蒸发器。目前市场上用作建筑冷源的水冷式冷水机组最小制冷量约为 20kW，能满足 $300m^2$ 左右建筑的空调使用。最大的冷水机组的制冷量约为 9000kW，可作为约 $100000m^2$ 建筑的空调冷源。

7.1 活塞式冷水机组

7.1.1 特点

活塞式冷水机组是发展最早、技术最成熟的一种冷水机组，也是曾经应用最广泛的冷水机组。由于螺杆式制冷压缩机和涡旋式制冷压缩机技术的发展，活塞式冷水机组目前的应用范围已经大大缩小了。

活塞式冷水机组主要采用开启式或半封闭式的活塞式压缩机，单台或多台并联使用，压缩机的数量（根据机组制冷量配置）最多可达 8 台。制冷系统的回路有单制冷回路和双制冷回路两种形式。双制冷回路相互独立，当一组发生故障或保护停机时，另一组仍能继续运行，特别适合于要求机组可靠运行的使用场合。

活塞式冷水机组的容量调节有改变压缩机工作气缸数量和改变工作压缩机数量两种方式。两种方式组合使用，可以增加能量调节范围，使冷水机组对空调负荷变化的适应性更好。

活塞式冷水机组的制冷量范围为 $75\sim930\mathrm{kW}$，主要应用于中、小容量的空调制冷系统，其典型流程示意图如图 7-1 所示。

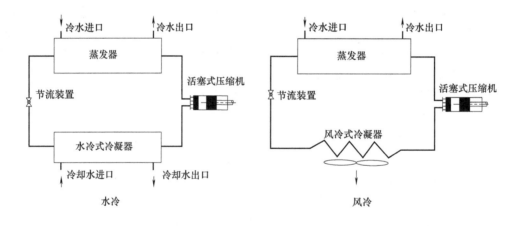

图 7-1 活塞式冷水机组典型流程示意图

7.1.2 结构

活塞式冷水机组除设有活塞式制冷压缩机、卧式壳管式冷凝器（或风冷式冷凝器）、节流装置和蒸发器四大部件外，还有干燥过滤器、视镜、电磁阀等辅助设备，以及高低压保护器、油压保护器、温度控制器、水流开关和安全阀等控制保护装置。其外形结构如图 7-2 所示，整个制冷装置安装在底架上。活塞式冷水机组中常用的制冷剂为 R22，也有用 R134a、R407C 等替代制冷工质的机型。

图 7-3 所示为开利公司生产的某一型号水冷活塞式冷水机组的实物照片。该机组采用多台半封闭式压缩机，可逐台启动，在部分负载运行时，节能效果显著。压缩机底部设有避震

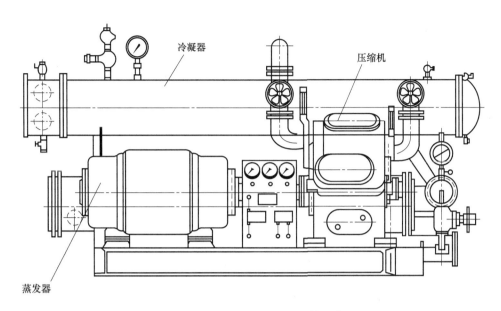

冷凝器

压缩机

蒸发器

图 7-2　活塞式冷水机组外形结构示意图

图 7-3　开利公司某型号水冷活塞式冷水机组实物照片

弹簧，使机组防震性能好。机组采用了具有内外翅片的高性能传热铜管，提高了热交换效率，减少了能量消耗。与机组连为一体的控制柜使机组安装更加简便，自控装置和安全保护联锁电路确保机组安全、可靠、经济运行。控制板上压缩机运行指示灯、各类故障指示灯及高、低压表，便于现场检查机组运行，并使维修更加方便。

7.1.3　性能及参数

　　表 7-1 为开利公司生产的某系列活塞式冷水机组的主要技术参数，其 30HK-065 型活塞式冷水机组外形尺寸如图 7-4 所示。

7.1.4　接线和接管

　　水冷式冷水机组典型接线和接管如图 7-5 所示，风冷式冷水机组的典型接线和接管如图 7-6 所示。

表 7-1 活塞式冷水机组的主要技术参数表（摘自某品牌产品样本）

机组型号		30HK-026	30HK-036	30HK-065	30HK-115	30HR-161	30HR-195	30HR-225	30HR-250	30HR-280
名义制冷量	kW	87	116	232	348	464	580	698	813	930
	10^4kcal/h	7.5	10	20	30	40	50	60	70	80
工质		R22	R22	R22	R22	R22	R22	R22	R22	R22
压缩机台数及型号①	第一回路	1台06E7	1台06E7	1台06E6	1台06EF	2台06E6	2台06EF	3台06EF	4台06EF	4台06EF
	第二回路			1台06E6	2台06E6	2台06EF	3台06EF	3台06EF	3台06EF	4台06EF
冷量调节范围/%		33/66/100	33/66/100	33/50/83/100	22/33/66/100	16/25/41/50 67/75/91/100	20/40/60 80/100	16/33/50 67/83/100	14/28/43 57/71/86/100	12/25/37/50 62/75/87/100
压缩机总加油量/L		9	9	18	27	36	45	54	63	72
电源		380V-3N~50Hz								
运行控制方式		全自动								
安全保护装置		高低压、冷水断水、冷水低温、油加热及排气高温控制								
额定工况下机组输入功率/kW		23	30	60	90	120	150	180	210	240
电动机冷却方式		氟利昂气体冷却								
重量	R22充注量/kg	14.9	23	37	63	78	110	126	126	136
	机组重量/kg	718	940	1400	1920	2770	3710	3930	4675	4995
	机组运行重量/kg	880	1000	1530	2154	3120	4175	4440	5260	5620
冷水	进水温度/℃	12	12	12	12	12	12	12	12	12
	出水温度/℃	7	7	7	7	7	7	7	7	7
	流量/(m³/h)	15	20	40	60	80	100	120	140	160
	压头损失/kPa	22	44	44	21	30	36	51	45	58
	污垢系数/(m²·℃/kW)	0.086	0.086	0.086	0.086	0.086	0.086	0.086	0.086	0.086
	进出口管径	ZG2″管牙(内)	ZG2″管牙(内)	Dg80法兰	Dg125法兰	Dg150法兰	Dg175法兰	Dg175法兰	Dg175法兰	Dg175法兰
冷却水	进水温度/℃	32	32	32	32	32	32	32	32	32
	出水温度/℃	37	37	37	37	37	37	37	37	37
	流量/(m³/h)	19	25	50	75	100	125	150	175	200
	压头损失/kPa	38	26	26	93	38	80	80	60	60
	污垢系数/(m²·℃/kW)	0.086	0.086	0.086	0.086	0.086	0.086	0.086	0.086	0.086
	进出口管径	ZG2″管牙(内)	ZG2″管牙(内)	Dg70法兰	Dg70法兰	Dg70法兰	Dg70法兰	Dg70法兰	Dg100法兰	Dg100法兰
外形尺寸/mm	长度	1800	2580	2470	3200	3125	4255	4255	4070	4070
	宽度	740	910	885	1020	940	912	912	1275	1275
	高度	1100	1205	1470	1630	1929	1956	1956	2000	2000

① 压缩机型号中 6 表示有一只卸载；7 表示有二只卸载；F 表示无卸载。

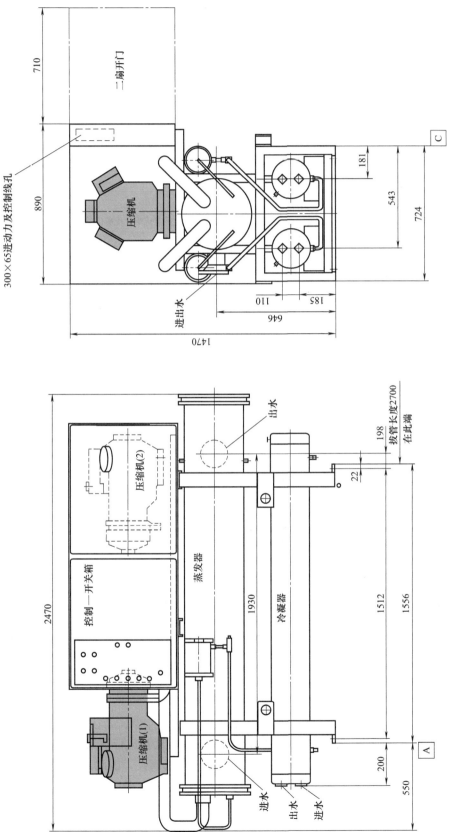

图 7-4　某品牌 30HK-065 型活塞式冷水机组外形尺寸图

146 | 制冷技术与工程应用 ◀◀◀

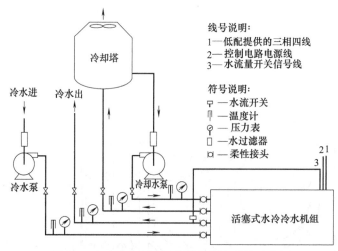

图 7-5 水冷式冷水机组典型接线和接管示意图

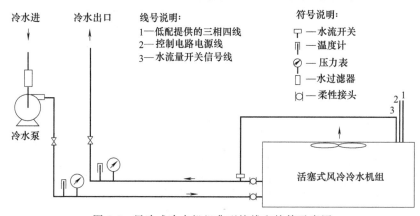

图 7-6 风冷式冷水机组典型接线和接管示意图

7.2 螺杆式冷水机组

7.2.1 特点

目前，螺杆式冷水机组在我国制冷空调领域内得到越来越广泛的应用，其典型制冷量范围为 240~1500kW，一般应用于高层建筑、宾馆、饭店、医院、科研院所等大、中型空调制冷系统中，尤其在中等左右的冷量场合具有较大优势。

螺杆式冷水机组的优点主要有：

① 与活塞式相比，制冷效率高，其结构简单、运动部件少、无往复运动的惯性力、转速高、运转平稳、振动小、不需要大的检修空间、安装调试及运行调节都比较方便。

② 单机制冷量较大，由于缸内无余隙容积和吸、排气阀片，因此具有较高的容积效率。

③ 易损件少，零部件仅为活塞式的十分之一，运行可靠，易于维修。

④ 对湿冲程不敏感，允许少量液滴入缸，无液击危险。

⑤ 能量调节方便，制冷量可通过滑阀进行无级调节。

螺杆式冷水机组的缺点主要有：

① 单机容量比离心式小；

② 润滑油系统比较庞大和复杂，耗油量较大；

③ 要求加工精度和装配精度高；

④ 部分负荷下的调节性能较差，特别是在 60％以下负荷运行时，性能系数 COP 急剧下降，只宜在 60％～100％负荷范围内运行。

7.2.2　结构

螺杆式冷水机组通常由螺杆式制冷压缩机与冷凝器、蒸发器及其他辅助设备配套组成，其外形结构如图 7-7 所示，实物照片如图 7-8 所示。螺杆式冷水机组按其压缩机结构的不同，有单螺杆和双螺杆之分，中央空调用螺杆式冷水机组主要采用双螺杆压缩机；按压缩

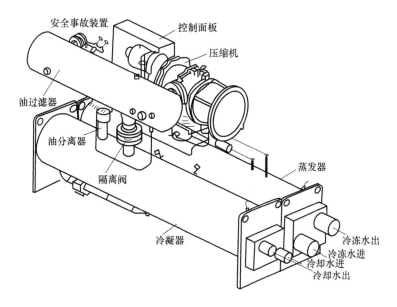

图 7-7　约克 YS 型螺杆式冷水机组外形结构示意图

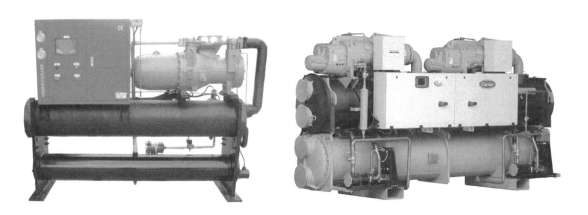

图 7-8　螺杆式冷水机组实物照片

的密封方式不同，有开启式、半封闭式和全封闭式；按制冷剂的不同，有 R717 和 R22、R134a 等，蒸发器分别采用满液式壳管式蒸发器和干式壳管式蒸发器；按冷凝器冷却介质的不同，有风冷式和水冷式之分。

7.2.3 性能及参数

螺杆式冷水机组的生产厂家比较多，表 7-2 为从某厂家产品样本中摘录的水冷螺杆式冷水机组主要技术参数及外形尺寸，某品牌 TWSD-FC2 型水冷螺杆式冷水机组外形尺寸图和参数见图 7-9 和表 7-3。表 7-4 为从某厂家产品样本中摘录的风冷螺杆式冷水机组主要技术参数。螺杆式冷水机组典型接线和接管同活塞式压缩机差别不大，如图 7-5 和图 7-6 所示。

表 7-2　水冷螺杆式冷水机组主要技术参数及外形尺寸（摘自某品牌产品样本）

型号 TWSD-FC2		100.1	140.1	160.1	190.1	220.1	250.1
制冷量	RT	101	142	159	192	222	251
	10^4 kcal/h	31	43	48	58	67	76
	kW	355	501	560	675	786	883
功率/kW		76	107	116	139	162	181
额定电流/A		126	171	197	232	259	296
最大启动电流/A		268	425	458	488	617	684
最大运行电流/A		168	233	267	306	351	403
电制		380V 3N～50Hz					
启动方式		Y-△					
能量控制		25％～100％四级调节					
压缩机	形式	半封闭双螺杆式压缩机					
	数量/个	1					
冷凝器	形式	壳管式冷凝器					
	数量/个	1					
	水管管径 DN/mm	100	125	125	125	150	150
	水流量/(m³/h)	76	108	120	145	168	190
	水压降/kPa	58	60	63	65	70	72
	水侧承压/MPa	1.0					
蒸发器	形式	干式蒸发器					
	数量/个	1					
	水管管径 DN/mm	100	125	125	125	150	150
	水流量/(m³/h)	61	86	96	116	135	152
	水压降/kPa	63	65	68	70	75	79
	水侧承压/MPa	1.0					
制冷剂	制冷剂型号	R22					
	工质系统数量/个	1					

续表

型号 TWSD-FC2		100.1	140.1	160.1	190.1	220.1	250.1
外形尺寸/mm	长	2971	2988	2988	3324	3324	3375
	宽	988	1057	1085	1052	1132	1132
	高	1809	1809	1855	1855	2117	2117
运输重量/kg		1945	2340	2490	3100	3500	3690
运行重量/kg		2100	2530	2690	3350	3780	3990

注：1. 机组名义制冷工况：冷冻水出水温度7℃，冷却水进水温度30℃。

2. 换热器水侧污垢系数均为0.086m²·℃/kW。

3. 允许电压波动±10%。

4. 如需要机组其他相关参数，请联系工厂。

5. 规格参数如因产品改良而更改，恕不另行通知。

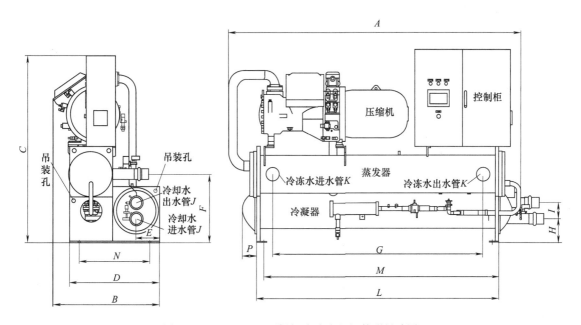

图7-9 TWFD-FC2型螺杆式冷水机组外形尺寸图

表7-3 TWFD-FC2型螺杆式冷水机组外形尺寸参数表

机组 TWSD-FC2 代号/mm	A	B	C	D	E	F	G	H	I	J (DN)	K (DN)	L	M	N	P
100.1	2971	988	1809	867	241	660	2150	216	200	100	100	2470	2330	667	150
140.1	2988	1057	1809	867	241	660	2150	216	200	125	125	2470	2330	667	150
160.1	2988	1085	1855	922	241	680	2150	216	200	125	125	2470	2330	722	150
190.1	3324	1052	1855	922	241	680	2300	216	200	125	125	2770	2630	722	150
220.1	3324	1132	2117	1032	266	817	2300	301	230	150	150	2770	2630	832	166
250.1	3375	1132	2117	1032	266	817	2300	301	230	150	150	2770	2630	832	166

表 7-4 风冷螺杆式冷水机组主要技术参数表(摘自某品牌产品样本)

			YGAS-090SA	YGAS-120SA	YGAS-150SA	YGAS-180SA	YGAS-210SA	YGAS-240SA	YGAS-270SA	YGAS-300SA	YGAS-450SA
机组	额定制冷量	kW	316.4	417.8	502.8	604.8	726.3	823.0	910.1	1005.6	1508.4
		TR	90.0	118.8	143.0	172.0	206.6	234.1	258.9	286.0	429.0
	额定功率/kW		105.8	131.4	168.1	208.5	242.9	259.5	304.2	336.2	504.4
	COP W/W		2.99	3.18	2.99	2.90	2.99	3.17	2.99	2.99	2.99
压缩机	类型		半封闭式螺杆压缩机								
	数量/个		1	1	1	2	2	2	2	2	3
	输入功率/kW		91.1	111.8	148.5	184.0	208.6	220.3	265.0	297.0	445.6
	容量调节范围/%		25%~100%	25%~100%	25%~100%	12.5%~100%	12.5%~100%	12.5%~100%	12.5%~100%	12.5%~100%	8.3%~100%
	冷媒回路/个		1	1	1	2	2	2	2	2	3
	制冷剂类型		HFC-134a								
空气侧换热器	类型		铜管串翅片式换热器(倒"M"形)								
	风机数量/个		6	8	8	10	14	16	16	16	24
	风机电动机功率/kW	系统1	2.45×6	2.45×8	2.45×8	2.45×5	2.45×6	2.45×8	2.45×8	2.45×8	2.45×8
		系统2	—	—	—	2.45×5	2.45×8	2.45×8	2.45×8	2.45×8	2.45×8
		系统3	—	—	—	—	—	—	—	—	2.45×8
	风机风量/(m³/h)	系统1	19000×6	19000×8	19000×8	19000×5	19000×6	19000×8	19000×8	19000×8	19000×8
		系统2	—	—	—	19000×5	19000×8	19000×8	19000×8	19000×8	19000×8
		系统3	—	—	—	—	—	—	—	—	19000×8
蒸发器	类型		满液式壳管式换热器								
	水流量/(L/s)		15.1	20.0	24.1	28.9	34.8	39.4	43.5	48.1	72.2
	水压降/kPa		62.4	30.8	28.7	58.6	65.3	67.1	64.7	61.4	61.4
	水管接口尺寸/mm		DN100	DN125	DN125	DN150	DN150	DN150	DN150	DN150	DN150/DN125
	外形尺寸/mm	长	3676	4676	5076	5938	8176	9200	9600	10000	15276
		宽	2240	2240	2240	2240	2240	2240	2240	2240	2240
		高	2456	2456	2456	2456	2456	2456	2456	2456	2456
运输重量/kg			4000	4700	5200	7000	8250	9050	9500	9950	15150
运行重量/kg			4150	4850	5400	7150	8400	9300	9750	10250	15650

注:标准运行工况,冷冻水进/出水温度为12/7℃,室外气温35℃。

7.3 离心式冷水机组

7.3.1 特点

离心式冷水机组适用于大、中型建筑物，如宾馆、剧院、医院、办公楼等舒适性空调制冷，以及纺织、化工、仪表、电子等工业所需的生产性空调制冷，也可为某些工业生产提供工艺用冷水。随着大型公共建筑、大面积空调厂房和机房的建立，离心式冷水机组得到广泛的应用和发展。

根据离心式压缩机的级数，目前使用的有单级压缩离心式冷水机组、两级压缩离心式冷水机组、三级压缩离心式冷水机组。

离心式冷水机组的优点主要有：

① 单机制冷量大，国内离心式冷水机组的制冷量在 $580\sim2800\text{kW}$。

② 单机容量大，结构紧凑、重量轻，相同容量下比活塞式轻 80% 以上，占地面积小。

③ 叶轮做旋转运动，运转平稳、振动小、噪声较低。

④ 制冷剂中不混有润滑油，蒸发器和冷凝器的传热性能好。

⑤ 调节方便，在 $15\%\sim100\%$ 的范围内能较经济地实现无级调节。当采用多级压缩时，可提高效率 $10\%\sim20\%$ 和改善低负荷时的喘振现象。

⑥ 没有气阀、填料、活塞环等易损件，工作比较可靠，操作方便。

离心式冷水机组的缺点主要有：

① 由于转速高，对材料强度、加工精度和制造质量要求严格。

② 单机制冷量不宜过小，工况范围比较狭窄，不宜采用较高的冷凝温度和过低的蒸发温度。

③ 变工况适应能力不强，当运行工况偏离设计工况时效率下降较快。

④ 在过高的冷凝温度和过低的负荷下，容易发生喘振现象。

离心式冷水机组是大、中型工程中应用得最多的机型，尤其是在单机制冷量 1000kW 以上时，设计时宜选用离心式机组，因为它具有比螺杆式更高的性能系数。离心式冷水机组适用于制冷量大于 1163kW 的大中型建筑物，如宾馆、剧院、博物馆、商场、高层建筑、写字楼等大、中型空调制冷系统。

7.3.2 结构

离心式冷水机组由主电动离心机组、满液式卧式壳管式蒸发器、水冷式卧式壳管式冷凝器、节流装置、压缩机入口能量调节机构、抽气回收装置、润滑油系统、安全保护装置、主电动机喷液蒸发冷却系统、油回收装置及微电脑控制系统等组成。其外形结构如图 7-10 所示，其实物照片如图 7-11 所示。

7.3.3 性能及参数

由于离心式压缩机的结构及工作特性，它的输气量一般希望不小于 $2500\text{m}^3/\text{h}$，单机

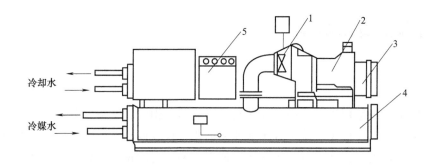

图 7-10 离心式冷水机组外形结构
1—离心式压缩机；2—电动机；3—冷凝器；4—蒸发器；5—仪表箱

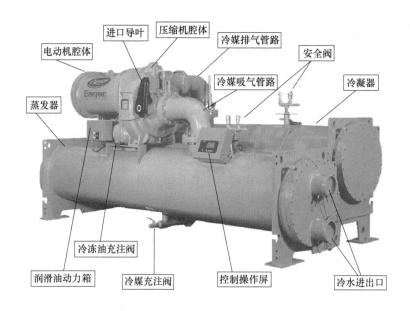

图 7-11 开利公司某型号离心式冷水机组实物照片

容量通常在 580kW 以上，目前世界上最大的离心式冷水机组的制冷量可达 35000kW。由于离心式冷水机组的工况范围比较窄，所以在单级离心式压缩机中，冷凝压力不宜过高，蒸发压力不宜过低。其冷凝温度一般控制在 40℃ 左右，冷却水进水温度一般要求不超过 32℃；蒸发温度一般控制在 0～10℃ 之间，一般多为 0～5℃，冷水出口温度一般为 5～7℃。

目前生产离心式冷水机组的国外厂家主要有美国的特灵公司、开利公司、麦克维尔公司、约克公司，日本的三菱重工、大金等，国内也有不少厂家生产离心式冷水机组。表 7-5 是从某厂家产品样本中摘录的某系列离心式冷水机组技术参数及外形尺寸。

离心式冷水机组中冷却水和冷冻水的连接情况详见厂家产品样本说明（表 7-6、图 7-12）。各水管中装设的仪表、控制开关和各种阀门，能正确显示和控制冷冻水和冷却水的温度及流量，保证制冷机组和水系统正常运行。

表7-5 离心式冷水机组技术参数（摘自某品牌产品样本）

型号	制冷量/t	输入功率/kW	耗电指标/(kW/t)	满载电流/A	启动电流/A	蒸发器		冷凝器		运输重量/kg	运行重量/kg
						水流量/(L/s)	水压降/kPa	水流量/(L/s)	水压降/kPa		
WDC079LAS29F/E3016/C3016	600	372.9	0.621	322	900	100.8	102.4	117.9	77.8	10200	11585
WDC079LAR35F/E3016/C3016	700	450.5	0.644	396	1008	117.6	135.1	138.7	103.2	10200	11585
WDC087LAU47F/E3016/C3016	800	510.7	0.638	439	1342	134.6	135.8	158.2	95.4	10484	11732
WDC087LAU49F/E3616/C3616	900	566.1	0.629	507	1554	151.2	131.4	177.6	82.1	12631	14627
WDC087MAU49F/E3616/C3616	1000	618.5	0.619	547	1570	168.2	159.2	196.8	98.1	12631	14627
WDC087MAU49F/E3616/C3616	1100	685.4	0.623	600	1593	185.0	159.5	217.2	96.6	13085	14964
WDC100MAZ59F/E3616/C3616	1200	757.4	0.631	641	1265	201.8	163.5	236.2	102.3	16264	18083
WDC100MAZ71F/E3616/C3616	1300	813.6	0.626	688	1993	218.5	188.6	256.0	91.9	16574	18208
WDC100MAZ71F/E3616/C3616	1400	878.2	0.627	742	2016	235.3	179.7	276.0	104.8	16636	18270
WDC100MAZ71F/E4216/C4216	1500	915.0	0.610	774	2030	252.0	118.2	294.2	67.6	20190	22414
WDC113MBE71F/E4216/C4216	1600	994.8	0.621	844	2060	268.8	132.8	315.2	89.3	19920	22310
WDC126LBH83F/E4216/C4216	1700	1086.0	0.639	917	2458	285.8	148.2	336.8	1C0.2	19920	22310
WDC126LBHN0F/E4216/C4216	1800	1162.4	0.646	1047	2524	302.6	164.2	357.2	111.0	19920	22310
WDC126MBHN0F/E4216/C4216	1900	1230.8	0.648	1099	2549	319.3	180.9	377.6	104.3	20190	22414
WDC126MBHN0F/E4216/C4216	2000	1297.8	0.649	1152	2573	336.2	198.4	397.6	114.1	20190	22414
WDC126MBHN0F/E4216/C4216	2100	1349.9	0.643	1194	2593	352.8	179.6	416.6	112.1	20464	22577
WDC126MBHN0F/E4216/C4216	2200	1417.1	0.644	1249	2620	369.8	195.4	437.3	111.2	20464	22465
WDC126MBHN2F/E4816/C4816	2300	1450.7	0.631	1297	3158	386.5	148.0	455.8	96.2	23703	26621
WDC126MBGN2F/E4816/C4816	2400	1567.8	0.654	1393	3913	403.2	159.7	478.2	104.5	23703	26621
WDC126MBGN2F/E4816/C4816	2500	1627.6	0.651	1444	3939	420.0	121.0	497.8	94.3	24425	27091
WDC126MBGN2F/E4820/C4820	2560	1635.7	0.639	1451	3943	430.8	157.2	507.6	111.5	29921	35243

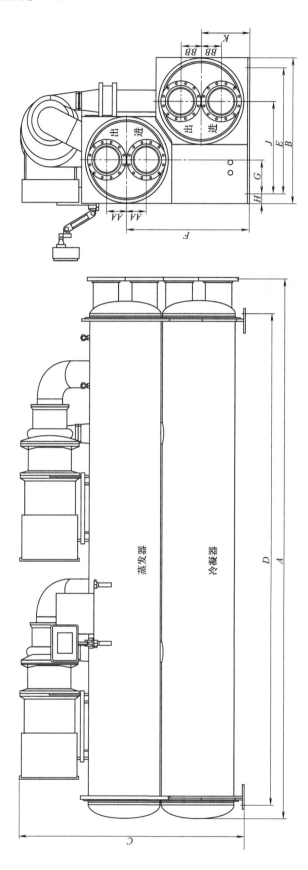

图 7-12 离心式冷水机组外形尺寸图

表 7-6 离心式冷水机组外形尺寸参数表

型号	制冷量 /t	外形尺寸 /mm						蒸发器接管定位尺寸 /mm				冷凝器接管定位尺寸 /mm			
		A	B	C	D	E	H	F	G	AA	口径 DN	J	K	BB	口径 DN
WDC079LAS29F/E3016/C3016	600	5586	1454	2421	4974	1250	102	1262	332	206	250	918	489	206	250
WDC079LAR35F/E3016/C3016	700	5586	1454	2421	4974	1250	102	1262	332	206	250	918	489	206	250
WDC087LAU47F/E3016/C3016	800	5586	1454	2421	4974	1250	102	1262	332	206	250	918	489	206	250
WDC087LAU49F/E3616/C3616	900	5586	1886	2698	4974	1682	102	1485	654	248	300	1275	565	248	300
WDC087MAU49F/E3616/C3616	1000	5586	1886	2698	4974	1682	102	1485	654	248	300	1275	565	248	300
WDC087MAU49F/E3616/C3616	1100	5586	1886	2698	4974	1682	102	1485	654	248	300	1275	565	248	300
WDC100MAZ59F/E3616/C3616	1200	5586	2420	2561	4974	2216	102	1184	408	248	300	1517	584	248	300
WDC100MAZ71F/E3616/C3616	1300	5586	2420	2561	4974	2216	102	1184	408	248	300	1517	584	248	300
WDC100MAZ71F/E3616/C3616	1400	5586	2420	2561	4974	2216	102	1184	408	248	300	1517	584	248	300
WDC100MAZ71F/E4216/C4216	1500	5578	2545	2736	4974	2341	102	1175	484	295	350	1656	654	295	400
WDC113MBE71F/E4216/C4216	1600	5578	2545	2736	4974	2341	102	1175	484	295	350	1656	654	295	400
WDC126LBH83F/E4216/C4216	1700	5578	2545	2736	4974	2341	102	1175	484	295	350	1656	654	295	400
WDC126LBHN0F/E4216/C4216	1800	5578	2545	2736	4974	2341	102	1175	484	295	350	1656	654	295	400
WDC126MBHN0F/E4216/C4216	1900	5578	2545	2736	4974	2341	102	1175	484	295	350	1656	654	295	400
WDC126MBHN0F/E4216/C4216	2000	5578	2545	2736	4974	2341	102	1175	484	295	350	1656	654	295	400
WDC126MBHN0F/E4216/C4216	2100	5578	2545	2736	4974	2341	102	1175	484	295	350	1655	654	295	400
WDC126MBHN0F/E4216/C4216	2200	5578	2545	2736	4974	2341	102	1175	484	295	350	1656	654	295	400
WDC126MBHN2F/E4816/C4816	2300	5712	2793	2923	4974	2589	102	1317	560	318	450	1904	718	318	450
WDC126MBGN2F/E4816/C4816	2400	5712	2793	2923	4974	2589	102	1317	560	318	450	1904	718	318	450
WDC125MBGN2F/E4816/C4816	2500	5712	2793	2923	4974	2589	102	1317	560	318	450	1904	718	318	450
WDC126MBGN2F/E4820/C4820	2560	6985	2648	2871	6198	2444	102	1317	560	318	450	1904	718	318	450

7.4 涡旋式冷水机组

涡旋式压缩机的单机制冷量较小，所以涡旋式冷水机组的容量不大，目前主要在小型中央空调系统中使用。涡旋式压缩机的变容量技术的发展，如数码涡旋技术、变频涡旋技术，为扩大涡旋机在冷水机组方面的应用创造了积极的条件。同时，由于涡旋压缩机本身具有高容积率、高能效和低噪声等优势，只要能解决增大排量问题，在冷水机组的应用上将具有很强的竞争力。

根据冷水机组冷凝器冷却方式的不同，涡旋式冷水机组分为水冷式和风冷式两类。水冷涡旋式冷水机组的冷凝器一般选择壳管式，并采用两个串联的结构形式。蒸发器可采用壳管式或不锈钢板式换热器。制冷设备全部置于以钢板制成的箱体内，所有箱体面板均可拆卸，维修十分方便。箱体经过防水设计，机组可以安装在室外。风冷涡旋式冷水机组的冷凝器一般由铜管串套铝翅片构成，装有液体过冷器，风机选用轴流式，且带保护罩。

涡旋式冷水机组通常都配置有完善的自动控制系统，如保护装置：对温度、压力实施有效的控制，对负荷过载、频繁启停、电源反相等具有保护作用，确保机组稳定运行；回水温度控制：对回水温度及水量进行监测，通过回水温度与设定值的比较，通过 PID 运算，启动或停止压缩机；控制系统：通常都配置有功能强大的微电脑控制装置，对出水温度、冷凝压力等进行控制，实现优化运行，确保获得最佳的性能系数（COP）。此外，还有延时保护，防止压缩机频繁启停；失电记忆功能，断电后恢复供电时自动启动；自动均衡压缩机的启停次数及运转时间；预留水泵控制接点等。

风冷涡旋式冷水机组结构组成如图 7-13 所示。图 7-14 和图 7-15 分别为风冷涡旋式冷水机组和水冷涡旋式冷水机组的实物照片。

表 7-7 是从某厂家产品样本中摘录的某系列水冷涡旋式冷水机组的技术参数。

图 7-13　约克风冷涡旋式冷水机组结构示意图

1—电控柜；2—控制柜；3—压缩机；4—蒸发器；5—储液器；6—冷凝器；7—风扇

图7-14 风冷涡旋式冷水机组实物照片

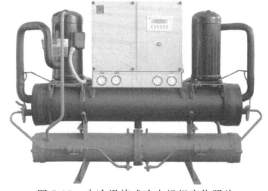

图7-15 水冷涡旋式冷水机组实物照片

表7-7 水冷涡旋式冷水机组技术参数（摘自某品牌产品样本）

型　号		WGZ020.2	WGZ020.2A	WGZ030.3	WGZ040.2	WGZ060.3
名义制冷量/kW		68	66	104	137	205
整机输入功率/kW		13.5	13.5	19.8	27.0	40.0
电源		380V/3N∼/50Hz				
压缩机		全封闭涡旋式				
启动方式		直接启动				
回路数/个		2	2		2	3
制冷剂控制		热力膨胀阀				
能量控制/%		0、50、100	0、50、100	0、33、67、100	0、50、100	0、33、67、100
蒸发器	形式	板式换热器	壳管式			
	数量/个		1			
	流量/(m³/h)	11.7	11.3	16.9	22.6	33.6
	水压降/kPa	12.5	30.0	35.0	25.0	57.0
	进出口管径/mm	Rc2″	DN50	DN80	DN100	DN100
冷凝器	形式	壳管式				
	数量/个		1			
	流量/(m³/h)	14.0	13.8	20.7	27.4	40.3
	水压降/kPa	20.6	12.5	15.0	28.0	63.0
	进出口管径/in	R1¼	Rc1¼	R2½	Rc3	Rc3
制冷剂	类型	R22				

注：以上名义制冷量的测试工况为：冷冻水进水温度12℃，冷冻水出水温度7℃；冷却水进水温度30℃，冷却水出水温度35℃。

7.5 模块化冷水机组

　　模块化冷水机组是近年来发展起来的一种新型冷水机组，它由多个模块单元组合而成，如图7-16所示。各模块的结构、性能完全相同，每个模块能提供一定的冷量，用户可根据实际所需冷量选用模块数量。各个模块单元可以各自独立运行并互为备用，一旦某一单元需停机维护，不会影响其他单元的正常运行，从而保证制冷机组连续供冷，且其可靠性高，无须备用机组。

　　制冷压缩机一般为全封闭或半封闭的活塞式、螺杆式和涡旋式制冷压缩机，以涡旋式居多。冷凝器和蒸发器采用高效板式换热器或高效壳管式换热器。各模块中的冷却水管和冷冻水管可通过特定的连接方式相互连接，电源可通过接插口连接。

　　模块化冷水机组安装方便、结构紧凑、使用灵活、占地面积小且外形美观，但目前价格较高。模块式冷水机组适用于制冷量适中且负荷变化较大的场所。

　　与普通型冷水机组相比，模块化冷水机组具有以下特点：

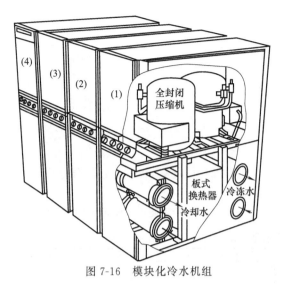

图 7-16 模块化冷水机组

① 结构紧凑、外形尺寸小、节省空间、安装简单。可在室内、走廊、甚至室外安装，特别适合于改建或有可能扩建的工程。

② 设计选用方便、组合灵活。由于每个模块都是一个或两个完全独立的制冷系统，所以很容易通过选用适当数量的模块单元来实现与设计总冷量的准确匹配。另外模块化冷水机组还可与常规机组组合运行，模块化机组用于部分负荷运行，常规机组用于满负荷运行，这样，不仅可延长常规机组的工作寿命，而且还可以在低负荷下保持高效率运行，降低总能耗。

③ 调节方便、智能化程度高。机组自动检测负荷的变化随时调整投入运行的模块数和制冷回路数，使机组始终在高效下运行，节约电力。

④ 运行可靠、维修保养简单。微电脑控制可使各个制冷回路按步进方式顺序运行，备用条件好，可以在运行中进行局部检修，因而提高了整个机组运行的可靠性。系统简单、寿命长，其维护保养费较普通型机组少 60% 左右。

⑤ 传热效果好。采用板式换热器，传热温差小、传热效率高，机组效率也得以提高，体积极大减小。

⑥ 对水质要求较高。因为冷凝器和蒸发器均为板式，如果水质不好，一旦结垢阻塞，就会影响冷凝器和蒸发器的传热，甚至会使电动机过载而烧毁。

⑦ 启动电流小。机组采用逐台顺序启动，启动对周围电网的冲击影响小，配电设备容量小。

⑧ 机组初投资费用大。先进的模块化冷水机组备有一套微机处理机，制冷机组的有关运行参数可以从液晶显示屏上显示出来。微机具有保护和监视的双重功能，它可以不断地监视蒸发器和冷凝器的进、出口水温和流量，并可根据温度对时间的变化率控制投入运行的模块数目，使机组的制冷量与实际需求制冷量相匹配。该机组同时可对全封闭式制冷压缩机的排气温度和压力、电动机过载和过热等进行监控。当系统发生故障时，它还可以将当时的运行参数和故障发生的日期和时间记录下来，并通过显示屏幕显示出来，或用打印机打印出来。对由多个模块组成的冷水机组，当某一个模块中的机组出现异常时，该模块中的制冷压缩机就会停止运行，自控系统将立即命令另一台机组启动补上。这种机电控制一体化的方式也是现代所有制冷机组的发展方向。

思考与练习

1. 活塞式冷水机组的特点是什么？主要应用在什么场合？
2. 水冷式和风冷式冷水机组的典型接线和接管分别是怎样的？
3. 螺杆式冷水机组的特点是什么？主要应用在什么场合？
4. 螺杆式冷水机组的工作流程是怎样的？其性能参数有哪些？
5. 离心式冷水机组的特点是什么？主要应用在什么场合？
6. 离心式冷水机组的工作流程是怎样的？其性能参数有哪些？
7. 模块化冷水机组有什么特点？

第 8 章

水系统

目标要求:

① 了解水系统的类型、特点;

② 掌握水系统的作用、基本组成;

③ 掌握水系统的常用设备及选型方法;

④ 掌握水系统的基本设计流程。

集中的制冷站对空调用户供应冷量时,常以水作为传递冷量的介质,通过泵和管道将制冷系统产生的冷量输送给空调用户。使用后的回水又经过管道(泵)返回蒸发器中,如此循环,构成一个冷冻水系统。如图 8-1 所示,夏季时空调房间的温度维持在 24℃,

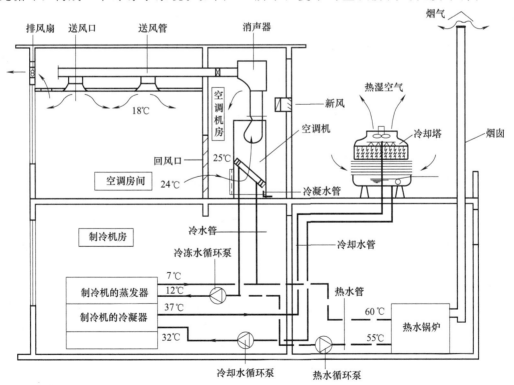

图 8-1　集中式空调系统示意图

是通过不断地送入 18℃ 的冷风到室内来实现的。而 18℃ 的冷风是在空调机房中利用空调机组集中处理出来的，这个过程中需要用到 7℃ 的冷冻水来对空气进行冷却。制冷机房中制冷机组的任务就是不断生产 7℃ 的冷冻水并提供给空调机组，由此形成冷冻水系统。此外，对于水冷式的制冷机需要利用冷却水将制冷机吸取的热量散发出去，为了让冷却水得以循环使用，节约用水，减少空调设备的运行费用，还离不开包含冷却塔等设备在内的冷却水系统。本章着重介绍冷冻水系统和冷却水系统的组成和相关设备，以及基本设计方法。

8.1 冷却水系统

根据供水方式不同，冷却水系统可分为直流供水系统和循环供水系统。直流供水系统是直接利用自来水、地下水、湖泊、江河或水库中的水，用泵输送到相关设备中吸收热量。直流供水系统使用效果好，但耗水量大。《民用建筑供暖通风与空气调节设计规范》中明确指出，由于节水和节能要求，除采用地表水作为冷却水的方式外，冷却水系统不允许直流。

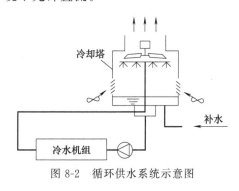

图 8-2 循环供水系统示意图

循环供水系统如图 8-2 所示。从冷水机组冷凝器送出的冷却水，经水泵加压送至冷却塔，经布水器将水喷洒下来，与空气接触进行热湿交换，温度降低。冷却后的水进入冷却塔底部的水槽，通过连接管道及循环水泵抽回冷水机组冷凝器，完成循环。城市的水资源缺乏，而冷却水的用量比较大，因而目前民用建筑集中式空调中，大量采用循环冷却水系统。

由于冷却水量非常大，应充分考虑节约能量和水资源，降低冷水机组运行费用。按照《民用建筑供暖通风与空气调节设计规范》第 8.6.1 条的规定，空调系统的冷却水应循环使用，技术经济比较合理且条件具备时，可利用冷却塔作为冷源设备使用。

8.1.1 冷却水系统相关设备及附件

循环冷却水系统主要由冷却塔、冷却水泵、水处理设备和冷水机组冷凝器等设备及管道组成，其常规工作流程如图 8-3 所示。冷却水在冷水机组的冷凝器里面吸收制冷剂放热的热量，温度升高（一般为 37℃），在冷却水泵提供的动力下进入冷却塔，在冷却塔中水的温度被降低（一般降为 32℃），然后再回到冷水机组冷凝器继续吸收热量，如此不断循环。

(1) 冷却塔

冷却塔是冷却水系统的重要设备（图 8-4），在塔中空气与冷却水交换热量使冷却水降温，从而可以循环使用。因此，冷却塔的性能对整个系统的正常运行有着重要的影响。

目前，工程上常见的冷却塔有逆流式、横流式、喷射式和蒸发式 4 种类型。

① 逆流式冷却塔：它的构造如图 8-5 所示。在风机的作用下，空气从塔下部进入，顶

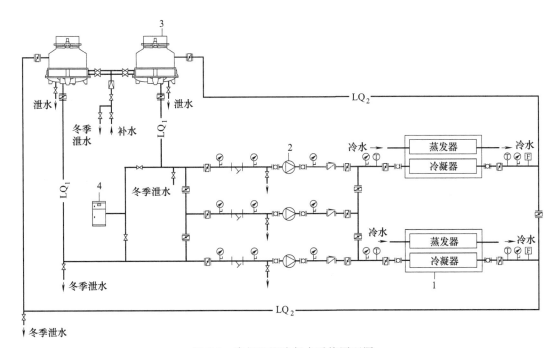

图 8-3　常规空调冷却水系统原理图
1—冷水机组；2—冷却水循环泵；3—冷却塔；4—自动水处理装置

图 8-4　冷却塔实物照片

部排出。空气与水在冷却塔内竖直方向逆向而行，热交换效率高。当处理水量在 100t/h（单台）以上时，宜采用逆流式冷却塔。从外形上来看，逆流式冷却塔一般有圆形和矩形两种。根据结构不同，可分为通用型、节能低噪声型和节能超低噪声型。按照集水池（盘）的深度不同有普通型和集水型。

②横流式冷却塔：横流式冷却塔工作原理与逆流式相同，其构造如图 8-6 所示。空气从水平方向横向穿过填料层，然后从冷却塔顶部排出，水从上至下穿过填料层，空气与水的流向垂直，热交换效率不如逆流式。横流塔气流阻力较小，布水设备维修方便，冷却水阻力不大于 0.05MPa。根据水量大小，设置多组风机。塔体的高度低，配水比较均匀。相对来说，噪声较低。当处理水量在 100t/h（单台）以下时，采用横流式冷却塔较为合适。

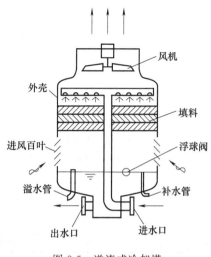

图 8-5 逆流式冷却塔

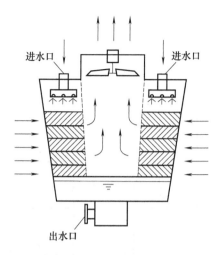

图 8-6 横流式冷却塔

③ 喷射式冷却塔：它的工作原理与前面两种不同，不用风机而利用循环泵提供的扬程，让水以较高的速度通过喷水口射出，从而引射一定量的空气进入塔内与雾化的水进行热交换，使水得到冷却。其构造如图 8-7 所示。由于没有风机等运转设备，与其他类型的冷却塔相比，喷射式冷却塔可靠性高、稳定性好、噪声低，但设备尺寸偏大，造价相对较高。同时，由于射流流速的要求，它需要较高的进塔水压。

④ 蒸发式冷却塔：也称闭式冷却塔，类似于蒸发式冷凝器，它的结构如图 8-8 所示。当冷却水进入冷却塔中的盘管后，循环管道泵同时运行抽取集水池的水，经布水口均匀地喷淋在冷却盘管表面，室外空气在冷却风机作用下送至塔内，使盘管表面的部分水蒸发而带走热量。空气温度较低时，本身也可以和盘管进行热交换而带走部分盘管的热量，从而使盘管内的冷却水得到冷却。蒸发式冷却塔中，冷却水系统是全封闭系统，不与大气相接触，不易被污染。在室外气温较低时，制备好的冷却水可作为冷水使用，直接送入空调系统中的末端设备，以减少冷水机组的运行时间。在低湿球温度地区的过渡季节里，可利用它制备的冷却

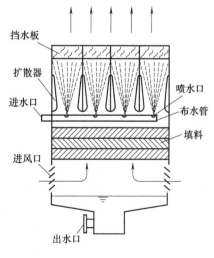

图 8-7 喷射式冷却塔

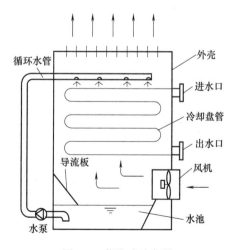

图 8-8 蒸发式冷却塔

水向空调系统供冷，收到节能的效果。

(2) 冷却水循环水泵

目前在集中式空调系统中使用的冷却水循环水泵主要是单级单吸离心水泵，它能提供的流量范围为 4.5～400m³/h，扬程范围为 8～1500m。按轴的位置不同，离心水泵可分为卧式和立式两大类，立式占地面积比卧式要小。

水泵的性能参数主要包括流量、扬程、转速、轴功率、汽蚀余量等，表 8-1 中列出了某公司生产的 RK 型单级单吸空调循环泵的部分型号及其型号参数，可供系统设计时进行选择。

表 8-1 RK 型水泵产品标准性能表

泵型号	流量/(m³/h)	扬程/m	转速/(r/min)	效率/%	轴功率/kW	电动机功率/kW	必需汽蚀余量/m	泵口径进/出/mm	泵整机重量/kg
80RK32-12.5	25	13	1450	60	1.5	3	3.4	80/65	232
	32	12.5		65	1.6				
	55	10		64	2.3				
80RK32-16	25	16.5	1450	57	2.0	3	3.4		252
	32	16		62	2.3				
	50	14		67	2.9				
80RK32-25	25	25.5	1450	56	3.1	5.5	3.4		332
	32	25		62	3.52				
	72	21		77	5.4				
80RK50-16	40	16.5	1450	61.5	2.9	4	3.5		258
	50	16		68	3.2				
	60	15.3		69	3.6				
80RK50-25	40	25.5	1450	56.5	4.9	7.5	3.5		345
	50	25		63	5.4				
	60	24.3		64	6.2				
100RK80-16	63	17.6	1450	71	4.3	7.5	3.6	100/80	419
	80	16		73	4.8				
	97	14.2		69	5.5				
100RK80-20	64	21.6	1450	67	5.6	7.5	3.7		427
	80	20		72	6.1				
	96	18.4		72	6.7				
100RK80-25	64	25.6	1450	64.8	6.9	11	3.7		482
	80	25		72	7.8				
	96	23.8		70.8	8.8				
100RK80-32	64	33.3	1450	61	9.5	15	3.8		600
	80	32		67	10.4				
	100	28.8		65	12.1				

续表

泵型号	流量 /(m³/h)	扬程 /m	转速 /(r/min)	效率 /%	轴功率 /kW	电动机功率 /kW	必需汽蚀余量 /m	泵口径进/出 /mm	泵整机重量 /kg
125RK120-16	95.8	17	1450	70	6.3	7.5	3.8	125/100	490
	120	16		77	6.8				
	144	13.6		74	7.2				
125RK120-20	96	21.7	1450	72.3	7.8	11	3.8		509
	120	20		75	8.7				
	169	16.2		71.6	10.4				
125RK120-25	80	28	1450	69.5	8.8	15	3.8		558
	120	25		74	11.1				
	144	23.3		74.8	12.3				
125RK120-32	96	32.5	1450	69.5	12.2	18.5	3.9		567
	120	32		73.5	14.6				
	144	30		74	15.9				
150RK180-20	144	21.1	1450	73.5	11.3	15	4.0	150/125	623
	180	20		78	12.6				
	216	17.8		79.4	13.2				
150RK180-25	144	27.4	1450	72.5	14.8	22	4.0		671
	180	25		77	16.1				
	216	22.4		76.6	17.2				
150RK180-32	144	33	1450	69	18.8	30	4.0		800
	180	32		76	20.6				
	258	28		77	25.6				
150RK180-40	144	41	1450	69	23.3	30	4.0		826
	180	40		74	26.5				
	250	33		78	28.8				
200RK280-25	224	27.2	1450	77.6	21.4	30	4.2	200/150	906
	280	25		81	24.2				
	336	22.4		77	26.6				
200RK280-32	224	34.5	1450	78.2	26.9	37	4.2		926
	280	32		80	30.5				
	336	28.9		78.5	33.7				
200RK280-40	224	42	1450	75.8	33.8	55	4.4		1148
	280	40		79	38.6				
	360	35.2		77.3	44.6				
200RK280-50	224	52.6	1450	74.4	43.1	75	4.4		1309
	280	50		77	49.5				
	400	42.3		74.2	62.1				

续表

泵型号	流量 /(m³/h)	扬程 /m	转速 /(r/min)	效率 /%	轴功率 /kW	电动机 功率 /kW	必需汽蚀 余量 /m	泵口径 进/出 /mm	泵整机 重量 /kg
200RK400-32	320	34.5	1450	76	39.6	55	5.0	200/150	1226
	400	32		82	42.5				
	480	27.3		79.3	45				
200RK400-40	320	41	1450	76	47.0	75	5.0		1413
	400	40		81	53.8				
	480	33.5		75	58.4				
200RK400-50	320	51.7	1450	74	60.8	90	5.0		1520
	400	50		80	68.1				
	480	46.2		79	76.4				

(3) 水处理设备

在集中式空调系统中，要使用大量的循环水，如冷却水、冷媒水和热媒水等。这些水的水质必须符合一定的水质标准，否则，不合格的水会给系统带来结垢、腐蚀、污泥和藻类等问题，严重影响系统的使用效果，降低设备的能力。

冷却水对水质的要求幅度较宽。水中有机物和无机物，不一定要求完全去除，但应控制数量，同时要防止微生物的生长，以避免冷凝器及管道系统的积垢和堵塞。冷却水的水质指标，目前尚无完整资料，主要应从冷却水对设备的腐蚀、积垢、堵塞以及设备清洗难易等情况考虑。

目前常用的水处理设备是电子水处理仪，它是通过高频电磁场技术对水进行处理，使原缔合链状大分子断裂成单个水分子，水中溶解盐的正负离子（垢分子）被单个水分子包围，同时由于水分子偶极增大，极性增强，使它与盐类正负离子吸引力加强，从而使管壁上的老垢脱落，并且不再结垢，因而同时具有防垢、除垢效果。溶解在水中的氧分子经高频电磁场处理后成为惰性氧，抑制铁锈的生成，使红锈还原成黑锈。高频电磁场具有的极强杀菌力切断了微生物进行生命反应所需的氧的来源，达到了防腐、杀菌、灭藻的功能。电子水处理仪应装在水系统的主干水管上，安装时应设旁通阀。电子水处理仪外形如图 8-9 所示，表 8-2 中列出了它的基本性能参数，可供设计时选用。

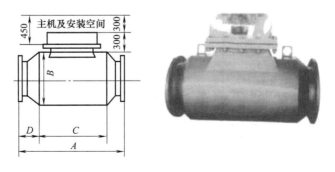

图 8-9　电子水处理仪

表 8-2　YTD 系列电子水处理仪性能参数表

型号	公称直径 /mm	流量 /(t/h)	输入功率 /W	A /mm	B /mm	C /mm	D /mm	重量 /kg
YTD-25F	25	4.9	25	600	159	360	120	35
YTD-32F	32	8	25	600	159	360	120	35
YTD-40F	40	12	25	600	159	360	120	35
YTD-50F	50	19	25	600	159	360	120	35
YTD-65F	65	28	25	600	159	360	120	50
YTD-80F	80	50	50	750	219	510	120	50
YTD-100F	100	80	50	750	219	510	120	50
YTD-125F	125	125	70	750	275	510	120	60
YTD-150F	150	180	70	830	325	570	130	60
YTD-200F	200	320	80	900	377	600	150	80
YTD-250F	250	490	120	950	426	650	150	90
YTD-300F	300	710	210	1000	478	700	150	120
YTD-350F	350	1000	250	1100	530	780	160	130
YTD-400F	400	1400	330	1150	600	830	160	150
YTD-450F	450	1600	410	1240	650	900	170	200
YTD-500F	500	1970	500	1330	700	930	210	260

(4) 过滤器

为防止水管系统阻塞和保证各类设备及阀件的正常功能，在管路中应安装过滤器（也称除污器），用以清除和过滤水中的杂物和粘混水垢。过滤器应安装在用户入口供水总管、热源（冷源）、用热（冷）设备、水泵、调节阀等入口处，用于阻留杂物和污垢，防止堵塞管道与设备。

水过滤器的类型很多，由于 Y 形过滤器的结构紧凑、外形尺寸小、安装清洗方便，所以在空调水系统中应用十分广泛。图 8-10 是 Y 形过滤器的结构示意图，它是利用过滤网阻留杂物和污垢。过滤网为不锈钢金属网，过滤面积约为进口管面积的 2～4 倍。Y 形过滤器有螺纹连接和法兰连接两种，小口径过滤器为螺纹连接。Y 形过滤器有多种规格（$DN15$～450mm）。使用时应定期将过滤网卸下清洗。Y 形过滤器只能安装在水平管道中，介质的流动方向必须与外壳上标明的箭头方向相一致。

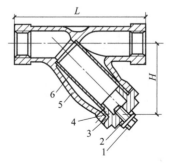

图 8-10　Y 形过滤器结构示意图

1—螺栓；2,3—垫片；4—封盖；5—阀体；6—网片

(5) 压力表和温度计

分水器和集水器一般应安装压力表和温度计，并进行保温。压力表应设置在分水器、集水器、冷水机组的进出水管、水泵进出口及分水器和集水器各分路阀门以外的管道上。温度计应设置在冷水机组和热交换器的进出水管、分水器和集水器各支路阀门后、空调机组和新风机组供回水支管上。

(6) 阀门

阀门是重要的管道附件，其作用是接通、切断和调节水或其他流体的流量。空调水系统中常用的阀门形式有截止阀、闸阀、蝶阀、止回阀、调节阀、安全阀等。

止回阀是装于冷冻水水泵或冷却水水泵出口的一种单向阀，其目的是防止水泵停机后水倒流使水泵损坏。在并联水泵系统中，当只有部分水泵运行时，它也可以防止运行泵中的水逆流，对于开式水系统还要防止水锤。止回阀有很多种，常用的有对开式。

在主机的供回水管、水泵的供回水管及分水器、集水器的各分支管上均要安装蝶阀或电动蝶阀，也可安装闸阀，它们主要起开关的作用。由于闸阀所占的安装位置大，故目前多用蝶阀。

(7) 管材

空调水系统中，常用的管材有焊接钢管、无缝钢管、镀锌钢管及 PVC 塑料管等几种。空调冷、热水管一般采用焊接钢管和无缝钢管，当公称直径 $DN<50$mm 时，采用普通焊接钢管；$DN \geqslant 50$mm 时，采用无缝钢管；$DN \geqslant 250$mm 时，采用螺旋焊缝电焊钢管。管道在使用之前，应进行除锈及刷防锈漆处理。空调水系统中常用的无缝钢管规格见表 8-3。

表 8-3 空调水系统中常用的无缝钢管规格表（YB231—70）

公称直径/mm	外径/mm	壁厚/mm	重量/(kg/m)
10	14	3.0	0.814
15	18	3.0	1.11
20	25	3.0	1.63
25	32	3.5	2.46
32	38	3.5	2.98
40	45	3.5	3.58
50	57	3.5	4.62
65	76	4.0	7.10
80	89	4.0	8.38
100	108	4.0	10.26
125	133	4.0	12.73
150	159	4.5	17.15
200	219	6.0	31.54
250	273	7.0	45.92
300	325	8.0	62.54
400	426	9.0	92.55
500	530	9.0	105.50

8.1.2 冷却水系统设计

空调水系统设计的步骤通常有以下几种：

① 确定系统形式；

② 管路布置；

③ 进行水力计算，确定管径，计算得出最不利环路阻力损失；

④ 选择水泵、阀门、附件等；

⑤ 确定水系统控制方式。

水冷式冷水机组冷凝器中制冷剂的凝结散热是靠冷却水带走，以维持冷水机组在设定的冷凝压力下运行，所以冷却水系统的合理设计是保证冷水机组长期高效运行的基本条件。

(1) 设计原则

《民用建筑供暖通风与空气调节设计规范》第 8.6.3 条规定：空调系统的冷却水水温应符合下列规定：

① 冷水机组的冷却水进口温度宜按照机组额定工况下的要求确定，且不宜高于 33℃。

② 冷却水进口最低温度应按制冷机组的要求确定，电动压缩式冷水机组不宜小于 15.5℃，溴化锂吸收式冷水机组不宜小于 24℃；全年运行的冷却水系统，宜对冷却水的供水温度采取调节措施。

③ 冷却水进出口温差应根据冷水机组设定参数和冷却塔性能确定，电动压缩式冷水机组不宜小于 5℃，溴化锂吸收式冷水机组宜为 5～7℃。

《民用建筑供暖通风与空气调节设计规范》第 8.6.4 条规定：冷却水系统设计时应符合下列规定：

① 应设置保证冷却水系统水质的水处理措施。

② 水泵或冷水机组的入口管道上应设置过滤器或除污器。

③ 采用水冷壳管式冷凝器的冷水机组，宜设置自动在线清洗装置。

④ 当开式冷却水系统不能满足制冷设备的水质要求时，应采用闭式循环系统。

《民用建筑供暖通风与空气调节设计规范》第 8.6.5 条规定：集中设置的冷水机组与冷却水泵，台数和流量均应对应；分散设置的水冷整体式空调器或小型户式冷水机组，可以合用冷却水系统；冷却水泵的扬程应能满足冷却塔的进水压力要求。

《民用建筑供暖通风与空气调节设计规范》第 8.6.6 条规定：冷却塔的选用和设置应符合下列规定：

① 在夏季空调室外计算湿球温度条件下，冷却塔的出口水温、进出口水温降和循环水量应满足冷水机组的要求。

② 对进口水压有要求的冷却塔的台数，应与冷却水泵台数相对应。

③ 供暖室外计算温度在 0℃ 以下的地区，冬季运行的冷却塔应采取防冻措施，冬季不运行的冷却塔及其室外管道应能泄空。

④ 冷却塔设置位置应通风良好，远离高温或有害气体，并应避免飘水对周围环境的影响。

⑤ 冷却塔的噪声控制应符合本规范第 10 章的有关要求。

⑥ 应采用阻燃型材料制作的冷却塔，并符合防火要求。

⑦ 对于双工况制冷机组，若机组在两种工况下对于冷却水温的参数要求有所不同时，应分别进行两种工况下冷却塔热工性能的复核计算。

《民用建筑供暖通风与空气调节设计规范》第 8.6.7 条规定：间歇运行的开式冷却塔的集水盘或下部设置的集水箱，其有效存水容积，应大于湿润冷却塔填料等部件所需水量，以及停泵时靠重力流入的管道内的水容量。

《民用建筑供暖通风与空气调节设计规范》第 8.6.8 条规定：当设置冷却水集水箱且必须设置在室内时，集水箱宜设置在冷却塔的下一层，且冷却塔布水器与集水箱设计水位之间的高差不应超过 8m。

《民用建筑供暖通风与空气调节设计规范》第 8.6.9 条规定：冷水机组、冷却水泵、冷却塔或集水箱之间的位置和连接应符合下列规定：

① 冷却水泵应自灌吸水，冷却塔集水盘或集水箱最低水位与冷却水泵吸水口的高差应大于管道、管件、设备的阻力。

② 多台冷水机组和冷却水泵之间通过共用集管连接时，每台冷水机组进水或出水管道上应设置与对应的冷水机组和水泵联锁开关的电动二通阀。

③ 多台冷却水泵或冷水机组与冷却塔之间通过共用集管连接时，在每台冷却塔进水管上宜设置与对应水泵联锁开闭的电动阀；对进口水压有要求的冷却塔，应设置与对应水泵联锁开闭的电动阀。当每台冷却塔进水管上设置电动阀时，除设置集水箱或冷却塔底部为共用集水盘的情况下，每台冷却塔的出水管上也应设置与冷却水泵联锁开闭的电动阀。

《民用建筑供暖通风与空气调节设计规范》第 8.6.10 条规定：当多台冷却塔与冷却水泵或冷水机组之间通过共用集管连接时，应使各台冷却塔并联环路的压力损失大致相同。当采用开式冷却塔时，底盘之间宜设平衡管，或在各台冷却塔底部设置共用集水盘。

《民用建筑供暖通风与空气调节设计规范》第 8.6.11 条规定：开式冷却塔补水量应按系统的蒸发损失、飘逸损失、排污泄漏损失之和计算。不设集水箱的系统，应在冷却塔底盘处补水；设置集水箱的系统，应在集水箱处补水。

(2) 冷却塔的选择与布置

冷却塔选型须根据建筑物功能、周围环境条件、场地限制与平面布局等诸多因素综合考虑。对于冷却塔形式和规格的选用还要考虑当地气象条件、冷却水量、冷却塔进出水温、水质以及噪声、散热、水雾对周边环境的影响，最后经过技术经济比较确定。在选择时特别要注意：由于冷却塔的性能主要取决于室外空气的湿球温度，因此冷却塔产品的名义参数都是在规定的空气湿球温度下的数据，如果设计参数与规定的湿球温度不符，则要全面查看冷却塔产品的技术资料，一般生产厂家的产品技术资料中都附有冷却塔的性能曲线或变工况产品性能表，方便设计者根据实际设计条件对冷却塔性能参数进行修正。因为对于既定的冷却塔，温差越大，处理的冷却水量越小，所以选择冷却塔时还要注意冷水机组的工作条件要求的冷却水进、出口温差是否与冷却塔的性能参数一致，不一致也要进行修正。

当多台冷水机组并联运行时，通常采用冷却塔与冷水机组一一对应的运行方式来选择冷却塔的台数，不设置备用冷却塔。当采用多台冷却塔时，冷却塔宜采用相同的型号。也就是说冷却塔台数与所选用冷水机组台数一致，只要每台冷却塔的冷却水流量、进出口温差满足对应冷水机组的要求即可，一般按照冷水机组需要的冷却水量，放大 10%～20% 作为安全余量选择冷却塔。当然也要避免所选冷却塔的容量太大，因为太大的话一方面会引起冷水机组运行工况的变化，另一方面会导致冷却水泵和冷却塔风机能耗的大幅度增加。在众多的冷却塔产品中，采用电动式冷水机组作为冷源的空调冷却水系统宜选用普通、逆流式冷却塔（进出口温差5℃）。当处理水量在 300m³/h 以上时，宜选用多风机方形冷却塔，便于实现多风机控制。鉴于空调用冷却塔的安置场所一般远离污染区，所以一般选用开式冷却塔。在遵循相关规定、原则的基础上，考核各种冷却塔产品的性能，结合所选择的冷水机组台数、冷却水流量和温差要求，选择出适宜的冷却塔形式、型号和台数。

冷却塔的设置除满足相关规范要求外，还应遵循以下原则：

① 为节约占地面积和减少冷却塔对周围环境的影响，通常应将冷却塔布置在裙楼或主楼的屋顶上，冷水机组与冷却水泵布置在地下室或室内机房。

② 为保证冷却塔好的传热传质条件，冷却塔应设置在空气流通、进出口无障碍的场所。有时为了建筑外观而需设围挡时，也必须保持足够的进风面积（入口净风速应小于 2m/s）。

③ 冷却塔的布置在考虑与建筑协调的情况下，充分考虑噪声及飘水对周围环境的影响，如紧挨住宅和对噪声要求较严的地方，应考虑消声和隔声措施。

④ 布置冷却塔时，应注意防止进风和排风之间形成短路的可能性，同时应避免多个塔之间相互干扰。

⑤ 冷却塔宜单排布置，当必须多排布置时，长轴位于同一直线上的相邻塔排净距离不小于 4m，长轴不在同一直线上、相互平行布置的塔排之间的净距离不小于塔的进风口高度的 4 倍。每排的长度与宽度之比不宜大于 5：1。

⑥ 冷却塔进风口侧与相邻建筑的净距离不应小于冷却塔进风口高度的 2 倍，周围进风的冷却塔之间的净距离不应小于冷却塔进风口高度的 4 倍，才能使进风口区沿高度风速分布均匀和确保必需的进风量。

⑦ 冷却塔周边与塔顶应留有检修通道和管道安装位置，通道净宽不宜小于 1m。

⑧ 冷却塔不应布置在热源、废气和油烟排放口附近。

⑨ 冷却塔设置在屋顶或裙楼房顶上时，应校核结构承压强度，并应设置在专用基础上，不得直接设置在屋面上。

(3) 冷却水管路设计

冷却水管路设计是在冷水机组、冷却塔、冷却水泵等设备的位置确定的情况下，进一步确定设备之间的连接方式和管道附件，确定各管段长度。至于冷却水管直径，一般即取冷水机组或冷却塔的配管直径，在此基础上按照空调水系统设计方法确定冷却水管阻力，为冷却水泵的选择提供依据。

1) 管径和管内流速的确定

空调水系统水管管径 d 可由下式确定：

$$d = \sqrt{\frac{4L}{3.14v}} \tag{8-1}$$

式中　L——水流量，m^3/s；

　　　v——水流速，m/s。

进行水力计算时，无论是局部阻力还是沿程阻力，都与水流速度有关。流速过小，尽管水阻力过小，对运行及控制较为有利，但在水流量一定时，其管径将要加大，既带来投资（管道及保温等）的增加，又占用了较大的空间；流速过大，则水流阻力加大，运行能耗增加。当流速超过 3m/s 时，还将对管件内部产生严重的冲刷腐蚀，影响使用寿命。因此，必须合理地选用管内流速。水系统中管内水流速可以按表 8-4～表 8-6 中的推荐值选用，经试算来确定其管径，或者也可以按表 8-7 根据流量确定管径。

表 8-4 不同管段管内水流速推荐值 m/s

管段	水泵吸水管	水泵出水管	一般供水干管	室内供水立管	集管(分水器和集水器)
流速	1.2~2.1	2.4~3.6	1.5~3.0	0.9~3.0	1.2~4.5

注：室内要求安静时，宜取下限；直径大的管道，宜取上限。

表 8-5 水管流速表 m/s

管径/mm	<32	32~70	70~100	125~250	250~400	>400
冷水	0.5~0.8	0.6~0.9	0.8~1.2	1.0~1.5	1.4~2.0	1.8~2.5
冷却水			1.0~1.2	1.2~1.6	1.5~2.0	1.8~2.5

表 8-6 不同管径闭式系统和开式系统管内水流速推荐值 m/s

管径/mm	15	20	25	32	40	50	65	80
闭式系统	0.4~0.5	0.5~0.6	0.6~0.7	0.7~0.9	0.8~1.0	0.9~1.2	1.1~1.4	1.2~1.6
开式系统	0.3~0.4	0.4~0.5	0.5~0.6	0.6~0.8	0.7~0.9	0.8~1.0	0.9~1.2	1.1~1.4
管径/mm	100	125	150	200	250	300	350	400
闭式系统	1.3~1.8	1.5~2.0	1.6~2.2	1.8~2.5	1.8~2.6	1.9~2.9	1.6~2.5	1.8~2.6
开式系统	1.2~1.6	1.4~1.8	1.5~2.0	1.6~2.3	1.7~2.4	1.7~2.4	1.6~2.1	1.8~2.3

表 8-7 水系统的管径和单位长度阻力损失

钢管管径/mm	闭式水系统		开式水系统	
	流量/(m³/h)	阻力损失/(kPa/100m)	流量/(m³/h)	阻力损失/(kPa/100m)
15	0~0.5	0~60	—	—
20	0.5~1.0	10~60	—	—
25	1~2	10~60	0~1.3	0~43
32	2~4	10~60	1.3~2.0	11~40
40	4~6	10~60	2~4	10~40
50	6~11	10~60	4~8	—
65	11~18	10~60	8~14	—
80	18~32	10~60	14~22	—
100	32~65	10~60	22~45	—
125	65~115	10~60	45~82	10~40
150	115~185	10~47	82~130	10~43
200	185~380	10~37	130~200	10~24
250	380~560	9~26	200~340	10~18
300	560~820	8~23	340~470	8~15
350	820~950	8~18	470~610	8~13
400	950~1250	8~17	610~750	7~12
450	1250~1590	8~15	750~1000	7~12
500	1590~2000	8~13	1000~1230	7~11

2）冷却塔的配管布置

对于冷却水泵、冷却塔、冷水机组——对应运行方式的冷却水系统，在管道连接时，冷却水泵可以采用与冷水机组——对应的连接，如图 8-11 所示；也可以采用冷却水泵与冷水机组独立并联后通过总管连接的方式，如图 8-12 所示。考虑到冷却塔通常远离机房，因而一般采用冷却塔全部并联后通过冷却水总管连至机房的方式。

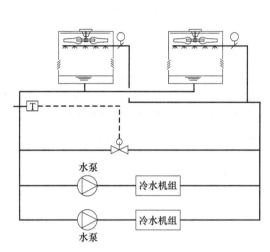

图 8-11　冷却水泵与冷水机组的连接方式（一）

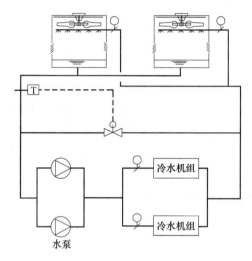

图 8-12　冷却水泵与冷水机组的连接方式（二）

另外考虑到冷水机组可能在部分负荷下工作，为避免冷却水温太低，通常要在冷却水系统设计时考虑冷却水温的调节措施。具体措施有：

① 当每组冷却塔有多台风机时（如方形冷却塔），通过冷却塔的回水温度来控制风机的运行台数；

② 当每组冷却塔只有一台风机时，则采用在冷却水供、回水管路上设旁通阀，通过冷却塔的回水温度调节旁通量，保证进冷水机组的冷却水温度不变；

③ 冷却塔采用步频风机，根据冷却水回水温度调节风机转速。

当多台冷却塔并联运行时，为避免并联管路阻力不平衡，水量分配不均匀，以致水池发生泄漏现象，各进水管上要设置阀门调节进水量；同时在冷却塔的水池底部之间要设置均压管，均压管直径与进水干管直径相同。此外，为使各冷却塔出水量均衡，出水干管宜采用比进水干管大两号的集管并用 45°弯管与冷却塔出水管相连，见图 8-13。冷却塔底部的配管连接如图8-14所示。

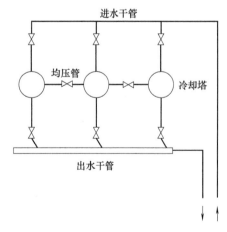

图 8-13　多台冷却塔并联布置示意图

3）水泵的配管布置

离心水泵的配管布置如图 8-15 所示。为降低和减弱水泵的振动和噪声传递，在连接水泵的吸入管和压出管上应安装软性接管。

水泵压出管上的止回阀是为了防止水泵突然断电时水倒流使水泵叶轮损坏。多台水泵并联运行时，压出管上的止回阀还可以防止不运行水泵倒流现象的发生。一般有普通的止回阀（如旋片式、升降式等）和防水性能较好的缓闭式止回阀。对于冷却水系统，如果水箱设置在水泵标高以下，宜采用缓闭式止回阀。

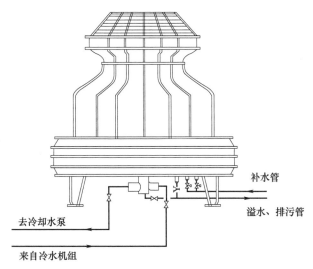

图 8-14 冷却塔底部的配管连接示意图

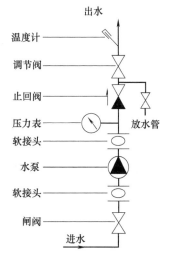

图 8-15 离心水泵的配管布置

为便于水泵在不运行时不用排空系统内的存水就能进行检修，在水泵的吸入管和压出管上应分别设置进口阀和出口阀，以作关断使用。进口阀是常开的，最好采用流动阻力小的闸阀，不作调节使用。出口阀需要有良好的调节性能，对于空调水系统，一般采用截止阀或蝶阀。

为便于管道的清洗和污水排空，当止回阀安装在立管上时，其下游侧要安装放水管。

此外，水泵的出水管上还应安装有压力表和温度计，以利检测。注意压力表、温度计应安装在便于观察和维修的位置上。如果水泵从低位水箱吸水，在吸水管上还应安装真空表。

4）水力计算

按照以上设计原则和措施，结合具体工程特点，在冷水机组、冷却塔位置确定的情况下，绘制冷却水系统草图，确定各管段长度，进行水力计算。因专业基础课程中已详细说明过水力计算原则和方法，本书中不再介绍。

（4）冷却水泵的选型

空调冷却水泵常采用单吸单级离心泵。水泵的选择应以节能、噪声低、占地少、振动小、安全可靠、维修方便等因素作为条件来综合考虑。当多台冷水机组并联运行时，通常采用冷却水泵与冷却塔、冷水机组一一对应的运行方式来选择冷却水泵的台数，也就是说冷却水泵、冷却塔的台数与所选用冷水机组台数一致，每台冷却水泵的流量要满足冷水机组对冷却水量的要求，扬程要保证能克服冷却水系统管路和设备的阻力，并提供开式冷却塔布水装置要求的余压。

冷却水泵的流量：

$$G' = kG \qquad (8-2)$$

冷却水泵的扬程：

$$H = k(h_1 + h_2 + h_3 + h) \qquad (8-3)$$

式中 G' ——要求的冷却水泵的冷却水量，m^3/h；

G ——冷水机组要求的冷却水量，m^3/h；

  k——安全系数，$k=1.05\sim1.15$；

  H——要求的冷却水泵的扬程，m；

  h_1——冷水机组中冷凝器的阻力，m；

  h_2——冷却水系统管路及构件的阻力之和，m；

  h_3——冷却塔布水装置需要的水压，m；

  h——冷却塔集水盘水面至布水装置的垂直高度，m。

  式（8-3）适用于开式冷却塔的冷却水系统。采用闭式冷却塔的冷却水系统，所需冷却水泵的扬程包括 h_1、h_2 以及冷却塔盘管的阻力 h_4。

  选择冷却水泵时，应考虑其工作点处于高效率下运行，以降低设计装机功率和运行能耗。

  由于水泵持续运转时间较长，容易发生磨损、泄漏、效率下降，甚至发生故障，所以在选择冷却水泵时，要考虑备用，一般情况下，选择一台备用泵即可。大型系统冷却水泵台数较多时（大于5~6台），选用2台备用泵。

（5）水处理设备和过滤器的选型

  水处理设备通常按照管径或流量来选型，水过滤器一般是按连接管管径选定的。连接管的管径应该与干管的管径相同。在选定水过滤器时应重视它的耐压要求和安装检修的场地要求。除污器和水过滤器的前后，应该设置闸阀，供它们在定期检修时与水系统切断之用（平时处于全开状态）；安装时必须注意水流方向；在系统运转和清洗管路的初期，宜把其中的滤芯卸下，以免损坏。

（6）冷却水系统设计过程中需要注意的几个问题

  1）冷却塔的设置位置

  冷却塔的设置位置应通风良好，远离高温或有害气体，避免气流短路以及受建筑物高温高湿排气或非洁净气体对冷却塔的影响。同时，也应避免所产生的飘逸水影响周围环境。冷却塔内的填料多为易燃材料，应防止产生冷却塔失火事故。工程上常见的冷却塔设置位置大体上有以下3种：

  ① 制冷站设在建筑物的地下室，冷却塔设在通风良好的室外绿化地带或室外地面上。

  ② 制冷站为单独建造的单层建筑时，冷却塔可设置在制冷站的屋顶上或室外地面上。

  ③ 制冷站设在多层建筑或高层建筑的底层或地下室时，冷却塔设在高层建筑裙房的屋顶上。如果没有条件这样设置时，只好将冷却塔设在高层建筑主（塔）楼的屋顶上，应考虑冷水机组冷凝器的承压在允许范围内。

  2）冷却水泵的安装要求

  水泵安装方法基本上大同小异，其主要安装要求是：

  ① 当泵房设置在地面上，可用地脚螺栓直接固定在混凝土基础上。如泵房设在楼板上，则可以将水泵安装在减振装置上。当泵房设在高层建筑地下室时，可以不装配地脚螺栓，而在水泵的四角填垫减振垫，较大的水泵可在水泵的中部加两块减振垫。减振时，除可以配装橡胶减振垫外，也可以配装弹簧减振器。

  ② 水泵的进出口管端必须安装橡胶软接头，并且要在进水管上安装过滤器和阀门，在出水管上安装止回阀和闸阀，进出水管必须固定。

  ③ 为使水泵保持最佳运行性能，应在水泵进出口处配装扩散管，以减少阻力损失。扩散管口的流速应为：吸水管不大于 1.3m/s，出水管不大于 2m/s。

④ 水泵的出水管上还应装有压力表和温度计，以利检测。压力表和温度计应被安装在便于观察和维修的位置上，并注意周围对其测量的准确度有影响的环境条件。

3）冷却水补充水量

在开式机械通风冷却塔冷却水循环系统中，需要不断补充冷却水。这是因为冷却水在塔内处理过程中不断蒸发造成水量损失，冷却塔出口风速较大也带走部分水量，冷却塔排污也会造成冷却水量减少。系统必需的补水量即是以上各种水量损失的总和，一般情况下，如果概略估算，冷却水补水率为 2%～3%。使用经过水处理的软水作为补给水是冷却水系统最理想的水源。如果现场不具备上述条件，为了改善水质指标可以采用下述简易方法，即调节冷却塔底池的排污阀在某一开度，维持连续少量的排水，借以使冷却水系统内的水的硬度保持在极限值以下。

8.2 冷冻水系统

《民用建筑供暖通风与空气调节设计规范》，对空调冷水的参数作如下规定：

采用冷水机组直接供冷时，空调冷水供水温度不宜低于 5℃，空调冷水供回水温差不应小于 5℃；有条件时，宜适当增大供回水温差。

冷水机组制备出的冷冻水，由冷水循环泵通过供水管路输送到空气处理设备中，而释放出冷量后的冷水经回水管路返回冷水机组，这就是冷冻水系统。整个冷冻水循环环路可分为冷源侧环路和负荷侧环路两部分。冷源侧环路是指从集水器（回水集管）经过冷水机组到分水器（供水集管），再由分水器经旁通环路（定流量系统可不设旁通管）进入集水器，该环路负责冷冻水的制备。负荷侧环路是指从分水器经空调末端设备（冷水在那里释放冷量）返回集水器这段管路，该环路负责冷冻水的输送。本书将主要对冷冻水冷源侧环路系统进行介绍。

8.2.1 冷冻水系统分类

(1) 按循环方式分类

按循环方式，冷冻水系统可分为开式循环系统和闭式循环系统。

开式循环系统（图 8-16）的下部设有回水箱（或蓄冷水池），它的末端管路是与大气相通的。空调冷水流经末端设备（例如风机盘管机组等）释放出冷量后，回水靠重力作用集中进入回水箱或蓄冷水池，再由循环泵将回水打入冷水机组的蒸发器，经重新冷却后的冷水被输送至整个系统。开式循环系统的特点是：水泵扬程高（除克服环路阻力外，还要提供几何提升高度和末端压头），输送耗电量大；循环水易受污染，水中总含氧量高，管路和设备易受腐蚀；管路容易引起水锤现象；该系统与蓄冷水池连接比较简单（当然蓄冷水池本身存在无效耗冷量）。

闭式循环系统（图 8-17）的冷水在系统内进行密闭循环，不与大气接触，仅在系统的最高点设膨胀水箱（其作用是容纳水体积的膨胀，对系统进行定压和补水）。闭式循环系统的特点是：水泵扬程低，仅需克服环路阻力，与建筑物总高度无关，故输送耗电量小；循环水不易受污染，管路腐蚀程度轻；不用设回水池，制冷机房占地面积减小，但需设膨胀水箱，膨胀水箱的补水有时需要另设加压水泵。

《民用建筑供暖通风与空气调节设计规范》第 8.5.2 条指出：除采用直接蒸发冷却器的系统外，空调水系统应采用闭式循环系统。

图 8-16　开式循环系统示意图　　　　图 8-17　闭式循环系统示意图

(2) 按运行调节的方法分类

按运行调节的方法，可将冷冻水系统分为定流量系统和变流量系统。

如前面所述，整个冷水循环环路可分为冷源侧环路和负荷侧环路两部分。冷源侧应保持定流量运行，其理由有：①保证冷水机组蒸发器的传热效率；②避免蒸发器因缺水而冻裂；③保持冷水机组工作稳定。因此，空调水系统是按定流量还是按变流量运行均指负荷侧环路而言。

定流量系统是指系统中循环水量保持不变，当空调负荷变化时，通过改变供、回水的温差来适应。定流量系统简单、操作方便，不需要复杂的自控设备，但是系统水量是按照最大空调冷负荷来确定的，因此循环泵的输送能耗处于最大值，特别是空调系统处于部分负荷时运行费用大。定流量系统一般适用于间歇性使用建筑（如体育馆、展览馆、影剧院、大会议厅等）的空调系统，以及空调面积小，只有一台冷水机组和一台循环水泵的系统。高层民用建筑尽可能少采用这种系统。

变流量系统是指系统中供、回水温差保持不变，当空调负荷变化时，通过改变供水量来适应。变流量系统管路内流量随系统负荷变化而变化，因此水泵的能耗也随着负荷减少而降低，在配管设计时可考虑同时使用系数，管径可相应减小，降低水泵和管道系统的初投资；但是需要采用供、回水压差进行流量控制，自控系统较复杂。

冷水机组定流量、负荷侧变流量的一级泵系统，形式简单，通过末端用户设置的两通阀自动控制各末端的冷水量需求，同时，系统的运行水量也处于实时变化之中，在一般情况下均能较好地满足要求，是目前应用最广泛、最成熟的系统形式。

(3) 按循环泵的配置方式分类

按循环泵的配置方式，可将冷冻水系统分为一次泵系统和二次泵系统。在冷源侧和负荷侧合用一组循环水泵的称为一次泵（或称单式泵）系统；在冷源侧和负荷侧分别配置循环水泵的称为二次泵（或称复式泵）系统。

一次泵系统（图 8-18）冷（热）源侧与负荷侧合用一组循环水泵。一次泵系统简单、初投资少，但是不能调节系统流量，在低负荷时不能减少系统流量以节约能耗。常用于小型建筑物的空调系统中，不适用于供水半径相差悬殊的大型建筑物的空调系统中。

　　二次泵系统（图 8-19）冷（热）源测与负荷侧分别配备循环水泵。二次泵系统可实现水泵变流量（冷热源侧设置定流量，负荷侧设置二次水泵，可调节流量），节约输送能耗，能够适应空调分区的负荷变化，适用于大型的空调系统。

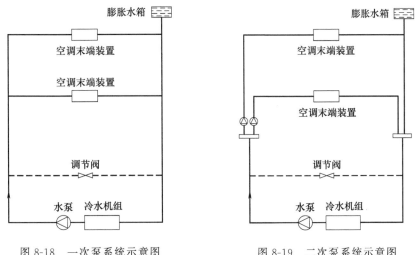

图 8-18　一次泵系统示意图　　　　　　　图 8-19　二次泵系统示意图

8.2.2　冷冻水系统相关设备及附件

　　冷冻水循环系统主要由冷冻水泵、集水器、分水器、空调末端设备、定压设备、水过滤器及管道组成，其典型工作流程如图 8-20 所示。

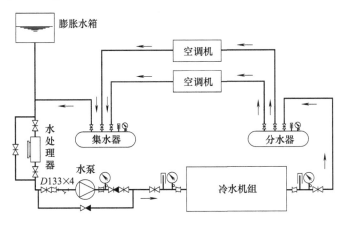

图 8-20　冷冻水系统工作流程图

(1) 冷冻水泵

　　冷冻水在空调系统末端设备吸热后，温度升高，冷冻水泵将其重新送入冷水机组放热，完成循环过程。冷冻水泵常根据循环水量选择多台水泵并联，且布置成一机对一泵的形式，即一台机组对应一台水泵。冷冻水泵与冷却水泵形式基本相同，一般选用水泵制造厂专为空调、制冷行业设计制造的单级离心泵。一般选用单吸泵，当流量大于 $500\text{m}^3/\text{h}$ 时宜选用双吸泵。同时，在设计高层建筑空调水系统时，应明确提出对水泵的承压要求。为了降低噪声，一般选用转速为 1450r/min 的水泵。

(2) 分水器和集水器

在空调水系统中，为了便于连接通向各个空调分区的供水管和回水管，设置分水器和集水器。它不仅有利于各空调分区的流量分配，而且便于调节和运行管理，同时在一定程度上也起到均压的作用。分水器用于冷冻水的供水管路上，集水器用于回水管路上。

集水器和分水器由筒体、封头、接管及附件（补强圈、法兰）组成，可以理解为是一个大管径的管子，在其上按设计要求焊接上若干不同管径的管接头。在分水器和集水器之间，还连接一根旁通管，并装设压差旁通调节阀。分水器和集水器为受压容器，应按压力容器进行加工制作，其两端应采用椭圆形的封头。各配管的间距，应考虑阀门的手轮或扳手之间便于操作来确定（其尺寸详见国标图集）。图 8-21 为分水器和集水器的结构示意图。分水器和集水器一般选用标准的无缝钢管，在分水器和集水器上的各管路均应设置调节阀和压力表，底部应设置排污阀或排污管。

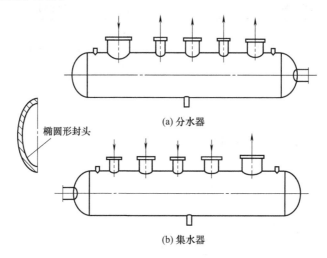

(a) 分水器

椭圆形封头

(b) 集水器

图 8-21　分水器和集水器的结构示意图

(3) 定压设备

在闭式循环的空调水系统中，为使水系统在确定的压力水平下运行，系统中应设置定压设备。对水系统进行定压的作用在于，一是防止系统内的水"倒空"，二是防止系统内的水汽化。具体地说，就是必须保证系统的管道和所有设备内均充满水，且管道中任何一点的压力都应高于大气压力，否则会有空气被吸入系统中。同时，在冬季运行时，在确定的压力作用下，防止管道内热水汽化。

目前空调水系统定压的方式有 3 种，即高位开式膨胀水箱定压、隔膜式气压罐定压和补给水泵定压等。

1）高位开式膨胀水箱定压

膨胀水箱的作用是水温升高时容纳水膨胀增加的体积和水温降低时补充水体积缩小的水量，同时兼有放气和稳定系统压力的作用。当系统中水温升高时，系统中的水容积增加，如果不容纳水的这部分膨胀量，势必造成系统内的水压增高，将影响正常运行。利用开式膨胀水箱来容纳系统的水膨胀量，可减小系统因水的膨胀而造成的水压波动，提高了系统运行的安全、可靠性。当系统由于某种原因漏水或系统降温时，开式膨胀水箱的水位下降，此时，可利用膨胀管（兼作补水管）自动向系统补水。

总之，由于高位开式膨胀水箱具有定压简单、可靠、稳定和省电等优点，是目前工程上最常用的定压方式，也是推荐优先采用的方式。

空调水系统的定压点（即膨胀水箱的膨胀管与系统的连接点），宜设在循环水泵吸入口前的回水管路上，这是因为该点是压力最低的地方，使得系统运行时各点的压力均高于静止时的压力。在空调工程设计中，常将膨胀水箱的膨胀管接到集水器上，因为集水器就处在循环泵的吸入侧，便于管理。膨胀水箱通常设置在系统的最高处，其安装高度应比系统的最高点至少高出 0.5m（5kPa）为宜。

膨胀水箱上的配管布置如图 8-22 所示。膨胀水箱上配管主要有：膨胀管、信号管、补水管、溢流管、排污管和循环管等。膨胀水箱的箱体应作保温处理，并设有盖板，盖板上有通气管，通气管一般可以选用公称直径为 100mm 的钢管制作。膨胀管主要用于系统中水因温度升高引起体积增加转入膨胀水箱，用来接至系统的定压点并向水系统补水。膨胀管上严禁安装阀门。否则因误操作会引起系统超压事故。信号管主要用于监督水箱内的水位，一般将它接到制冷机房工人容易观察的地方（例如洗手池），信号管上应安装阀门。当水系统安装、清洗完毕，需要向系统注水时，可打开阀门察看，如信号管有水流出，说明水已注到膨胀水箱的正常水位，即可停止注水。若水箱设置了远程水位显示控制仪表，建议信号管还是设上，在水位显示控制仪表失灵时使用。溢水管用于排出水箱内超过规定水位的多余水量，当系统内水体积的膨胀超过溢水管的管口时，水会自动溢出，该管不许安装阀门。从节能节水的目的出发，膨胀水量应予回收（例如对于使用软化水的系统，尽可能将膨胀水量引至补水箱等）。膨胀水箱内从信号管口至溢水管口之间的容积，称为有效膨胀容积。排污管用来清洗水箱和放空箱内的脏水，管上应安装阀门。循环管与膨胀管在同一水平管路上，使膨胀水箱中的水在两连接管接点压差的作用下始终处于缓慢的流动状态，防止冬季供暖时水箱结冰。膨胀水箱的膨胀管和循环管均接在水系统回水管上，膨胀管接在水泵的吸入端，并尽可能靠近循环水泵的进口，以免泵吸入口内气体液化造成汽蚀。当膨胀水箱内的水在冬季无结冰可能时，也可不设循环管。循环管上应严禁安装阀门。补水管用于补充系统水量，有手动和自动两种方式，补水量通常按系统水容量的 0.5%～1% 来考虑。

在工程上由于受建筑条件的限制或其他原因，设置高位开式膨胀水箱定压有困难时，也可采用隔膜式气压罐定压或补给水泵变频定压方式。

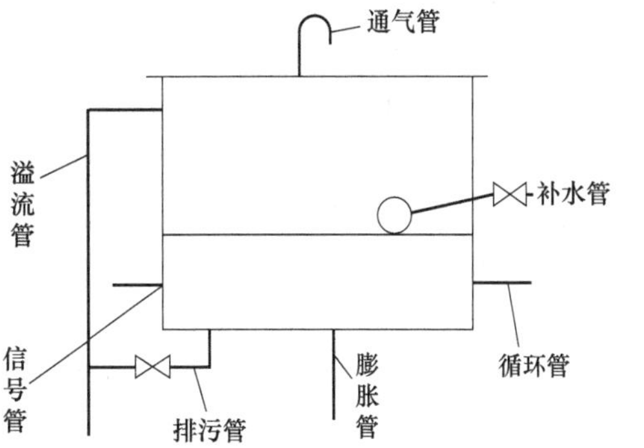

2）隔膜式气压罐定压

气压罐定压俗称低位闭式膨胀水箱定压。气压罐不但能解决系统中水体积的膨胀问题，而且可实现对系统进行稳压、自动补水、自动排气、自动泄水和自动过压保护等功能。与高位开式膨胀水箱相比，它要消耗一定的电能。

工程上用来定压的气压罐是隔膜式的，罐内空气和水完全分开，对冷水的水质有保证。气压罐的布置比较灵活方便，不受位置高度的限制，可安装在制冷机房、热交换站和水泵房内，也不存在防冻的问题。

图 8-23 所示为采用气压罐方式定压的空调水系统工作原理图。气压罐装置主要由补给

图 8-22 膨胀水箱上配管布置示意图

水泵、补气罐、气压罐、软水箱和各种阀门及控制仪表所组成。它的工作原理是利用气压罐内的压力来控制空调水系统的压力状况，从而实现下述各种功能。

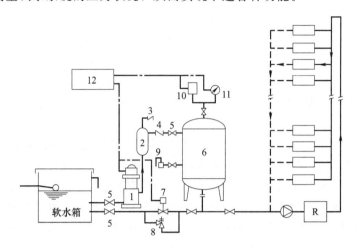

图 8-23 气压罐方式定压的空调水系统工作原理图

1—补给水泵；2—补气罐；3—吸气阀；4—止回阀；5—闸阀；6—气压罐；
7—泄水电磁阀；8—安全阀；9—自动排气阀；10—压力控制器；11—电接点压力表；12—电控箱

① 自动补水：按空调水系统的稳压要求，通过压力控制器 10 设定气压罐 6 的上限压力 p_2（即补水泵停止压力）和下限压力 p_1（即补水泵启动压力）。补水泵启动压力 p_1 与建筑高度有关，它要大于系统最高点 0.5m，而补水泵的停止压力 $p_2 = (p_1 + 10)/\beta - 10$，单位是 m。其中 β 为 0.65～0.85 的系数，当 p_2 允许时，尽可能取小值。p_2 的取值应保证系统设备不超压。

当需要向系统补水时，气压罐内的气枕压力 p 随水位下降。当 p 下降到下限压力 p_1 时，接通电动机，启动补给水泵 1，将软水箱内的水压入补气罐 2，推动罐内的空气一同进入气压罐 6，从而使罐内的水位和压力上升，水就被补入系统中。

当压力上升到上限压力 p_2 时，切断水泵的电源，停止补水。此时，补气罐 2 内的水位下降，吸气阀 3 自动开启，使外界空气经过滤后进入补气罐 2。在如此循环工作过程中，不断地向水系统补充所需的水量。

气压罐和补水泵可组合安装在钢支架上，补水泵扬程应保证补水压力比系统补水点压力高 30～50kPa；补水泵每小时流量宜为系统水容量的 5%，不得超过 10%。

② 自动排气：由于补给水泵每工作一次，就给气压罐补一次气，罐内的气枕容积逐步扩大，下限水位也逐步下降。当下降到自动排气阀 9 的限定水位时，排出多余的气体，使水位恢复正常。

③ 自动泄水：泄水压力 p_3，也就是电磁阀开启的压力，$p_3 = p_2 + (2～4)\text{m}$。当空调水系统体积膨胀时，热水倒流入气压罐 6 内，使水位上升，罐内压力也随之上升。当罐内压力超过泄水压力 p_3 时，已达到电接点压力表 11 所设定的上限压力，接通并打开泄水电磁阀 7，把气压罐内多余的水泄回到软水箱，一直泄水到电接点压力表 11 所设定的下限压力 p_3 为止。

④ 自动过压保护：安全阀开启压力，即气压罐的最大工作压力 $p_4 = p_3 + (1～2)\text{m}$。这个压力不应超过系统中设备的允许工作压力。当气压罐内的压力超过电接点压力表所设定的

上限压力 p_4 时，自动打开安全阀 8 和电磁阀 7，一起快速泄水，并迅速降低气压罐内压力，达到保护系统的目的。

气压罐实物照片见图 8-24。

3）补给水泵定压

补给水泵的定压方式如图 8-25 所示，适用于大中型空调冷热水系统。氮气加压落地膨胀水箱的容积一般为系统每小时泄漏量的 1～2 倍。补水定压点安全阀的开启压力宜为连接点的工作压力加上 50kPa 的富余量。补水泵的启停，宜由装在定压点附近的电接点压力表或其他形式的压力控制器来控制。电接点压力表上下触点的压力应根据定压点的压力确定，通常要求补水点压力波动范围为 30～50Pa，波动范围太小，则触点开关动作频繁，易于损坏，对水泵寿命也不利。补水泵的选择方法同开式膨胀水箱。

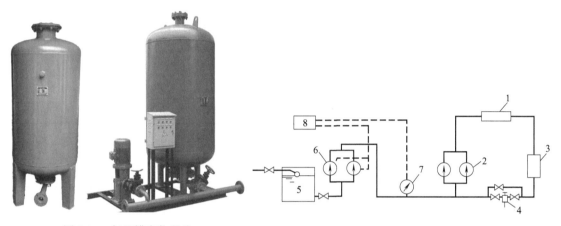

图 8-24　气压罐实物照片　　　　　图 8-25　补给水泵的定压方式

1—冷水机组；2—循环水泵；3—末端装置；4—除污器；
5—软水箱；6—补水泵；7—电接点压力表；8—电控柜

(4) 水过滤器

一般来说，空调冷冻水系统较为干净，但和冷却水系统一样，冷冻水系统中也需要用水处理设备，而且为避免施工中管道内残留物进入机组和水泵，应在冷冻水泵入口设过滤器。当工程所在处水质较硬或是系统较大时，系统的循环水和补水最好进行软化，可采用全自动软化水装置。全自动软化水装置一般按照系统补水量进行选择，安装在系统补水箱进水端。仅作为夏季供冷用的空调水系统，补水可不进行软化处理。

8.2.3　冷冻水系统设计

(1) 集水器和分水器管径（D）、管长（L）的确定

分水器和集水器的筒身直径，可按各个并联接管的总流量通过筒身时的断面流速确定，并应大于最大接管开口直径的 2 倍。可按下式计算：

$$D = 1000 \times \sqrt{\frac{4\Phi}{3600\pi v}} \quad （mm） \tag{8-4}$$

式中　Φ——冷冻水总流量，m^3/h，可由已选好的冷水机组参数中获得；

　　　v——冷冻水在分水器、集水器中的断面流速，0.1～1.0m/s。

采用上式确定管径时应注意，这样计算出来的 D 并不是最终管径，应根据 D 值，查阅

管子规格,选取比 D 稍大的管径,这才真正确定出集水器、分水器的管径。

筒身直径也可按经验公式估算,即 $D=(1.5\sim3.0)d_{max}$,其中 d_{max} 为各支管中的最大管径。

分水器和集水器的管长,根据各配管的管径和配管间距计算。分水器和集水器上各配管的间距可参照图 8-26 确定。

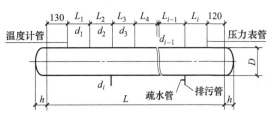

配管间距	
L_1	d_1+120
L_2	d_1+d_2+120
L_3	d_2+d_3+120
...	...
L_i	d_i+60

图 8-26 分水器和集水器配管管径、间距示意图

分水器和集水器的筒体长度 $L=130+L_1+L_2+L_3+\cdots+L_i+120+2h$

其中封头高度 h 可以根据表 8-8 确定:

表 8-8 分(集)水器结构尺寸表   mm

筒体直径 D	159	219	273	325	377	426	500	600	700	800	900	1000
封头高度 h	65	80	93	106	119	132	150	175	200	225	250	275
排污管规格 d_p	50						100					

(2) 冷冻水泵的选型

冷冻水泵的选型方法和冷却水泵的选型方法类似。

1) 确定冷冻水泵形式、台数

冷源侧冷冻水泵的配置,应与冷水机组相对应,采取"一泵对一机"的方式,并考虑备用。

2) 确定冷冻水泵流量

冷冻水泵流量确定方法可参考冷却水泵流量确定方法,根据冷水机组性能参数获得。

3) 确定冷冻水泵扬程

冷冻水泵扬程的确定可参考冷却水泵扬程的确定方法。需要注意的是,在不同的冷冻水系统(一次泵/二次泵系统、闭式/开式系统)中,水泵的扬程应取对应管路和设备的阻力之和。

对于大多数多层和高层建筑来说,空调冷冻水系统主要为闭式循环系统,冷冻水泵的流量较大,但扬程不会太高。据统计,一般情况下,20 层以下的建筑物,空调冷冻水系统的冷冻水泵扬程大多在 $16\sim28mH_2O$($157\sim274kPa$)之间,乘上 1.1 的安全系数后最大也就是 $30mH_2O$($294kPa$)。

4) 选择水泵型号

根据流量 L 和扬程 P,查阅水泵产品样本选择水泵。

因本书不介绍冷冻水管路系统的完整设计和末端设备的选择,所以冷冻水系统最不利环路的阻力无法确定。如在设计条件中给出用户端最不利环路的总阻力,可结合所选择的冷水机组的阻力情况,计算出冷冻水泵所需扬程,再结合冷冻水流量来选择冷冻水泵的型号。

(3) 定压设备选型

《民用建筑供暖通风与空气调节设计规范》第 8.5.16 条规定：空调水系统的补水点，宜设置在循环水泵的吸入口处。当采用高位膨胀水箱定压时，应通过膨胀水箱直接向系统补水；采用其他定压方式时，如果补水压力低于补水点压力，应设置补水泵。

《民用建筑供暖通风与空气调节设计规范》第 8.5.18 条规定：闭式空调系统的定压和膨胀设计应符合下列规定：

① 定压点宜设在循环水泵的吸入口处，定压点最低压力宜使管道系统任何一点的表压力均高于 5kPa 以上。

② 宜优先采用高位膨胀水箱定压。

③ 当水系统设置独立的定压设施时，膨胀管上不应设置阀门；当各系统合用定压设施且需要分别检修时，膨胀管上应设置带信号的检修阀，且各空调水系统应设置安全阀。

此处主要介绍膨胀水箱和气压罐两种定压设备的选型方法。

1）膨胀水箱选型

膨胀水箱按构造分为圆形和方形两种，当计算出水系统的有效膨胀容积时，就可按国家建筑标准设计图集 05K210 选取型号，查得外形尺寸，以及各种配管的管径，并按国标图集制作。

膨胀水箱的容积根据系统的水容量和最大的水温变化幅度来确定，可用下式计算：

$$V_P = \alpha \Delta t V_S \tag{8-5}$$

式中　V_P——膨胀水箱的有效容积，m^3；

　　　α——水的体胀系数，取值为 0.0006，$L/(m^3 \cdot ℃)$；

　　　Δt——水的平均温差，℃，冷水取 15℃，热水取 45℃；

　　　V_S——系统内的水容量，m^3，即水系统中管道和设备内存水量总和，可按表 8-9 确定，计算时注意单位换算。

方案设计时，膨胀水量 V_P 也可按下列数据估计：冷水系统取 0.1L/kW；热水系统取 0.3L/kW。膨胀水箱的容积宜取 $1.5V_P$。

表 8-9　系统的水容量　　　　　　　L/m²（建筑面积）

项目	全空气空调系统	空气-水空调系统
供冷时	0.40～0.55	0.70～1.30
供热时	1.25～2.00	1.20～1.90

根据上式得出膨胀水箱的有效容积，即可从国家建筑标准设计图集 05K210 中选择确定膨胀水箱的规格、型号及配管的直径，表 8-10 是从该标准图集中摘录的有关资料，可供选用参考。

表 8-10　膨胀水箱的规格型号及配管尺寸

水箱形式	型号	公称容积 /m³	有效容积 /m³	外形尺寸/mm 长×宽（或内径）	外形尺寸/mm 高	配管公称直径/mm 溢流管	配管公称直径/mm 排水管	配管公称直径/mm 膨胀管	配管公称直径/mm 信号管	配管公称直径/mm 循环管	水箱自重 /kg
方形	1	0.5	0.6	900×900	900	50	32	40	20	25	200
	2	0.5	0.6	1200×700	900						209
	3	1.0	1.0	1100×1100	1100						288

水箱形式	型号	公称容积 /m³	有效容积 /m³	外形尺寸/mm		配管公称直径/mm					水箱自重 /kg
				长×宽（或内径）	高	溢流管	排水管	膨胀管	信号管	循环管	
方形	4	1.0	1.1	1400×900	1100	50	32	40	20	25	302
	5	2.0	2.0	1400×1400	1200						531
	6	2.0	2.2	1800×1200	1200						580
	7	3.0	3.1	1600×1600	1400						701
	8	3.0	3.4	2000×1400	1400						743
	9	4.0	4.2	2000×1600	1500	70	32	50	20	25	926
	10	4.0	4.2	1800×1800	1500						916
	11	5.0	5.0	2400×1600	1500						1037
	12	5.0	5.1	2200×1800	1500						1047
圆形	1	0.5	0.5	900	1000	50	32	40	20	25	169
	2	0.5	0.6	1000	900						179
	3	1.0	1.0	1100	1300						255
	4	1.0	1.1	1200	1200						269
	5	2.0	1.9	1500	1300						367
	6	2.0	2.0	1400	1500						422
	7	3.0	3.2	1600	1800						574
	8	3.0	3.3	1800	1500						559
	9	4.0	4.1	1800	1800	70	32	50	20	25	641
	10	4.0	4.4	2000	1600						667
	11	5.0	5.1	1800	2200						724
	12	5.0	5.0	2000	1800						723

2）气压罐选型

当用气压罐装置代替高位膨胀水箱时，应按生产厂家提供的产品样本的参数来选取所需的型号，有按系统的有效膨胀容积来选取的，也有按系统所需补水量来选取的。下面介绍较为常用的按照膨胀容积来选型的方法。

气压罐的容积可按下式计算：

$$V \geqslant V_{min} = \frac{\beta V_t}{1-\alpha} \tag{8-6}$$

式中　V——气压罐实际总容积，m³；

　　　V_{min}——气压罐最小总容积，m³；

　　　V_t——气压罐调节容积，不宜小于3min平时运行的补水泵流量，m³，当采用变频泵时，补水泵流量可按额定转速时补水泵的1/3～1/4确定；

　　　β——容积附加系数，隔膜式定压罐取1.05；

　　　α——$\alpha = \dfrac{p_1+100}{p_2+100}$，$p_1$ 和 p_2 分别为补水泵启动压力和停泵压力（表压，kPa），应

综合考虑气压罐容积和系统的最高运行工作压力的因素取值，宜取 0.65～0.85，必要时可取 0.5～0.9。

安全阀开启压力 p_4，不得使系统内管网和设备承受压力超过其允许工作压力。膨胀水量开始流回补水箱时电磁阀开启压力 p_3，宜取 $0.9p_4$。补水泵启动压力 p_1，满足定压点下限要求，并增加 10kPa 的裕量。定压点下限应符合：循环水温度小于等于 60℃的系统，应使系统最高点压力高于大气压力 5kPa 以上。补水泵停泵压力 p_2，宜取 $0.9p_3$。

表 8-11 为某公司生产的立式定压罐定压设备和配用水泵技术特性表，可供工程设计人员选用，工程设计人员也可根据需要选配其他水泵。

表 8-11　立式（囊式）定压罐定压设备和配用水泵技术特性表

序号	立式（囊式）定压罐						配用补水泵			
	设备型号	罐体直径×高/mm	总容积/m³	调节容积	工作压力/MPa	净重/kg	水泵型号	流量/(m³/h)	扬程/m	功率/kW
1	RSN600	600×1870	0.35	0.11	0.6	206	BDL3-130	2.4～4.7	46.2～62.4	2.2
					1.0	223	BDL3-210		77～104	3.0
					1.6	265	BDL3-310		115.5～156	4.0
2	RSN800	800×2310	3.82	0.26	0.6	330	BDL3-130	2.4～4.7	46.2～62.4	2.2
					1.0	350	BDL3-210		77～104	3.0
					1.6	520	BDL3-310		115.5～156	4.0
3	RSN1000	1000×2540	1.40	0.49	0.6	500	BDL3-130	2.4～4.7	46.2～62.4	2.2
					1.0	613	BDL3-210		77～104	3.0
					1.6	850	BDL3-310		115.5～156	4.0
4	RSN1200	1200×2940	2.50	0.80	0.6	700	BDL4-120	4.5～9.5	46.0～65.5	3.0
					1.0	943	BDL4-160		69～97.8	4.0
					1.6	1187	BDL4-190		92.0～130.4	5.5
5	RSN1400	1400×3060	3.46	1.20	0.6	900	BDL4-120	4.5～9.5	46.0～65.5	3.0
					1.0	1200	BDL4-160		69～97.8	4.0
					1.6	1600	BDL4-190		92.0～130.4	5.5
6	RSN1600	1600×3360	5.00	2.00	0.6	1220	BDL4-120	4.5～9.5	46.0～65.5	3.0
					1.0	1802	BDL4-160		69～97.8	4.0
					1.6	2210	BDL4-190		92.0～130.4	5.5
7	RSN2000	2000×3620	8.53	3.10	0.6	1700	BDL4-120	4.5～9.5	46.0～65.5	3.0
					1.0	2600	BDL4-160		69～97.8	4.0
					1.6	3700	BDL4-190		92.0～130.4	5.5

（4）水过滤器、水处理仪选型

水过滤器和水处理仪的选型方法参考冷却水系统设计部分。

(5) 冷冻水系统设计过程中需要注意的几个问题

1) 冷冻水补充水量

空调冷、热水系统通常为闭式系统，正常的补水量主要取决于冷、热水系统的规模、施工安装质量和运行管理水平，准确计算比较困难。为了设计计算简单，在确定补给水泵的流量时，可按系统的水容量估算。通常，取水容量的1%作为正常补给水量。空调水系统水容量可以根据建筑面积大小按表8-9估算。但是选择补给水泵时，补给水泵的流量除应满足上述水系统的正常补水量外，还应考虑发生事故时增加的补给水量，因此，补充水泵的流量通常不小于正常补水量的5～10倍。

2) 管径和管内流速的确定

冷冻水系统管径和管内流速的确定方法和冷却水系统相同，见8.1.2冷却水系统设计部分内容。

3) 管道保温

为了减少管道的能量损失，防止冷冻水管道表面结露以及保证进入空调设备和末端空调机组的供水温度，冷冻水管道及其附件应采用保温措施。空调制冷站内，冷冻水系统的供、回水管、分水器、集水器、阀门等，均需以保温材料进行保温。目前，空调工程中经常使用的保温材料是柔性泡沫橡塑和玻璃棉，而水管最常采用橡塑保温。保温层经济厚度的确定与很多因素有关，如材料的热物理特性，材料和保温结构的投资及其偿还年限、能价（还应包括上涨率因素）、系统的运行小时数等，需要详细计算时可以查阅有关技术资料。根据《民用建筑供暖通风与空气调节设计规范》，保温层厚度可以参照表8-12选用，也可以根据产品样本来确定。

表8-12 室内机房冷水管道保温层厚度（介质温度≥5℃）　　　　mm

地区	柔性泡沫橡塑		玻璃棉管壳	
	管径	厚度	管径	厚度
Ⅰ	≤DN40	19	≤DN32	25
	DN50～150	22	DN40～100	30
	≥DN200	25	DN125～900	35
Ⅱ	≤DN25	25	≤DN25	25
	DN32～50	28	DN32～80	30
	DN70～150	32	DN100～400	35
	≥DN200	36	≥DN450	40

注：1. 均采用经济厚度和防结露要求确定的绝热层厚度。

2. Ⅰ区系指干燥地区，室内机房环境温度不高于31℃，相对湿度不大于75%；Ⅱ区系指较潮湿地区，室内机房环境温度不高于33℃，相对湿度不大于80%；各城市或地区可对照使用。

3. 热导率λ：

柔性泡沫橡塑 λ=0.034+0.00013t_m

离心玻璃棉 λ=0.031+0.00017t_m

式中 t_m——保温层的平均温度，℃。

4. 蓄冷设备保冷厚度应按最大口径管道的保冷厚度再增加5～10mm。

常用的保温结构由防腐层（一般刷防腐漆）、保温层、防潮层（包油毡、油纸或刷沥青）和保护层组成。保护层随敷设地点和当地材料不同可采用水泥保护层、铁皮保护层、玻璃布或塑料布保护层、木板或胶合板保护层等。保温结构的具体做法，详见国家标准图集。

思考与练习

1. 水系统的作用是什么？
2. 冷却水系统的基本组成是什么？
3. 冷却塔的作用是什么？有哪些类型？
4. 冷却塔应如何选型？
5. 冷却水系统设计的基本流程是什么？
6. 水泵的进出口接管有哪些附件？
7. 开式循环和闭式循环水系统各有什么优缺点？
8. 分水器和集水器的作用是什么？
9. 常用的空调水系统定压方式有哪几种？
10. 空调水系统的定压点如何确定？
11. 为什么要对空调水系统进行补水？
12. 冷冻水系统设计的基本流程是什么？

第 9 章

空调制冷站设计

目标要求：

① 掌握空调制冷站设计的基本步骤和方法；

② 了解空调制冷站布置的基本原则和要求；

③ 明确设计说明书的基本编写方法；

④ 掌握空调制冷站图纸的基本绘制方法。

空调制冷站作为空调系统的冷源部分，承担着为空调系统提供冷冻水的任务。空调制冷站主要由冷水机组、冷冻水系统、冷却水系统和管路附件等组成，它的设计是整个中央空调系统设计的重要组成部分。在实际民用建筑工程设计中，通常把设计过程分为三个阶段：方案设计、初步设计和施工图设计。对于不同阶段，所要求的设计深度也是不一样的。方案设计阶段是根据工程项目需求，提出相应的解决方案。针对工程项目的共性需求和可能的个性特点，提出满足室内需求的暖通空调整体方案和解决方式。初步设计是结合工程项目更详细的工艺资料、设计条件和工程需求，对前期设计方案进行优化，从技术上确保优化后的方案具有可实施性。施工图设计是把所有经初步设计落实的技术和系统等，以详细的建造用图纸表达出来，确保施工建造过程的完整性、准确性和实施性。

对于大学阶段的课程设计和毕业设计来说，一般认为课程设计的深度近同于初步设计的深度，毕业设计的深度则近同于施工图设计的深度。当然，实际工程设计的复杂程度远大于课程设计和毕业设计。本章主要介绍空调制冷站设计的一般方法和要求，并给出多个工程设计实例。

9.1 设计方法与流程

9.1.1 设计基本流程

(1) 明确设计任务，收集原始资料

原始资料是设计工作的重要依据。原始资料的正确性与完整性，将直接影响设计的正确性与合理性，比如设备的选型、订货、运输、安装、运行与管理。在进行空调制冷站设计之前，应进行一系列的调查研究，准确地收集和掌握所需的各种资料。设计者需掌握的资料主

要有以下方面：

① 冷负荷资料。

冷负荷资料是确定冷水机组容量的重要条件，是设计工作中一项重要的原始资料。空调制冷站的冷负荷一般通过空调系统设计人员在工程计算中得出。

② 工程概况。

在空调制冷站设计之前，应了解供冷建筑物的使用功能，是否为扩建工程，是否已预留站房位置，以及水文、工程地质及地震资料等。

③ 发展规划资料。

在某些工程建设中，特别是对于工厂或分期建设的工程中，应考虑其近期和远期发展规划资料，并根据发展规划资料，预留由于冷负荷增加所需的扩建位置，考虑空调冷冻站的扩建问题。

④ 当地的气象资料。

气象资料指工程所在地大气的各种参数，包括夏季空调室外计算干球温度和湿球温度、冬季空调室外计算干球温度和湿球温度、大气压、全年主导风向等。通过查阅有关手册获得。

⑤ 水质资料。

水质资料指确定使用的冷却水及冷冻水水源的水质资料，其中应包括水源种类、供水压力及温度、水的碳酸盐硬度和酸碱度（pH 值）、水中 Fe、Mn 含量等，以便为冷却水、冷冻水的处理提出要求。

⑥ 地质资料。

地质资料包括工程所在地的土壤等级、土壤酸碱度、土壤耐压能力、地下水位、地震烈度等，主要由土建专业掌握。

⑦ 电源、热源及油、气源资料。

应了解建设地区电源、电价、增容等问题；供热的可能性及供热介质种类及参数；油、气源供应的可能性及参数。

⑧ 有关空调工程设计规范、制图标准图集、设计辅助资料等。

⑨ 各种设备的样本资料。

包括冷水机组样本、水泵样本、冷却塔样本、水处理器和水过滤器样本、各种管件、阀门样本等。

⑩ 相关专业的资料。

在设计时需要各专业共同协作，并提供设计中必需的条件、图纸和档案资料。对于改扩建的空调冷冻站，除需了解上述资料之外，还必须了解原有制冷设备的数量、使用年限、产品名称、制造商、产品结构特点、产品技术性能、运行情况、曾发生的事故及处理情况，原有厂房改建或变动情况、厂区有关地带的综合管线变更情况、厂区道路变更情况、空调冷冻站原有的设计图纸档案和有关专业的设计图纸档案，以及目前还存在的问题等。

（2）确定空调冷冻站的位置

空调冷冻站的位置，应该由工艺设计人员按照有关标准、规范、负荷情况及用户的要求等因素综合确定。

① 空调冷冻站的位置，应尽可能靠近冷负荷的中心位置，这样便于管路布置及减少冷量损失，使室内外官网布置更加合理、经济，便于日常管理。

② 氟利昂压缩式制冷机组和溴化锂吸收式机组可设置在建筑物内，也可以根据具体情况布置于地下室内及楼层上。

③ 空调冷冻站应尽可能靠近电源、压缩空气站等，以便节省占地面积及初投资，并利于运行、管理和维护。

(3) 确定冷源方案

《民用建筑供暖通风与空气调节设计规范》第 8.1.1 条规定：供暖空调冷源与热源应根据建筑物规模、用途、建设地点的能源条件、结构、价格以及国家节能减排和环保政策的相关规定等，通过综合论证确定，并应符合下列规定：

① 有可供利用的废热或工业余热的区域，热源宜采用废热或工业余热。当废热或工业余热的温度较高、经技术经济论证合理时，冷源宜采用吸收式冷水机组；

② 在技术经济合理的情况下，冷、热源宜利用浅层地能、太阳能、风能等可再生能源。当采用可再生能源受到气候等原因的限制无法保证时，应设置辅助冷、热源；

③ 不具备本条第 1、2 款的条件，但有城市或区域热网的地区，集中式空调系统的供热热源宜优先采用城市或区域热网；

④ 不具备本条第 1、2 款的条件，但城市电网夏季供电充足的地区，空调系统的冷源宜采用电动压缩式机组；

⑤ 不具备本条第 1 款～4 款的条件，但城市燃气供应充足的地区，宜采用燃气锅炉、燃气热水机供热或燃气吸收式冷（温）水机组供冷、供热；

⑥ 不具备本条第 1 款～5 款条件的地区，可采用燃煤锅炉、燃油锅炉供热，蒸汽吸收式冷水机组或燃油吸收式冷（温）水机组供冷、供热；

⑦ 夏季室外空气设计露点温度较低的地区，宜采用间接蒸发冷却冷水机组作为空调系统的冷源；

⑧ 天然气供应充足的地区，当建筑的电力负荷、热负荷和冷负荷能较好匹配、能充分发挥冷、热、电联产系统的能源综合利用效率并经济技术比较合理时，宜采用分布式燃气冷热电三联供系统；

⑨ 全年进行空气调节，且各房间或区域负荷特性相差较大，需要长时间地向建筑物同时供热和供冷，技术经济比较合理时，宜采用水环热泵空调系统供冷、供热；

⑩ 在执行分时电价、峰谷电价差较大的地区，经技术经济比较，采用低谷电价能够明显起到对电网"削峰填谷"和节省运行费用时，宜采用蓄能系统供冷供热；

⑪ 夏热冬冷地区以及干旱缺水地区的中、小型建筑宜采用空气源热泵或土壤源地源热泵系统供冷、供热；

⑫ 有天然地表水等资源可供利用或者有可利用的浅层地下水且能保证 100% 回灌时，可采用地表水或地下水地源热泵系统供冷、供热；

⑬ 具有多种能源的地区，可采用复合式能源供冷、供热。

本书主要介绍以电动压缩式冷水机组作为冷源的空调制冷机房的设计。

(4) 确定冷水机组的型号、台数

冷水机组型号、台数的选择计算主要依据总制冷量的大小，具体步骤如下。

1）确定冷水机组总制冷量

冷水机组总制冷量可按下式计算：

$$Q_0 = A_1 A_2 A_3 A_4 Q_{AC}$$

式中　Q_0——电动冷水机组总制冷量，kW；

　　　Q_{AC}——空调设计负荷，kW；

　　　A_1——同时使用系数，建筑物的同时使用系数与建筑物使用性质、功能、规范、等级及经营管理等多种因素有关，一般在 0.6~1.0 范围内；

　　　A_2——冷损失系数，可取 1.05~1.15；

　　　A_3——事故备用量修正系数，当只有 2~3 台冷水机组时，需考虑在高峰负荷期间有一台机组因故障停机时，还可维持 75% 左右的负荷，即两台机组时，A_3 取 1.24，三台机组时，A_3 取 1.12，四台机组以上时 A_3 取 1.0；

　　　A_4——考虑设备传热及出力效率降低的系数，有的厂家样本上已提供。

但是，对国内空调工程的总结与调查表明，空调工程中存在冷水机组对于单栋建筑物的装机容量偏大的现象，因此《民用建筑供暖通风与空气调节设计规范》第 8.2.2 条规定：电动压缩式冷水机组的总装机容量，应根据计算的空调系统冷负荷值直接选定，不另作附加；在设计条件下，当机组的规格不能符合冷负荷的要求时，所选择机组的总装机容量与计算冷负荷的比值不得超过 1.1。

2）确定冷水机组类型

根据制冷量大小、冷冻水水温要求、国家能源政策和当地能源条件、当地水源条件、空调工程初投资及运行费用等多方面情况，确定冷水机组类型。目前空调系统常用的冷水机组有电动压缩式冷水机组和溴化锂吸收式冷水机组两大类，其特点如表 9-1 所示。

电动压缩式冷水机组的介绍可参考本书第 7 章制冷机组部分，溴化锂吸收式冷水机组的介绍可参考本书第 10 章吸收式制冷部分。

根据冷凝器冷却方式不同，电动压缩式冷水机组又可分为水冷式和风冷式两种。两种冷水机组对应的制冷站辅助设备也有所不同，如表 9-2 所示。风冷式冷水机组冷量相对较小，因为无需冷却水系统，故而机房设计相对简单。采用水冷式冷水机组，则必须要配套设计冷却水系统。本书主要以水冷式冷水机组为例介绍空调制冷站的设计方法。

表 9-1　空调冷源种类及特点

冷源设备	电动压缩式冷水机组	溴化锂吸收式冷水机组
制冷机工作形式	涡旋式、活塞式、螺杆式、离心式	热水型、蒸汽型、直燃型
特点	体积小、重量轻	环保性好、耗电小、可利用余热

表 9-2　水冷、风冷冷水机组对应制冷机房主要辅助设备

项目	水冷冷水机组	风冷冷水机组	项目	水冷冷水机组	风冷冷水机组
冷却塔	有		分水器、集水器	有	有
冷冻水泵	有	有	电子水处理仪或全自动软化水处理装置	有	有
冷却水泵	有		水过滤器	有	有
补水泵	有	有	定压装置	有	有

3）确定冷水机组台数

《民用建筑供暖通风与空气调节设计规范》第 8.1.5 条规定：集中空调系统的冷水（热泵）机组台数及单机制冷量（制热量）选择，应满足空调负荷全年变化规律，满足季节及部

分负荷要求。机组不宜少于两台；当小型工程仅设一台时，应选择调节性能优良的机型，并能满足建筑最低负荷的要求。

《民用建筑供暖通风与空气调节设计规范》第8.1.6条规定：选择电动压缩式机组时，其制冷剂应符合现行有关环保的规定。

《民用建筑供暖通风与空气调节设计规范》第8.1.7条规定：选择冷水机组时，应考虑机组水侧污垢等因素对机组性能的影响，采用合理的污垢系数对供冷（热）量进行修正。

《民用建筑供暖通风与空气调节设计规范》第8.2.1条规定：选择水冷电动压缩式冷水机组类型时，宜按表9-3内的制冷量范围，经过性能价格综合比较后确定。

表 9-3　水冷式冷水机组选型范围

单机名义工况制冷量/kW	冷水机组类型
≤116	涡旋式
116～1054	螺杆式
1054～1758	螺杆式
	离心式
≥1758	离心式

注：名义工况指出水温度7℃，冷却水温度30℃。

《民用建筑供暖通风与空气调节设计规范》第8.2.3条规定：冷水机组的选型应采用名义工况制冷性能系数（COP）较高的产品，并同时考虑满负荷和部分负荷因素，其性能系数应符合现行国家标准《公共建筑节能设计标准》GB 50189的有关规定。

根据《公共建筑节能设计标准》GB 50189的有关规定，电动压缩式冷水（热泵）机组，在额定制冷工况和规定条件下，性能系数（COP）不应低于表9-4的规定。

表 9-4　冷水（热泵）机组制冷性能系数

类　　型		额定制冷量/kW	性能系数/(kW/kW)
水冷	活塞式/涡旋式	<528	3.8
		528～1163	4.0
		>1163	4.2
	螺杆式	<528	4.1
		528～1163	4.3
		>1163	4.6
	离心式	<528	4.4
		528～1163	4.7
		>1163	5.1
风冷或蒸发冷却	活塞式/涡旋式	≤50	2.4
		>50	2.6
	螺杆式	≤50	2.6
		>50	2.8

注：名义工况指出水温度7℃，冷却水温度30℃。

根据《民用建筑供暖通风与空气调节设计规范》，对空调用冷水机组，除离心机组和溴化锂机组外，一般应选用两台或两台以上；即使是选用溴化锂机和离心机，当所需较大冷量（如1160kW以上）时，也宜选用两台或多台。只有在很特殊的情况下，如工程较小、机房面积不够或投资有困难时，才可以考虑只设一台机组，但仍注意选用性能优良、生产厂商服务良好的机型。这样做具有以下优点：

① 低负荷运转时，可通过运行台数的多少来达到既满足冷量的需求，又达到节能、节电和降低运行费用的目的。

② 如对不同部门需要供给不同温度的冷水时，两台或多台机组可实现分区供冷，这有利于提高制冷机运行的热效率。

③ 选用两台或多台冷水机组时，从机房布置、零部件的互换和检修方便的观点出发，应选用同型号同冷量的制冷机组为好。当然，同一单位中不同部门所需制冷量相差较大时，也可选用不同制冷量的制冷机。

4）确定冷水机组型号

查阅冷水机组产品样本，根据制冷量选择机组型号。确定型号时需要注意以下问题：

① 选择机组型号时，需要注意查看产品样本中冷水机组各种参数是在何种工况下测得的。如果其工况和设计工况一样，则直接根据制冷量选型即可。如果其工况和设计工况不一样，则需要进行换算，将设计工况下的制冷量换算成产品标注工况下的制冷量后，再进行选型。

② 选择冷水机组时，制冷量必须满足设计要求。冷水机组在设计工况下的制冷量不是只要稍大于或远大于总制冷量即可，一般可以考虑 10%～20% 的裕量为宜，以免导致调节过程中冷量不足或产生大量浪费。

③ 冷水机组型号确定后，应记录所选冷水机组的各项参数，包括性能参数、尺寸、接管位置等。

各类电动压缩式冷水机组的性能参数和产品样本可参考本书第 7 章冷水机组部分。

(5) 冷却水系统设计

冷却水系统的设计包括冷却塔的选型、冷却水泵的选型、水处理设备的选型和水力计算等，具体方法见本书第 8 章冷却水系统设计部分。

(6) 冷冻水系统设计

冷冻水系统的设计包括分水器集水器的设计、定压设备的选型、冷冻水泵的选型、水处理设备的选型和水力计算等，具体方法见本书第 8 章冷冻水系统设计部分。

(7) 设备、管道布置

根据设备的选择情况和相关原则、规范进行设备布置和管道布置，具体方法见本章9.1.2 空调制冷站布置部分。

(8) 选择管道、设备的保温材料并确定其厚度

具体方法见本章 9.1.2 空调制冷站布置部分。

(9) 编制设计说明书

具体要求和方法见本章 9.2.1 设计说明书部分。

(10) 绘制图纸

具体要求和方法见本章 9.2.2 图纸绘制部分。

注意在设计和制图的每一步，必须做到有据可依、有规范可查。

9.1.2　空调制冷站布置

大型建筑的机房一般应充分利用建筑物的地下室。按照《民用建筑供暖通风与空气调节设计规范》第 8.10.1 条的规定，机房应设置在空调负荷的中心。机房内应有良好的通风设施，地下室机房应设置机械通风，必要时设置事故通风，值班室或控制室的室内设计参数应满足工作要求。机组制冷剂安全阀泄压管应接至室外安全处。机房内测量仪表集中处应设局部照明，机房内应设置给水与排水设施，满足水系统冲洗、排污要求。

机房是布置冷热源设备和其他辅助设备的专用房间，通常由主机房、水泵房、控制室、值班室、维修室等几部分组成。

主机房用于布置冷热源主机，有时将小型换热设备（用城市外网蒸汽作为热源时用到的汽-水换热器）及调节阀站、大型组合式空气处理机等也布置在主机房内。

水泵房用于布置冷冻水泵、冷却水泵、热水泵等。

控制室用于操作人员值班、管理机组的房间。

机房位置和尺寸在土建设计时就已经确定，如何在机房内合理布置冷热源设备及其辅助设备不仅关系到机房面积的利用率，还影响到系统流程的通畅性、设备的工作效率、检修维护工作等，所以要根据具体情况，认真完成机房内设备的布置。

(1) 技术要求

① 制冷机房应有良好的通风，以便排出冷（热）水机组、变压器、水泵等设备运行时产生出的大量余热、余湿。

② 机房应考虑噪声与振动的影响。冷水机组的噪声，不管是电动型机组或溴化锂吸收式机组，一般均在 80dB（A）以上。若主机房在地面上，噪声会通过窗户、门缝、通风口等隔声薄弱环节向外传出，即使主机房位于半地下室，噪声也会通过采光窗户传出去。此外，冷水机组以及水泵的振动都会通过建筑物围护结构向室内传递。所以，必须重视噪声与振动对建筑物外部与内部环境的影响，事先应做出影响评估，施工时采取有效的减震、降噪措施。

③ 机房应有排水措施。机房中的许多设备在运行、维修过程中都会出现排水或漏水现象。为使房间内保持干燥与清洁，应设计有组织排水。通常的做法是在水泵、冷水机组等四周做排水沟，集中后排出。在地下室常设集水坑，再用潜水泵自动排出。

④ 机房的工作环境一般较差，尤其是地下室内配置溴化锂吸收式冷水机组的机房，由于机体部分的表面温度很高，散热量很大。如果对这些散热量估计不足，或因通风量加大有困难，或室外空气温度高于通风温度的持续时间较长，就会造成机房室温过高，甚至超过40℃。因而机房应设置良好的排热设施。如有条件可在机房屋顶上开设排热天窗，或安装屋顶排风机；若无条件可在外墙上的较高位置设置带有活动百叶窗的排风扇。

(2) 建筑布局要求

机房面积、净高和辅助用房等应根据系统的集中和分散、冷源设备类型等设置。

① 机房面积的大小应保证设备安装有足够的间距和维修空间。同时，机房面积大小的确定，应了解机房不同时期的发展规划，考虑机房扩建的余地。

② 制冷机房的净高（地面到梁底）应根据制冷机的种类和型号而定，机房高度应比制冷机高出 1～2m。一般来讲，对于活塞式制冷机、小型螺杆式制冷机，其机房净高控制在3～4.5m；对于离心式制冷机，大中型螺杆式制冷机，其机房净高控制在 4.5～5.0m；对于吸收式制冷机原则上同离心式制冷机，设备最高点到梁下不小于 1.5m；设备间的净高不应小于 3m。

③ 大、中型机房内的主机宜与辅助设备及水泵等分间布置，不能满足要求的应按设备类型分区布置。大、中型机房内应设置值班室、控制间、维修间和卫生设施以及必要的通信设施。

(3) 设备布置原则

空调制冷站的设备布置和管道连接，应符合工艺流程，流向应通畅，连接管路要短，便于安装，便于操作管理，并应留有适当的设备部件拆卸检修所需要的空间。尽可能使设备安装紧凑，并充分利用机房的空间，节约建筑面积，降低建筑费用。管路布置应力求简单、符合工艺流程、缩短管线、减少部件，以达到减少阻力、泄漏及降低材料消耗的目的。设备及辅助设备（泵、集水器、分水器等）之间的连接管道应尽量短而平直，便于安装。制冷设备间的距离应符合要求。

按照《民用建筑供暖通风与空气调节设计规范》第8.10.2条的规定，机房内设备布置，应符合以下要求：

① 机组与墙之间的净距离不小于1m，与配电柜的距离不小于1.5m；

② 机组与机组或其他设备之间的净距离不小于1.2m；

③ 留有不小于蒸发器、冷凝器或低温发生器长度的维修距离；

④ 机组与其上方管道、烟道或电缆桥架的净距离不宜小于1m；

⑤ 机房主要通道的宽度不小于1.5m。

电动式冷水机组突出部分到配电盘的通道宽度，不应小于1.5m。多台冷水机组之间的距离应为1.5~2m（控制盘在侧面时应大些，控制盘在端部距离应小些）。其蒸发器、冷凝器的一端应留有足够的检修空间，确定前应充分熟悉所选冷水机组的技术资料，其长度按各厂家要求确定。

布置冷水机组时，温度计、压力表及其他测量仪表应设置在便于观察的地方，阀门高度一般离地1.2~1.5m，高于此高度，应设工作平台。

在机房内布置设备时，应同时考虑设备的隔振、降噪，设备、管道和附件的防腐、保温等要求。

管路布置应便于装设支架，一般管路应尽可能沿墙、柱、梁布置，而且应便于维修，不影响室内采光、通风及门窗的启闭。管道的敷设高度应符合要求，机房内架空管道通过人行道时，安装高度应大于2m。

机房设备布置应与机房通风系统、消防系统和电气系统等统筹考虑。

(4) 设备的隔振与降噪

① 机房冷水机组、水泵和风机等动力设备均应设置基础隔振装置，防止和减少设备振动对外界的影响。通过在设备基础与支撑结构之间设置弹性元件来实现。

② 设备振动量控制按有关标准规定及规范执行，在无标准可循时，一般无特殊要求可控制振动速度$V \leqslant 10mm/s$（峰值），开机或停机通过共振区时$V \leqslant 15mm/s$（峰值）。

③ 当设备转速小于或等于1500r/min时，宜选用弹簧隔振器；设备转速大于1500r/min时，宜选用橡胶等弹性材料的隔振垫块或橡胶隔振器。

④ 选择弹簧隔振器时，应符合下列要求：a.设备的运转频率与弹簧隔振器垂直方向的自振频率之比，应大于或等于2；b.弹簧隔振器承受的荷载，不应超过工作荷载；c.当共振振幅较大时，宜与阻尼大的材料联合使用。

⑤ 选择橡胶隔振器时，应符合下列要求：a.应考虑环境温度对隔振器压缩变形量的影响；b.计算压缩变形量宜按制造厂提供的极限压缩量的1/3~1/2采用；c.设备的运转频率与橡胶隔振器垂直方向的自振频率之比，应大于或等于2；d.橡胶隔振器承受的荷载，不应超过允许工作荷载；e.橡胶隔振器应避免太阳直接辐射或与油类接触。

⑥ 符合下列要求之一时，宜加大隔振台座质量及尺寸：a. 当设备重心偏高时；b. 当设备重心偏离中心较大，且不易调整时；c. 当隔振要求严格时。

⑦ 冷热源设备、水泵和风机等动力设备的流体进出口，宜采用软管同管道连接。当消声与隔振要求较高时，管道与支架间应设有弹性材料垫层。管道穿过围护结构处，其周围的缝隙，应用弹性材料填充。

⑧ 机房通风应选用低噪声风机，位于生活区的机房通风系统应设置消声装置。

(5) 设备、管道和附件的防腐和保温

① 为了保证机房设备、管道和附件的有效工作年限，机房金属设备、管道和附件在保温前须将表面清除干净，涂刷防锈漆或防腐涂料作防腐处理。

② 如设计无特殊要求，应符合：a. 明装设备、管道和附件必须涂刷一道防锈漆，两道面漆。如有保温和防结露要求应涂刷两道防锈漆；暗装设备、管道和附件应涂刷两道防锈漆。b. 防腐涂料的性能应能适应输送介质温度的要求；介质温度大于120℃时，设备、管道和附件表面应刷高温防锈漆；凝结水箱、中间水箱和除盐水箱等设备的内壁应刷防腐涂料。c. 防腐油漆或涂料应密实覆盖全部金属表面，设备在安装或运输过程被破坏的漆膜，应补刷完善。

③ 机房设备、管道和附件的保温可以有效地减少冷（热）损失，提高设备、系统效率，节约能耗。需要保温的部位包括：冷（热）介质在生产和输送过程中产生冷（热）损失的设备外壁、管道、阀门及其他附件，防止外壁、外表面产生冷凝水的部位。设备、管道和附件的保温应遵守安全、经济和施工维护方便的原则，设计施工应符合相关规范和标准的要求，并满足：

a. 制冷设备和管道保温层厚度的确定，要考虑经济上的合理性。最小保温层厚度，应使其外表面温度比最热月室外空气的平均露点温度高 2℃ 左右，保证保温层外表面不发生结露现象。

b. 保温材料应使用成形制品，具有热导率小、吸水率低、强度较高、允许使用温度高于设备或管道内热介质的最高运行温度、阻燃、无毒性挥发等性能，且价格合理、施工方便的材料。

c. 设备、管道和附件的保温应避免任何形式的冷（热）桥出现。

保温材料的选择应遵循安全、经济和施工维护方便的原则，保温层厚度的确定按照《民用建筑供暖通风与空气调节设计规范》的有关规定确定，具体见第8章表8-12。

9.2 设计成果与要求

对于方案设计、初步设计和施工图设计三个阶段，每个阶段的设计成果和要求是不同的。方案设计阶段主要是提供本专业的设计说明书和投资估算书，可不提供设计图纸。方案设计文件应满足编制初步设计文件的需要，设计说明书应包括设计依据、设计要求及主要技术经济指标。在初步设计阶段，设计文件应有设计说明书、设计图纸、设备表及计算书。施工图设计阶段的设计文件应包括：图纸目录、设计与施工说明、设备表、设计图纸、计算书以及工程预算书。本书主要介绍设计说明书和图纸绘制的基本要求。

9.2.1 设计说明书

设计说明书应按设计程序编写，主要包括以下一些内容。

(1) 工程概况

介绍所设计工程建筑特点、各空调房间功能、使用特点、负荷特性、当地气象条件、水源条件、城市热源情况、当地能源及电力、环境污染状况等。

(2) 设计任务

主要根据设计任务书的要求和相关资料，明确空调制冷站设计的基本内容、设计的深度和广度。

(3) 设计依据及设计原始资料

包含国家现行的有关规范规定、设计的相关原始资料等。

(4) 空调冷热源形式的确定

根据工程特点、负荷特点、使用要求、当地气象条件、水源条件、城市热源情况、当地能源及电力、环境污染状况等，结合国家规范和地区规定，充分论述所选择的冷热源的形式及原因。

(5) 冷源设备及其辅助设备规格、台数的选择

包括冷水机组及辅助设备的型号、规格、台数、单机制冷量及选型要求。应说明空调制冷站各设备的选择计算方法、依据及选择结果，选择结果包括所选设备的型号、台数、主要性能参数和外形尺寸等，最好列表给出。

(6) 设备布置及管路设计

说明所选冷源设备、辅助设备的布置原则，并画出机房平面布置草图。

(7) 水系统的设计和计算

画出水系统草图，进行水力计算，确定管径，计算阻力损失，确定水泵的型号、规格、数量。

(8) 制冷站布置

除了设备、管路布置外，还应包括冷水机组及水系统安装、施工方面的要求、减振防噪措施、水管保温方面的要求等。

(9) 设备及材料明细表

编写设备明细表的目的是将空调制冷站设计中所选用的设备、主要管路附件的型号、规格、数量等情况用表格的方法排列出来，方便查阅及工程概算和购买设备。一般明细表的格式如下：

序号	设备及材料名称	规格型号	单位	数量	备注

9.2.2　图纸绘制

工程图纸被认为是"工程技术人员的语言"，工程师的设计结果以施工图的形式告诉施工技术人员，所以图样是否规范、正确，直接影响到工程技术人员之间的沟通。施工图设计必须符合国家颁布的相关规范、标准等。

空调制冷站的设计制图一般应包括制冷系统工艺流程图，空调制冷站平面布置图，空调制冷站剖面图或空调制冷站安装系统图等。绘图前应熟悉暖通空调绘图标准，选择大小合适的图纸及比例。

根据《暖通空调制图标准》（GB/T 50114—2010）的规定，总平面图、平面图的比例，宜与工程项目设计的主导专业一致，其余可按表9-5选用。

表 9-5　比例

图名	常用比例	可用比例
剖面图	1∶50 、1∶100	1∶150 、1∶200
局部放大图、管沟断面图	1∶20、1∶50 、1∶100	1∶25、1∶30 、1∶150 、1∶200
索引图、详图	1∶1、1∶2 、1∶5、1∶10、1∶20	1∶3、1∶4 、1∶15

制冷系统工艺流程图应绘出全部设备、连接管路、阀门等其他附件，同时图上设备要编号、管路应标明流向，还应附有图例、设备明细表。绘制时可不按比例，但图面布置应清爽、管路通畅，尽量避免管路过多交叉，且图中设备的相对大小要有区分。表9-6列出了空调制冷站系统常用的图例，可供绘图时参考。

平面布置图中应按比例绘制，图中包括设备安设位置及管道设置。机房平面布置图中，应强调的是设备的布置及水管线，因此，建筑部分用最细实线勾画出主要墙及分隔墙即可，尺寸线也用最细实线标示；设备用较粗实线绘制；水管线用最粗实线绘制；管线上附件用较细实线绘制。将各设备用水管线连接，绘图时应按投影原理，对于管子上弯、下弯、交叉等情况要依绘图标准上的符号绘制。应标出设备及管路定位尺寸及水管管径公称直径，局部表示不下的可引出标示。图中应将设备编号，并将图中所用图例及符号在图上画出。另外，还要画出剖切符号，以便在剖面图中进一步表达。

绘制机房布置剖面图时，应根据剖切位置所要表达内容的多少，决定绘制比例及选择大小合适的图纸。剖面图应尽量将在平面图上未表达完的或未表达的内容全部表达出来，一次剖切不能表达清楚的要多次剖切。绘制剖面图仍依据投影原理，设备用较粗的实线，管件及阀门用较细实线，管子上弯、下弯、交叉等情况仍严格按绘图标准绘制。另外，还要注意将平面图上的设备编号在剖面图上对应标出，并标注定位尺寸及水管直径、标高等。

安装系统图应按比例绘制。图中包括各种设备、阀件、主要管路、制冷站外形轮廓。各种设备和管道要有定位尺寸和标高。

图纸的边框大小和图标应严格按照标准来绘制。

表 9-6　空调制冷站系统常用图例

序号	名　称	图　例	附　注
1	阀门（通用）、截止阀		1. 没有说明时，表示螺纹连接 法兰连接时 焊接时 2. 轴测图画法
2	闸阀		阀杆为垂直
3	手动调节阀		阀杆为水平
4	球阀、转心阀		

续表

序号	名　　称	图　　例	附　　注
5	蝶阀	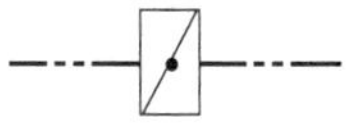	
6	角阀	 或	
7	平衡阀		
8	三通阀	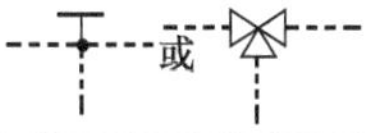 或	
9	四通阀	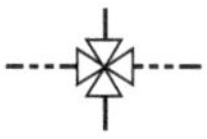	
10	节流阀		
11	膨胀阀	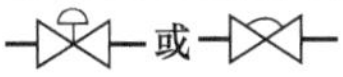 或	也称"隔膜阀"
12	旋塞	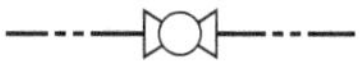	
13	快放阀		也称快速排污阀
14	止回阀	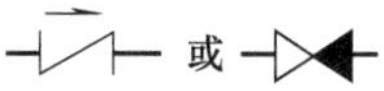 或	左图为通用,右图为升降式止回阀,流向同左。其余同阀门类推
15	减压阀	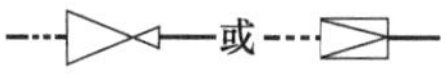 或	左图小三角为高压端,右图右侧为高压端。其余同阀门类推
16	安全阀	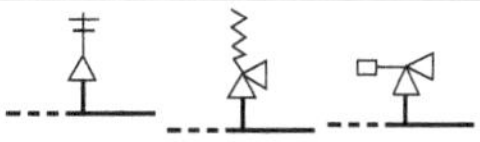	左图为通用,中为弹簧安全阀,右为重锤安全阀
17	疏水阀	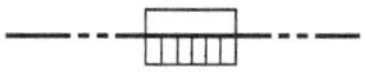	在不致引起误解时,也可用  ---●--- 表示也称"疏水器"
18	浮球阀	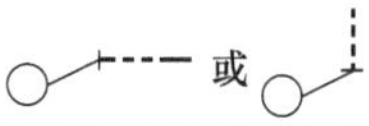 或	
19	集气罐、排气装置	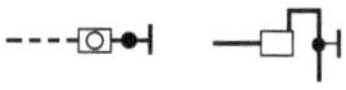	左图为平面图
20	自动排气阀		
21	除污器(过滤器)	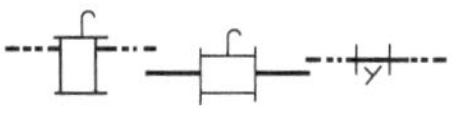	左为立式除污器,中为卧式除污器,右为 Y 形过滤器
22	节流孔板、减压孔板		在不致引起误解时,也可用  ——||—— 表示
23	补偿器		也称"伸缩器"
24	矩形补偿器		
25	套管补偿器	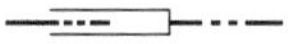	
26	波纹管补偿器		

9.3　典型设计

图 9-1～图 9-4 典型设计案例摘自国家建筑标准设计图集 07R202《空调用电制冷机房设计与施工》,可作为设计参考。

1. 简介

设计总制冷量：1055kW（300RT）

机组配置：528kW×2

（150RT×2）

机组形式：螺杆式冷水机组

冷水温度：7/12℃

冷却水温度：32/37℃

2. 综合技术指标

序号	项目	数值	指标
1	空调面积	9000m²	—
2	机房净面积	108m²	1.2%
3	设备安装容量	293kW	32.5W/m²
4	最大补水量	0.27m³/h	—

3. 设备明细表

序号	编号	名称	型号及规格	单位	数量	备注
1	L-1~2	螺杆式冷水机组	$Q=528kW（150RT），N=109kW，COP=4.8$ 蒸发器 $\Delta p=67kPa$，冷凝器 $\Delta p=55kPa$ 外形尺寸$<3600mm×1500mm×1800mm（L×W×H）$	台	2	—
2	T-1~2	冷却塔	$G=125m^3/h，N=3.7kW，32/37℃$	台	2	—
3	B1-1~2	冷水泵	$G=99m^3/h，H=35mH_2O，N=15kW$	台	2	—
4	b-1~2	冷却水泵	$G=119m^3/h，H=30mH_2O，N=18.5kW$	台	2	—
5	—	水处理装置	全自动软水器	台	1	—
6	—	软化水箱	800mm×500mm×600mm	个	1	—
7	DY-1	定压装置	—	台	1	冷水用
8	—	全程水处理器	$DN200mm<\phi800×1500（\phi×H）$	台	1	冷水用
9	—	全程水处理器	$DN250mm<\phi800×1500（\phi×H）$	台	1	冷却水用

528kW×2 制冷机房		图集号	
设计			
校对		页	
审核			

图 9-1 528kW×2 制冷机房

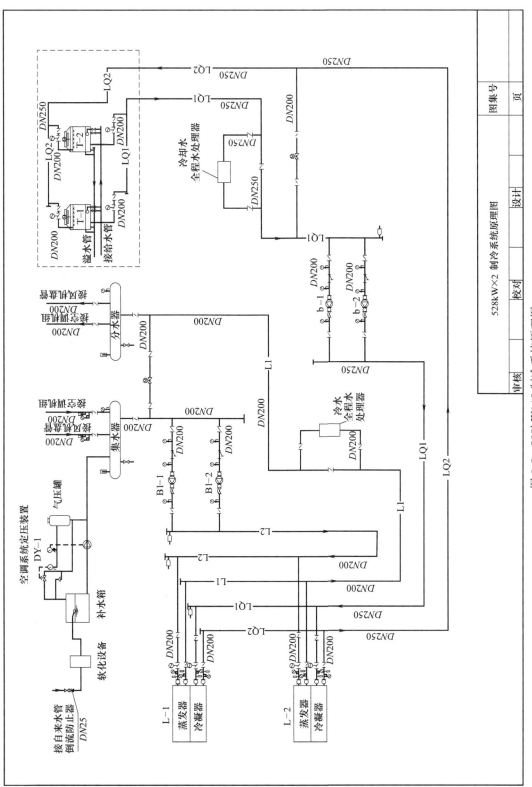

图 9-2　528kW×2 制冷系统原理图

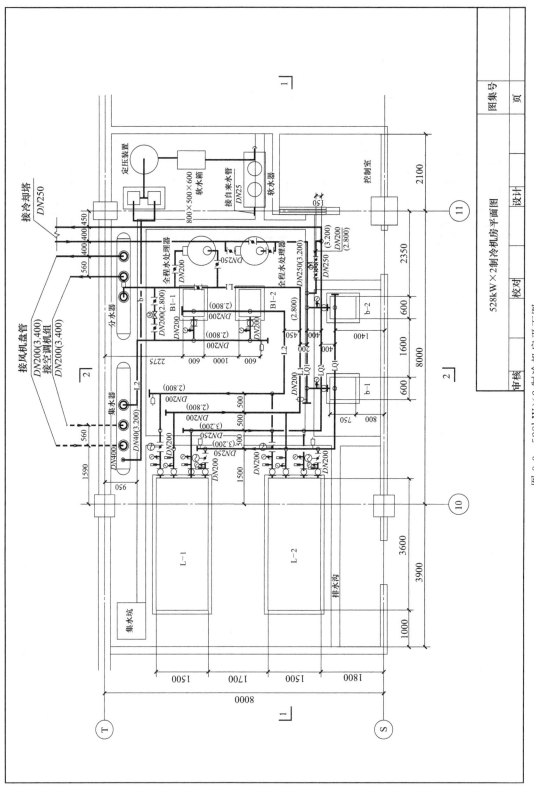

图 9-3　528kW×2 制冷机房平面图

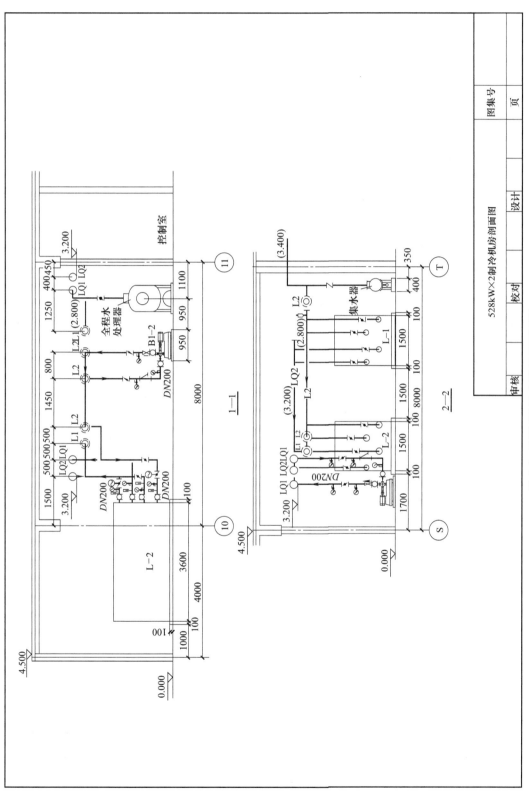

图 9-4　528kW×2 制冷机房剖面图

9.4　工程实例

9.4.1　工程实例一

(1) 工程概况

本项目为陕西省宝鸡市某综合楼空调系统制冷机房的工程设计。建筑总面积约为 12000m²，工程含地下一层，地上 12 层（主要为商场、餐厅、办公室和客房）。冷热源机房、水泵房、配电室等，均在地下室，层高 4.5m。空调冷负荷为 1100kW。

(2) 冷热源形式的确定

本设计不进行热源设计。冷源可以选用电动压缩式冷水机组、溴化锂吸收式冷水机组、热泵机组等。经综合比较，本项目选用电动压缩式冷水机组。

(3) 冷水机组形式、型号和台数的确定

该工程空调冷负荷为 1100kW，根据《民用建筑供暖通风与空气调节设计规范》第 8.1.5 条规定：电动压缩式机组台数及单机制冷量的选择，应满足空气调节负荷变化规律及部分负荷运行的调节要求，一般不宜少于两台。本设计拟选用两台冷水机组。根据《民用建筑供暖通风与空气调节设计规范》第 8.2.1 条规定和本项目单机容量大小，选用两台水冷螺杆式冷水机组，产品型号为 TWSD-FC2-160.1，名义制冷量每台为 560kW，该型号冷水机组的技术参数如表 9-7 所示。

表 9-7　TWSD-FC2-160.1 水冷螺杆式冷水机组的技术参数

型　号		TWSD-FC2-160.1
名义制冷量		560kW
电动机	功率	116kW
	额定电流	197A
	最大启动电流	458A
	最大运行电流	267A
	电源	380V-3N～50Hz
	启动方式	Y-△
压缩机	形式	半封闭双螺杆压缩机
	数量	1
	能量控制	25%～100%四级调节
冷凝器	形式	壳管式冷凝器
	数量	1
	水管管径	125mm
	水流量	120m³/h
	水压降	63kPa
蒸发器	形式	干式蒸发器
	数量	1
	水管管径	125mm
	水流量	96m³/h
	水压降	68kPa

续表

型　号		TWSD-FC2-160.1
制冷剂	制冷剂型号	R22
	工质系统数量	1
外形尺寸	长	2988mm
	宽	1085mm
	高	1855mm
运输重量		2490kg
运行重量		2690kg

(4) 冷却水系统设计

1) 冷却塔型号和台数的确定

按照冷却塔与冷水机组一配一的原则，选择两台冷却塔。根据 TWSD-FC2-160.1 螺杆式冷水机组的技术性能参数，所需冷却水量为 120m³/h，选用两台 DBNT-125 型低噪声逆流圆形冷却塔，其技术参数如表 9-8 所示。在室外湿球温度 27℃时每台冷却塔的冷却水量为 138m³/h，满足设计要求。

表 9-8　DBNT-125 型冷却塔的技术参数

型　号		DBNT-125
标准水量 （供回水温度 32/37℃）	湿球温度 28℃	125m³/h
	湿球温度 27℃	138m³/h
外形尺寸	高度	4240mm
	外径	3770mm
配管尺寸	热水入管	125mm
	冷水出管	125mm
	排水管	50mm
	溢水管	50mm
	补水管	32mm
重量	净重	1150kg
	运行重量	3740kg
冷却塔塔体扬程		3.5mH₂O

2) 冷却水管路设计和水力计算

冷却水吸收冷凝器中散出的热量后被送入冷却塔，在冷却塔中与空气进行热、湿交换被冷却，降温处理后的冷却水经过冷却水泵送入冷水机组内，继续供冷水机组使用，如此循环往复。冷水机组、冷却水泵布置在地下室制冷机房内，冷却塔布置在建筑屋顶上。设备、管道布置后，进行冷却水管路设计，确定好各管段管径，并绘制冷却水系统轴测草图以便进行水力计算（图 9-5）。

水力计算情况简要介绍如下：

每台冷却水泵流量为：$G' = kG = 1.05 \times 120 = 126$（m³/h）。冷水机组、冷却塔、冷却水泵的配管直径为 125mm，支管流量为 126m³/h，流速为 2.85m/s，配管总长度约为 30m。冷却水总管直径为 200mm，总管流量为 252m³/h，总管内流速为 2.23m/s，冷却水总管总

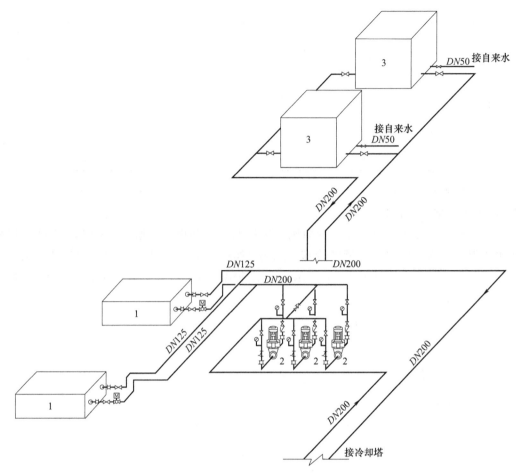

图 9-5　冷却水系统轴测草图
1—冷水机组；2—冷却水泵；3—冷却塔

长约 60m。按管内流速和管径查水管比摩阻图或表，可得冷却水配管的比摩阻为 931Pa/m，冷却水总管的比摩阻为 292Pa/m。冷却水管路沿程阻力为：

$$h_f = (30 \times 931 + 60 \times 292)/(1000 \times 9.8) = 4.6 \ (\text{mH}_2\text{O})$$

按冷水机组、冷却塔、冷却水泵一配一原则，配管上管道附件包括闸阀 5 个、蝶阀（水泵出口调节阀）1 个、止回阀 1 个、90°弯头 11 个、过滤器 1 个、除污器 1 个、合流直角三通 3 个、分流直角三通 3 个；冷却水总管 90°弯头 9 个，查常用管件局部阻力系数表，配管局部阻力系数之和 $\Sigma\zeta = 31.6$，总管局部阻力系数之和 $\Sigma\zeta = 6.5$。由此可以计算出管道局部阻力之和：

$$h_j = 31.6 \times \frac{2.85^2}{2 \times 9.8} + 6.5 \times \frac{2.23^2}{2 \times 9.8} = 14.7 \ (\text{mH}_2\text{O})$$

冷却水系统管道总阻力为 $h_2 = h_f + h_j = 19.3$（mH_2O）。根据所选冷水机组参数，冷凝器的压降为 $h_1 = 63\text{kPa} = 6.4\text{mH}_2\text{O}$。所以所需冷却水泵的扬程为：

$$H = k(h_1 + h_2 + h_3 + h) = 1.05 \times (6.4 + 19.3 + 3.5) = 30.7 \ (\text{mH}_2\text{O})$$

3）冷却水泵台数和型号的确定

根据冷却水泵所需的流量和扬程，选择型号为 150RK180-32 单吸单级立式管道离心泵 3

台，2用1备。冷却水泵的技术参数见表9-9。

表9-9 150RK180-32型冷却水泵技术参数

型号	150RK180-32	型号	150RK180-32
流量	180m³/h	电动机功率	30kW
扬程	32m	必需汽蚀余量	4.0m
转速	1450r/min	泵口径（进/出）	150mm/125mm
效率	76%	整机重量	800kg

4）水处理设备的确定

根据输水管径和处理水流量240m³/h，从产品样本中选用一台YTD-200F型电子水处理仪，其输水管径为200mm，处理流量为320t/h。

（5）冷冻水系统设计（机房部分）

1）集水器和分水器管径、管长的确定

根据已知冷冻水总流量 $\Phi=192\text{m}^3/\text{h}$，冷冻水在分水器、集水器中的断面流速 $v=0.3\text{m/s}$，计算集水器和分水器管径：

$$D=1000\times\sqrt{\frac{4\times192}{3600\times3.14\times0.5}}=369\ (\text{mm})$$

查阅管子规格，选用筒体直径为377mm的无缝钢管。

假定该冷水机组给两个空调分区供应冷冻水，分水器上两个供水管管径分别为 $d_1=125\text{mm}$，$d_2=150\text{mm}$，总管 $d_3=200\text{mm}$，压力平衡管 $d_4=150\text{mm}$，根据配管间距表确定分水器管长：

$$L=130+L_1+L_2+L_3+120+2h=1808\ (\text{mm})$$

集水器上比分水器多一根定压补水管 $d_5=50\text{mm}$，根据配管间距表确定集水器管长：

$$L=130+L_1+L_2+L_3+L_4+120+2h=2028\ (\text{mm})$$

2）冷冻水泵台数和型号的确定

根据选型原则，选择三台冷冻水泵（两用一备）。机房内冷冻水系统轴测草图见图9-6。根据所选冷水机组蒸发器的冷冻水流量，所需每台冷冻水泵的流量为：$G'=kG=1.05\times96=101\ (\text{m}^3/\text{h})$。

根据假定冷冻水系统最不利环路管路及末端空气处理设备总阻力为15mH₂O（1mH₂O=9806.65Pa），而所选冷水机组蒸发器水压降为68kPa，则所需冷冻水泵的扬程为：

$$H=1.05(6.9+15)=23\ (\text{mH}_2\text{O})$$

根据冷冻水泵所需的流量和扬程，选择型号为125RK120-25的单吸单级立式管道离心泵三台（两用一备）。冷冻水泵的技术参数见表9-10。

3）定压补水设备选型

采用气压罐定压，根据式（8-8）计算气压罐容积为0.31m³，选择型号为RSN600的立式（囊式）气压罐。

4）水处理设备的确定

根据输水管径和处理水流量192m³/h，选择水处理设备。

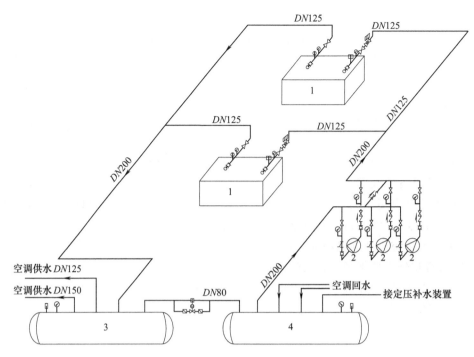

图 9-6　机房内冷冻水系统轴测草图
1—冷水机组；2—冷冻水泵；3—分水器；4—集水器

表 9-10　125RK120-25 型冷冻水泵技术参数

型　　号	125RK120-25	型　　号	125RK120-25
流量	120m³/h	电动机功率	15kW
扬程	25m	必需气蚀余量	3.8m
转速	1450r/min	泵口径(进/出)	125mm/100mm
效率	74%	整机重量	509kg

(6) 设计图纸

设计图纸包含设计说明、制冷系统流程图、制冷设备及管道平面布置图、制冷系统轴测图等，如图 9-7～图 9-10 所示。

9.4.2　工程实例二

(1) 工程概况

本工程为西安市某高层住宅商业裙楼空调系统制冷机房的工程设计。建筑为一类建筑，本设计为地下一层至四层公共建筑加装集中空调设计，空调建筑面积约为 11000m²，总高度为 16.2m。地下一层一部分为设备用房，一部分为超市和茶室，一层为银行，二至四层为办公。空调冷负荷为 1080kW，热负荷为 1188kW。

(2) 冷热源形式

本设计集中空调系统冷源热源设于地下室制冷机房，选用两台螺杆式制冷机组夏季供冷，夏季供给空调系统 7～12℃的冷水；选用一台空调换热器冬季供热，由地下室采暖供热站接一次热源，一次热源供、回水温度为 95～70℃，一次热源经换热器交换为二次热水，冬季供给空调系统 65～57℃的热水。

一、工程概况

本项目为宝鸡市某综合楼空调系统制冷机房的工程设计。建筑总面积约为12000m²。工程含地下一层、地上12层（主要为商场、餐厅、办公室和客房）。制冷机房、水泵房、配电室等，均在地下室，层高4.5m。

二、设计依据

1.《民用建筑供暖通风与空气调节设计规范》（GB 50019—2015）；

2.《公共建筑节能设计标准》（GB 50189—2015）；

3. 业主对设计提出的有关要求。

三、设计说明

1. 夏季空调冷负荷为1100kW。

2. 选择两台水冷螺杆式冷水机组，单台名义制冷量560kW，两台总冷量1120kW，满足夏季空调负荷要求。

3. 选择两台离心式冷却塔，布置在大楼的顶层层面。

4. 空调冷冻水循环泵、冷却水循环泵，冷却塔与制冷机组一一匹配，冷冻泵、冷却水泵两用一备。

5. 冷媒水供回水温度为7/12℃，冷却水供回水温度为32/37℃。

6. 冷热水系统由密闭式膨胀罐及补水泵定压补水，补水经全自动软水器软化处理。

7. 冷媒水供回水总管均接到分、集水器上并从分、集水器上再分别引出到不同区域的冷水供回水支管。

四、施工说明

1. 设备到货后校其尺寸无误后，方可施工设备基础。基础施工时，应按设备的要求预留地脚螺栓孔。

2. 机房内管道公称直径DN≤50的采用镀锌钢管，DN>50的采用无缝钢管。无缝钢管规格详见《输送流体用无缝钢管》（GB/T 8163—2008）。

3. 冷却水管道不保温，其余水管均保温。保温采用PVC难燃橡塑保温管材（难燃B1级）。冷热水管保温厚度见下表。所有保温缝隙处都要求用专用胶水粘接严格，不得存在漏气现象，且冷冻水管与保温支吊架之间应做经过防腐处理的木垫块。具体做法详见《建筑设备通用安装通用图集》（2005版）。

管道直径/mm	≤50	70~150	200~300	≥300
保温厚度/mm	20	25	30	40

4. 管道穿墙及楼板处应加套管，待管道安装完毕后予以堵严。

5. 机房内管道高位处应设置放气，低位处设置泄水。

6. 管道安装未说明之处，如管道支吊架间距、管道焊接等项，均应按《建筑给水排水及采暖工程施工质量验收规范》（GB 50242—2002）实施。

7. 防腐：非镀锌钢管表面除锈后，明装管道再刷银粉两道，镀锌钢管表面缺损处，刷防锈漆一道，银粉两道。所有管道阀门应挂牌，牌上注明是某系统的供水管阀或回水阀。

8. 机房内的水管均应做流向标志和介质种类标志。

9. 冲洗：管道应分段冲洗，至排水清，净为合格。

10. 系统试压：冷冻水系统的试验压力为1.5MPa，冷却水系统的试验压力为0.9MPa。

11. 设备试运转及系统调试应在保证设备及管道安装正确无误的基础上，应严格按照制造厂提供的产品使用说明书进行，同时还应遵守《制冷设备、空气分离设备安装工程及验收规范》（GB 50273—2009）以及其他有关标准、规范中的相关规定。

12. 冷水机组的清洗、安装、试漏、加油、充加制冷剂、调试等事宜，才能进行，所有调试仪表均应精确可靠。

工程名称		图名	
项目名称	审定	校对	图号
项目负责	审核	设计	日期

图9-7 空调制冷机房设计说明

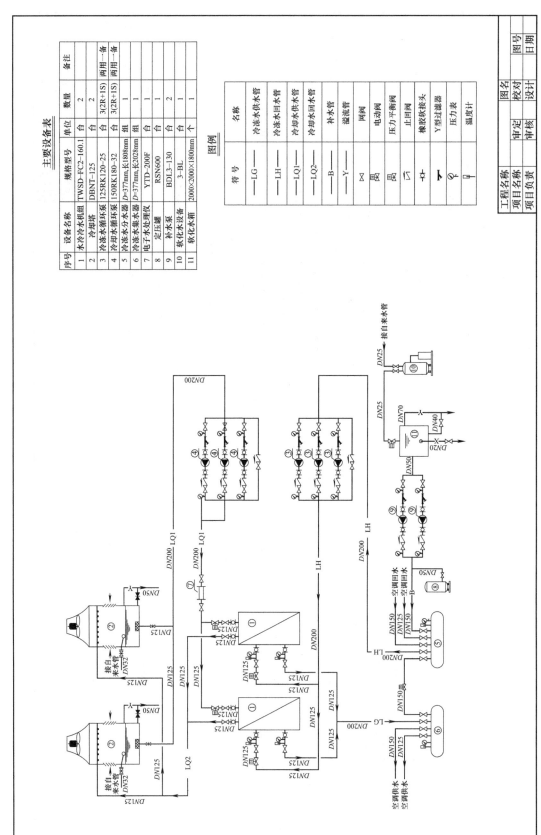

主要设备表

序号	设备名称	规格型号	单位	数量	备注
1	水冷冷水机组	TWSD-FC2-160.1	台	2	
2	冷却塔	DBNT-125	台	2	
3	冷冻水循环泵	125RK120-25	台	3(2R+1S)	两用一备
4	冷却水循环泵	150RK180-32	台	3(2R+1S)	两用一备
5	冷冻水分水器	D=377mm,长1808mm	组	1	
6	冷冻水集水器	D=377mm,长2028mm	组	1	
7	电子水处理仪	YTD-200F	台	1	
8	定压罐	RSN600	台	1	
9	补水泵	BDL3-130	台	2	
10	软化水设备	3-BL	台	1	
11	软化水箱	2000×2000×1800mm	个	1	

图例

符号	名称
——LG——	冷冻水供水管
——LH——	冷冻水回水管
——LQ1——	冷却水供水管
——LQ2——	冷却水回水管
——B——	补水管
——Y——	溢流管
⋈	闸阀
⊠	电动阀
⊠	压力平衡阀
⊲	止回阀
-◁▷-	橡胶软接头
⊢	Y型过滤器
℗	压力表
⊨	温度计

工程名称		图名	
项目名称		校对	图号
项目负责		设计	日期
	审定	审核	

图 9-8　制冷系统流程图

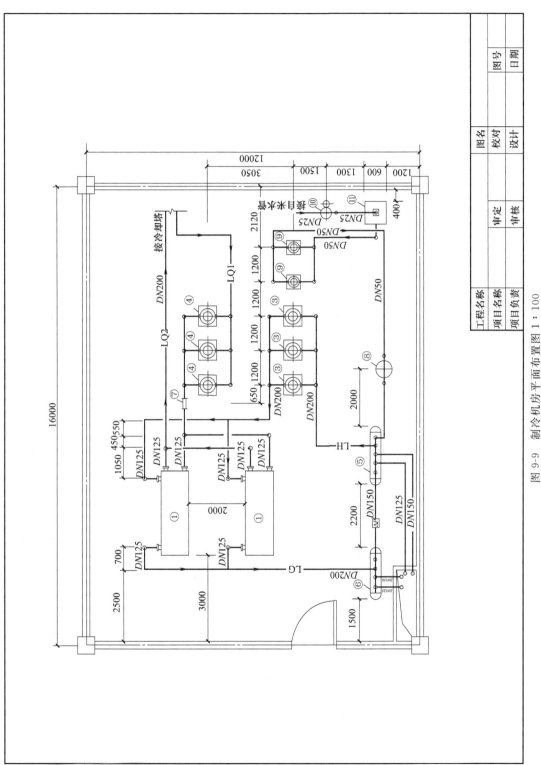

图 9-9 制冷机房平面布置图 1:100

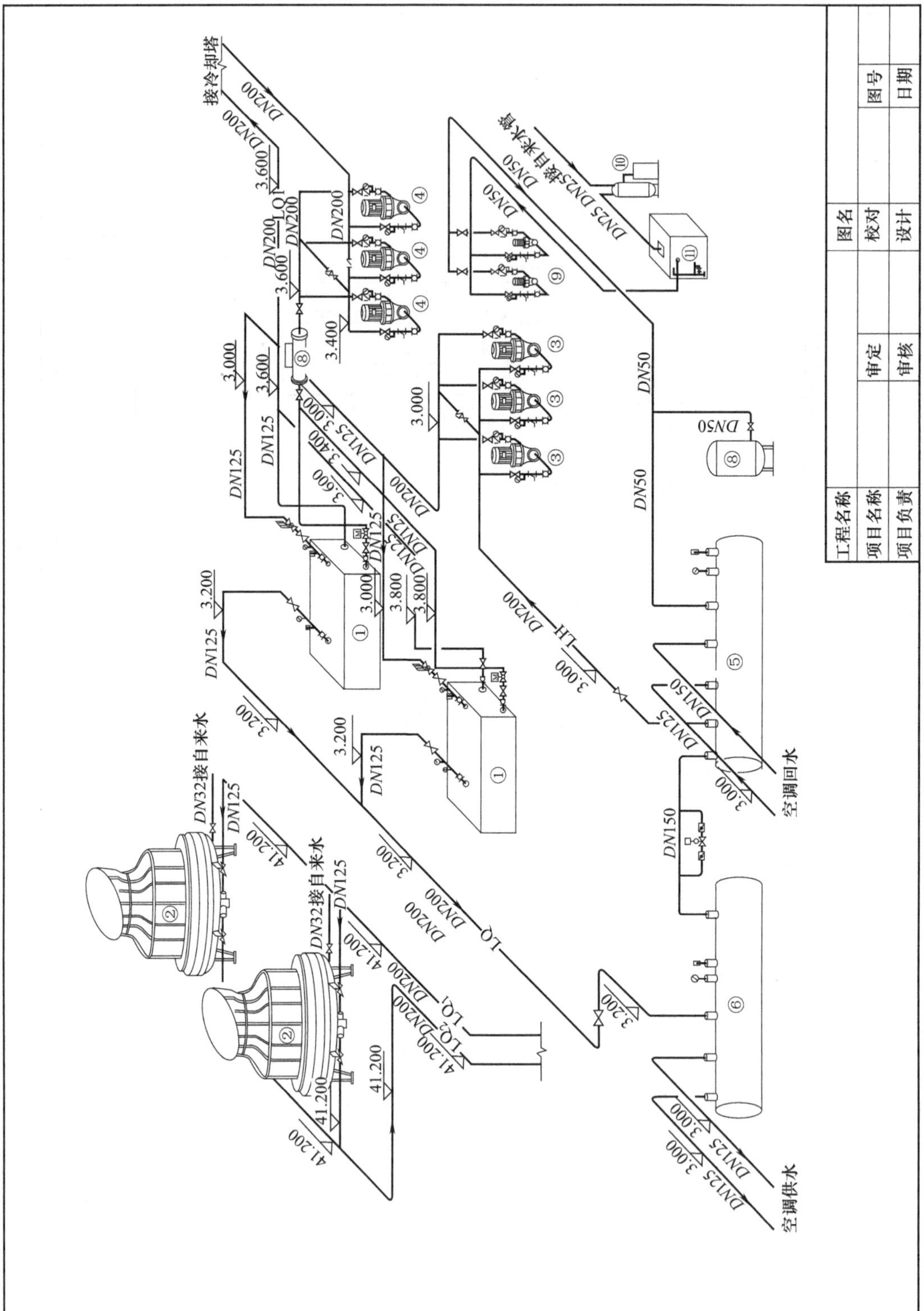

图 9-10 制冷机房制冷系统轴测图

一、设计内容及设计依据

（一）设计内容

1. 本工程为一类综合建筑，本设计为地下一层至四层公共建筑的加装集中空调设计，空调建筑面积约为 $11000m^2$，总高度为16.2m，地下一层一部分为设备用房，一部分为超市和茶室，一层为银行，二至四层为办公。

2. 本工程设集中空调，冷源热源设于地下室制冷机房，选用两台螺杆式制冷机组夏季供冷，夏季供给空调系统7～12℃的冷水；选用一台空调换热器冬季供热，由地下室采暖供热站接一次热源、一次热源供、回水温度为95～70℃。一次热源经换热器交换为二次热水，冬季供给空调系统65～57℃的热水。

3. 本工程施工图设计内容包括空调冷热源系统设计；空调水系统设计；空调风系统设计；通风系统设计；采暖系统设计；防排烟系统设计；自控及节能；施工安装。

（二）设计依据

1. 民用建筑供暖通风与空气调节设计规范　GB 50019—2015
2. 全国民用建筑工程设计技术措施，暖通空调动力（2003年版）
3. 高层民用建筑设计防火规范　GB 50045—95（2005年版）
4. 公共建筑节能设计标准　GB 50189—2015
5. 甲方设计委托书

二、设计计算参数

（一）室外计算参数　陕西西安地区

1. 夏季：夏季空调室外计算干球温度：35.2℃　夏季大气压力：978.7hpa
夏季平均室外风速：2.2m/s　夏季通风室外计算温度：32℃
夏季空调室外计算湿球温度：26℃

2. 冬季：采暖室外计算温度：　−5℃　冬季通风室外计算温度：−1℃
冬季平均室外风速：1.8m/s　冬季空调室外计算干球温度：−8℃
冬季大气压力：959.2hpa

（二）室内设计参数　室内空调，采暖设计参数

房间名称	冬季		夏季		新风量 /[m³/(h·人)]	噪声 /dB(A)
	温度/℃	湿度/%	温度/℃	湿度/%		
门厅	20～22	40～50	26～28	50～60	—	55
超市	18～20	40～50	26～28	50～60	20	50
银行、办公	20～22	40～50	24～26	50～60	30	45
茶室	20～22	40～50	24～26	50～60	50	45

三、设计说明

1. 空调负荷：夏季空调总冷负荷为1080kW；冬季空调总热负荷为1188kW。

2. 集中空调冷热源接自地下一层的制冷制热机房，空调系统夏季冷热源选用两台螺杆机，单机制冷量为547kW，空调系统夏季供水温度为7℃，回水温度为12℃；空调系统冬季供水温度为60℃，回水温度为50℃；选用两台低噪声横流式冷却塔设于室外地面上，冷却水供水温度为32℃；回水温度37℃，空调循环水泵，冷却泵，冷却塔与制冷机组匹配一一对应，冷冻泵，冷却泵两用一备。

3. 空调水系统采用膨胀水箱定压，空调膨胀水箱光电液位信号由水箱引至制冷制热机房控制室，控制空调系统补水泵的启停，空调系统补水采用软化水，全自动软化水和补水设备设于制冷制热机房。

4. 在冷热源侧和负荷侧设旁通管路，旁通管上设自力式压差旁通阀，以保证空调系统运行时供、回水压差恒定。

5. 地下一层制冷机房间机械通风系统利用原有通风系统。

四、自控及节能

1. 本工程制冷制热机房自动控制系统采用直接数字控制系统（DDC系统），控制系统的软件功能应包括：最优化起停，PID控制，设备台数控制，动态图形显示，各控制状态点显示。

2. 制冷机组，冷冻水泵，空调循环水泵，冷却塔风机及其电动蝶阀应进行电气联锁启停，其起动顺序为冷却塔风机出水电动蝶阀—冷却水泵—空调循环水泵—冷却塔风机—制冷机组。系统停机时顺序与上述相反。

3. 空调水系统采用冷量来控制制冷机组及其对应的空调循环水泵，冷却水泵，冷却塔的运行台数。

4. 空调系统膨胀水箱的液位由电信号引至制冷制热机房控制室控制空调系统补水泵的启停。

5. 空调水系统为一次泵变水量系统，空调系统风机盘管和空调机设电动两通阀调节水量，制冷制热机房空调总供回水管设电动旁通阀控制水系统供回水总管的压差。

五、施工安装

1. 所有设备基础应在设备到货且校核其尺寸无误后方可施工，基础施工时，应按设备的要求预留地脚螺栓孔（二次浇注），制冷机组应在制冷制热机房外墙未砌之前放入机房内。

2. 制冷机组，空调换热机组，机房水泵由厂家配橡胶减振垫，橡胶减振垫数量及布置方式详厂家基础图纸，吊装风机和吊顶式新风空调机减振采用TJ10弹簧减振器，空调风管和通风风管吊架采用减振吊架，详风管减振吊架安装大样图。

3. 采暖，空调水管管径 $DN\leqslant50$mm 的为焊接钢管，管径 $300\geqslant DN>50$mm 的为无缝钢管，冷凝水管为镀锌钢管，管径 $DN\leqslant100$mm 的采用螺纹连接，管径 $DN>100$mm 的采用卡套式专用管件连接，本设计图中焊接钢管以公称直径标注无缝钢管，以外径×壁厚标注，管材工作压力均为1.6MPa。

mm

公称直径	焊接钢管	公称直径	焊接钢管	公称直径	无缝钢管	公称直径	无缝钢管	公称直径	无缝钢管
DN20	26.8×2.75	DN40	48×3.5	DN70	73×4	DN125	133×4	DN250	273×8
DN25	33.5×3.25	DN50	60×3.5	DN80	89×4	DN150	159×4.5	DN300	325×8
DN32	42.3×3.25			DN100	108×4	DN200	219×6		

4. 空调水管阀门选型如下：关断阀管径 $DN\leqslant50$ 时，为J11W-16T型截止阀；$DN>50$ 时，为PQ340F-16Q型双偏心半球阀；蝶阀：$100<DN\leqslant200$ 时，为D41F-1.6型法兰蝶阀；$DN>200$ 时，为SPD343型法兰蜗轮传动三维偏心蝶阀；自动排气阀为DR0502型，除空调最高供水管上的为DN20外，其余为DN15。制冷制热机房设备进出口软接均采用橡胶软接，软接工作压力均为1.0MPa。

5. 管道伸缩器采用轴向型外压式波纹伸缩器ZHZW型，伸缩器抗疲劳破坏次数要求15000次，伸缩器预拉伸长度为50%。

6. 供热一次热水管道采用 $\delta=40$mm 的防水型岩棉管壳保温，外包玻璃布两道。

空调供、回水管，冷凝水管，室外冷却水管，空调膨胀管，空调膨胀水箱应保温，保温材料选用的橡塑发泡管材（NBR/PVC），保温厚度：管径＜80mm，为25mm；管径＞80mm，为32mm，空调膨胀水箱保温厚度为32mm，空调膨胀水箱，室外冷却水管保温完后应用0.5mm的镀锌钢板做保护外壳。

7. 空调供、回水管系统最高处及空调机回水管最高处设自动排气阀，系统最低处设排水管，并配置截止阀，空调供、回水管水平敷设应保证0.002～0.003的坡度，冷凝水管水平敷设顺水流方向应保证0.01的坡度，空调机，风机盘管的凝结水管应接水封后再与系统相接，总凝结水管排至各层水池或地下室积水坑。

8. 保温风管和水管穿越墙体和楼板时，保温层不得间断，安装完成后在墙和楼板两侧应设夹板，并在四周内密实填充非燃松散保温材料。

9. 空调系统水管道，支吊架均应在除锈后刷樟丹防锈漆两遍，空调系统水管道方可进行保温，空调供、回水管，冷凝水管支，吊架必须安装在保温层外，在通过支、吊架处应设置垫木做法见国标87R412-1，支、吊架应做保温喷涂、支、吊架最大跨距如下表：

管径/mm	≥DN25	DN32～DN50	DN70	DN80	DN100	DN150	DN200	DN250	DN300
跨距/m	2	3	4	4.5	5	6	7	8	8.5

10. 制冷制热机房所有水管道每隔两米做一色环<300mm宽>并用同一颜色箭头标明管内水流方向，各管道及其颜色如下：

管道代号	管道名称	涂漆颜色	管道代号	管道名称	涂漆颜色	管道代号	管道名称	涂漆颜色
	空调冷热水供水管	棕色黄环	R4	空调热水回水管	棕色绿环	S	给水管	黄色绿环
	空调冷热水供水管	棕色灰环	L1	空调冷冻水供水管	绿色黄环	S1	软水管	黄色蓝环
R1	一次热水供水管	深蓝色	L2	空调冷冻水回水管	绿色灰环	P1	无压排水管	浅棕色
R2	一次热水回水管	浅蓝色	L3	空调冷却水供水管	蓝色黄环	P2	有压排水管	深棕色
R3	空调热水供水管	棕色红环	L4	空调冷却水回水管	蓝色灰环	Y	溢流水管	绿色

11. 空调供、回水管，冷却水管安装完毕后，在保温前应进行水压试验，空调供，回水管，冷却水管试验压力为0.8MPa，试压要求详见<建筑给排水及采暖工程施工质量验收规范>GB 50242—2002的规定，应对系统反复进行冲洗，直至排出水中无泥沙，铁屑等杂质，对管路系统进行注水冲洗前，必须将所有过滤器网卸下，待冲洗后再分别装上，空调系统应在进行完冷态试验和热态后方可交付使用。

六、系统运行管理：

1. 空调冷，热水管道全年在系统不运行时应充水保养，不得倒空，冬季每天关闭新风空调机组时，同时电动联锁关闭新风口处的电动调节阀，以免空调水管冻裂。

2. 冬季应将冷却塔的水放空，以免冷却塔冻裂。

3. 所有设备的运行管理应详其操作手册。

工程名称				图名			
项目名称		审定		校对		图号	
项目负责		审核		设计		日期	

图 9-11　冷冻站设计说明

图例说明

序号	图例	名称	序号	图例	名称
1		密闭对开多叶调节阀	35	—S—	给水管
2		电动密闭对开多叶调节阀	36	—S1—	软水管
3		风管蝶阀	37		固定支架
4		防火阀	38		蒸汽流量计
5		排烟防火阀	39		导向支架
6		风管止回阀	40		波纹伸缩器
7		风机	41		过滤器
8		风管软接头	42		活塞阀 截止阀
9		消声器	43		蝶阀
10		消声弯头	44		静态平衡阀
11		天圆地方	45		电动调节阀
12		风管变径	46		电动蝶阀
13		百页风口	47		止回阀
14		网式风口	48		安全阀
15		风管侧向送,冷风口	49		浮球阀
16		过滤器	50		水流开关
17		风机盘管	51		水管变轻
18		空调机 新风空调机	52		水管软接
19		空调供水管	53		疏水器
20		空调回水管	54		橡胶减振垫
21		空调站水管	55		热水自动排气阀
22	—L1—	空调冷却水供水管	56		放水丝堵
23	—L2—	空调冷却水回水管	57		压差控制器
24	—L3—	空调冷却水供水管	58		坡度及坡向
25	—L4—	空调冷却水回水管	59	PJ	排风井 排风井、回风井代号
26	—Z—	室外供热蒸汽管	60	SJ	送风井 送风井代号
27	—N—	室外供热结水管	61	L	暖通水管井 暖通水管井代号
28	—R1—	一次热水供水管	62	PY-	排烟机代号
29	—R2—	一次热水回水管	63	SF-	进风机代号
30	—R3—	空调热水供水管	64	PF-	排风机代号
31	—R4—	空调热水回水管	65	K-	空调机代号
32	—P1—	无压排水管	66	XK-	新风空调机代号
33	—P2—	有压排水管	67	FP-	风机盘管代号
34	—Y—	溢流水管	68	XF-	新风换气机代号

制冷机房主要设备表

编号	名称	规格	单位	数量	备注
1	制冷机组	RSW-155-1 螺杆式制冷机组 机组承压0.8MPa 全密闭螺杆式 制冷量547kW 配电量N=108kW(380V) 冷冻水量 $94m^3/h$ (7℃/12℃) 冷冻水侧压力损失 36kPa 冷冻水量 $118m^3/h$ (32℃/37℃) 冷冻水侧压力损失 36kPa	台	2	机组制冷性能系数5.06 外形尺寸 3440×1300×994(H) 运行重量 375kg
2	空调冷冻水泵	KQL150/320-22/2 $L=124m^3/h$. $n=1480r/min$ $H=300kPa$ $N=20kW$(380V)	台	3	<两用一备> 自重352kg
3	空调冷却水泵	KQL150/320-22/2(T) $L=154m^3/h$. $n=1480r/min$ $H=290kPa$ $N=20kW$(380V)	台	3	<两用一备> 自重352kg
4	空调补水泵	KQL150/320-22/2 $L=6.4m^3/h$. $n=2960r/min$ $H=340kPa$ $N=2.2kW$(380V)	台	2	<一用一备> 自重26kg
5	冷却塔	AV-125 方形横流式 $125m^3/h$ $N=4kW$(380V)	台	2	外形尺寸 2440×3080×4530 运行重量 265kg
6	空调换热器	BR035 板式换热器 换冷量1200kW 机组承压0.8MPa 换热面积$12m^2$ 一次热水量$41.27m^3/h$ 一次热水量95~70℃ 二次热水量$103.2m^3/h$ 二次热水量60~50℃	台	1	外形尺寸 1033×506×1183
7	软水器	5600E2-250 $N=0.45kW$ 处理水量 $3m^3/h$ 连续出水	台	1	
8	软水箱	1600×1200×1800<H> 钢板 4mm	个	2	参见国标03R400-2 自制，现场根据接管位置开孔
9	空调膨胀水箱	参见国标03R401-2.6#.1400×1400×1200, 钢板 4mm	个	1	参见国标03R400-2 自制，现场根据接管位置开孔
10	压差控制器	AFPA-VFG2 阀门DN50 065B2393 压差50kPa 驱动器 003G1021	套	1	
11	电子水处理仪	MHW-16H-0.6CH DN200	个	1	
12	电动阀	DN100	个	1	
13	电动蝶阀	DN200	个	2	
14	热量计	热量计 DN200 耐温≤150℃ 流量计承压1.6MPa	个	1	
15	过滤器	SG型 DN50 DN150 DN125 DN200	个	1,1 1,3	
16	水表	DN40	个	1	
17	温度计	WNG-11 0-100℃	个	12	
18	压力表	Y-150 0-1.6MPa	个	24	

工程名称			图名		
项目名称		审定	校对		图号
项目负责		审核	设计		日期

图 9-12 图例说明及主要设备表

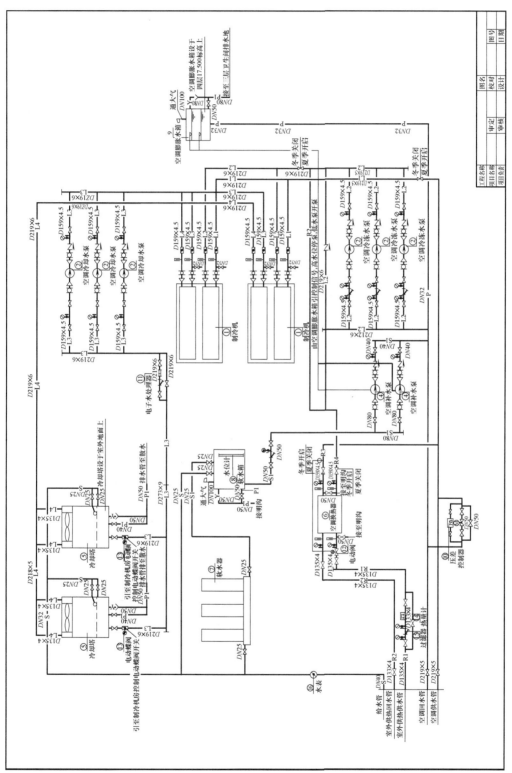

图 9-13　空调制冷制热流程图

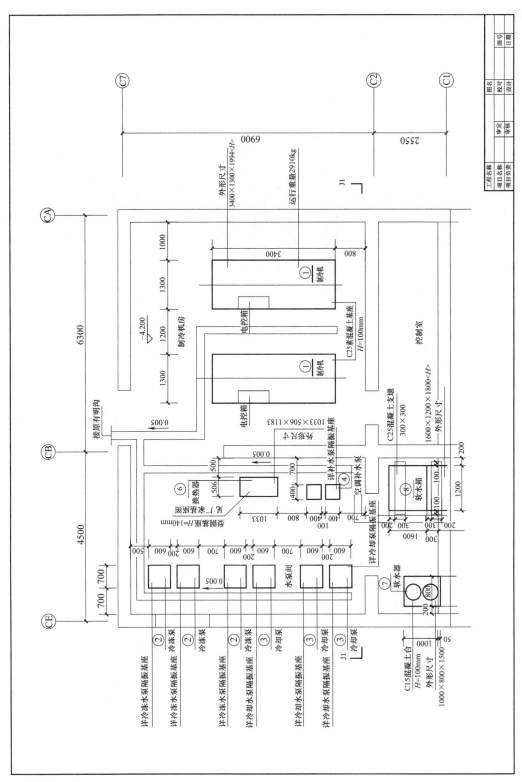

图 9-14　制冷机房设备平面图 1:50

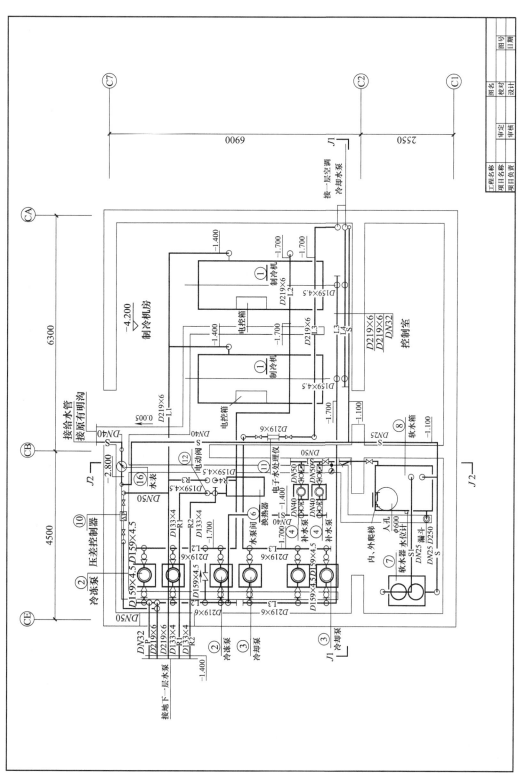

图 9-15 制冷机房管道平面图 1：50

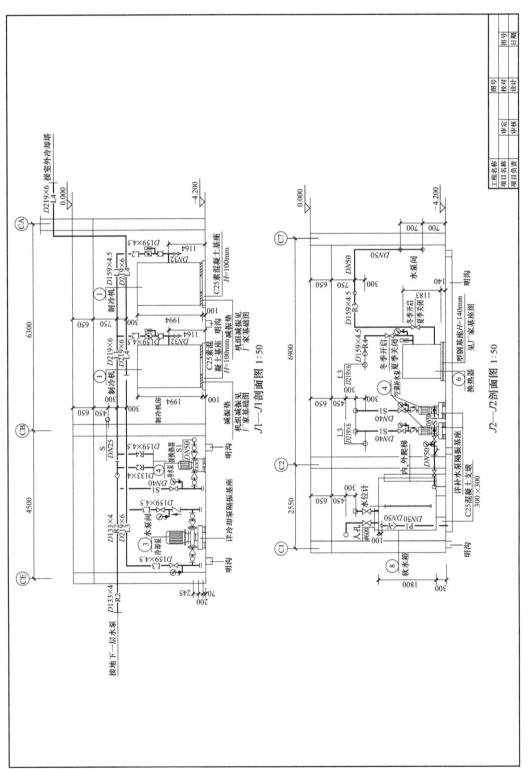

图 9-16　制冷机房剖面图 1∶50

（3）冷水机组形式、型号和台数的确定

选用两台螺杆式制冷机组，产品型号为 RSW-155-1，单台名义制冷量每台为 547kW，冷冻水量 94m³/h，供回水温度 7℃/12℃，冷冻水侧耐压 0.8MPa；冷却水量 118m³/h，供回水温度 32℃/37℃，冷却水侧耐压 0.8MPa。运行重量 3750kg，机组制冷性能系数 5.06，外形尺寸 3400mm×1300mm×1994mm（H）。

（4）压力损失

制冷机房内部压力损失（含过滤器和循环水泵进出段等）100kPa，制冷机压力损失（由厂家样本提供）80kPa。

冷冻水泵选择三台，两用一备，型号为 KQL150/320-22/2<T>，流量 124m³/h，扬程 300kPa，转速为 1480r/min，电动机功率为 20kW（380V）。

冷却水泵选择三台，两用一备，型号为 KQL150/320-22/2，流量 154m³/h，扬程 290kPa，转速为 1480r/min，电动机功率为 20kW（380V）。

空调系统补水泵按系统循环水量的 2.5% 计算，248m³/h×2.5%＝6.2m³/h，空调补水泵型号为 KQL150/320-22/2，流量 6.4m³/h，扬程 340kPa，转速为 2960r/min，电动机功率为 2.2kW（380V），选用两台。

空调系统膨胀量 V_0＝0.014V_c＝0.014×128000＝1792（L），空调系统膨胀水箱有效容积为 1.8m³，依据 03R401-2 开式水箱国标图集，选用 5♯方形膨胀水箱，设于四层屋顶。

软水箱按一小时的补水量计 25m³ 选用，尺寸为 1600mm×1200mm×1800mm（H）。

空调系统补水量按系统循环水量的 1% 计算，根据 248m³/h×1%＝2.5m³/h，选用一台处理水量为 3m³/h 的软水器。

具体见图 9-11～图 9-16。

思考与练习

1. 设计前需要收集哪些原始资料？
2. 如何初步确定冷水机组总制冷量？
3. 冷水机组的型号和数量如何来选择？
4. 机房中设备布置间距有什么要求？
5. 机房减振降噪的措施有哪些？
6. 设计说明书主要包括哪些内容？
7. 绘制图纸应注意哪些问题？

吸收式制冷

目标要求：

① 理解吸收式制冷系统的工作原理和工作过程；

② 熟悉吸收式制冷系统的设备组成，了解主要设备的作用和工作原理；

③ 掌握单效、双效溴化锂吸收式制冷机组及直燃型溴化锂吸收式冷热水机组的工作原理及工作特点。

吸收式制冷是液体汽化制冷的另外一种形式，它和蒸气压缩式制冷一样，是利用液态制冷剂在低温低压下汽化吸热达到制冷的目的。所不同的是，蒸气压缩式制冷是靠消耗机械能或电能使热量从低温物体向高温物体转移，而吸收式制冷则依靠消耗热能来完成这种非自发过程。吸收式制冷可以利用工厂低品位的余热和废热，也可以使用燃气、地热能、太阳能转化成的热能，对能源的利用范围很宽广。

早期的吸收式制冷机用氨水溶液作工质，可以获得 0℃ 以下的冷量，用于生产工艺所需的制冷。但是氨有毒、对人体有危害、装置比较复杂、金属消耗量大，因而氨水吸收式制冷机的使用受到限制。

当前广泛使用的是溴化锂吸收式制冷机，以水为制冷剂，以溴化锂溶液为吸收剂，只能制取 0℃ 以上的冷量，主要用于大型空调系统作为冷源。由于对 CFCs 制冷剂使用的限制，世界各国对吸收式制冷更加重视，因此，溴化锂吸收式制冷机的生产和使用得到迅速发展。

10.1 吸收式制冷原理

10.1.1 基本原理

吸收式制冷与蒸气压缩式制冷同属液体汽化制冷，都是利用制冷剂汽化吸热来实现制冷的。因此，吸收式制冷系统中也必然要用到蒸发器、冷凝器和节流机构等，但是没有了压缩机，而是通过使用一些消耗热能的设备把蒸发器出来时的低温低压气体变为高温高压气体，从而为冷凝器中的冷凝过程创造条件。

吸收式制冷循环的基本工作原理如图 10-1 所示。在吸收式制冷循环中流动的不只是制冷剂这一种工质，还有另外一种工质，被称为吸收剂。制冷剂和吸收剂可以互相溶解，其中沸点低的作为制冷剂，沸点高的作为吸收剂，二者构成了"工质对"。由此，吸收式制冷循环中构成了两个循环回路，即制冷剂循环和吸收剂（溶液）循环。

图 10-1 中右侧部分是吸收剂循环，该循环主要由发生器、吸收器、溶液泵和溶液热交换器组成。吸收器中的吸收剂溶液不断吸收蒸发器中产生的低温低压制冷剂蒸气，溶液浓度发生变化，制冷剂-吸收剂溶液经溶液泵升压后先进入溶液热交换器，被从发生器流回的高温溶液加热（预热）之后再进入发生器。在发生器中，制冷剂-吸收剂溶液被热媒加热而沸腾（消耗热能作为补偿），其中低沸点的制冷剂汽化，从溶液中分离出来，变为高温高压蒸气后进入冷凝器。余下的高温浓缩吸收剂溶液离开发生器，经溶液热交换器与从吸收器出来的低温溶液通过传热间壁换热，放出热量后降温（预冷），再经节流降压后进入吸收器，再次吸收来自蒸发器的低温低压制冷剂蒸气，如此不断循环。可以看到，发生器、吸收器、溶液泵、溶液热交换器等设备构成的溶液循环，起到了蒸气压缩式制冷中压缩机的作用。这里溶液热交换器的作用是让高温的浓溶液和低温的稀溶液在其中进行换热，前者被预冷后进入低温的吸收器，后者被预热后进入高温的发生器，这样可以降低发生器的加热负荷，以及吸收器的冷却负荷，相当于一个节能器，充分利用系统内部能量，提高系统效率。

图 10-1 中左半部分是制冷剂循环，由冷凝器、节流装置和蒸发器组成。从发生器出来的高温高压制冷剂蒸气进入到冷凝器，在冷凝器中向环境介质放热，冷凝为高压常温液体后，经节流装置节流成低温低压的气-液混合物。低温低压的气-液混合物进入蒸发器，在蒸发器中吸收被冷却对象的热量，汽化成低温低压的制冷剂蒸气，进入吸收器。整个制冷剂循环与蒸气压缩式相同。

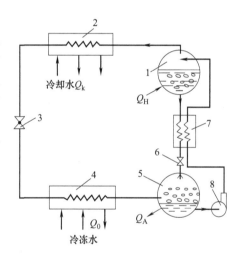

图 10-1 吸收式制冷循环原理图
1—发生器；2—冷凝器；3—节流阀；
4—蒸发器；5—吸收器；6—节流阀（辅）；
7—溶液热交换器；8—溶液泵

10.1.2 与蒸气压缩式制冷的比较

吸收式制冷和蒸气压缩式制冷一样，都是利用液态制冷剂在低温低压下汽化达到制冷的目的。两者都是以低压、低温的制冷剂液体在蒸发器中汽化吸热所产生的制冷效应来实现从低温热源吸取热量，并且都是以高压高温的制冷剂蒸气在冷凝器中凝结放热所产生的制热效应来实现向高温环境散热的。其不同之处在于：

① 能量补偿方式不同：吸收式制冷循环依靠消耗热能为补偿，并且对热能的要求不高，可以是低品位的工厂余热、废气、废水和太阳能，对能源的利用范围很广；而蒸气压缩式制冷循环则需要消耗高品位的电能作为补偿。

② 使用工质不同：在蒸气压缩式制冷所使用的工质中，除了混合工质外，均为单一制冷剂工质，而吸收式制冷的工质则是由两种沸点不同的物质组成的二元溶液，是工质对。

③ 系统组成不同：蒸气压缩式制冷循环由蒸发器、压缩机、冷凝器和节流机构基本四大件组成；而吸收式制冷包含了吸收剂循环和制冷剂循环，吸收式制冷机主要由发生器、冷凝器、膨胀阀、蒸发器、溶液泵、吸收器和热交换器等部件组成，除了溶液泵以外没有其他

的运转机器设备，因此结构较为简单、运转平静、振动和噪声都很小。

④ 经济性评价指标不同：蒸气压缩式制冷机用制冷系数 ε 评价其经济性。由于吸收式制冷机所消耗的能量主要是热能，故常用热力系数作为其经济性评价指标。热力系数 ζ 是吸收式制冷机所获得的冷量 Q_0 与消耗的热量 Q_g 之比。

10.2 工质对

10.2.1 二元溶液和工质对

吸收式制冷机使用的是制冷剂和吸收剂配对的工质对。两种物质沸点不同，沸点低的为制冷剂，沸点高的为吸收剂。制冷剂和吸收剂混合成溶液状态，称为二元溶液。作为吸收式制冷工质对的二元溶液，其两种组分的沸点要不同，而且要相差比较大，才能使制冷循环中的制冷剂纯度比较高，提高制冷装置的制冷效率。另外，吸收剂对制冷剂有强烈的吸收性能才能提高吸收循环的效率。

吸收式制冷常用的工质对有氨-水和溴化锂-水。氨-水工质对中，氨在 1atm（标准大气压）下的沸点为 $-33.4℃$，为制冷剂；水在 1atm 下的沸点是 100℃，为吸收剂。氨-水工质对适用于低温，如化工企业的生产工艺制冷中。

溴化锂吸收式制冷机由于具有许多独特的优点，发展迅速，特别是在大型空调制冷和低品位热能利用方面占有重要地位。本节主要介绍溴化锂-水工质对。

10.2.2 溴化锂水溶液

(1) 溴化锂水溶液的性质

溴化锂水溶液就是溴化锂吸收式制冷机组中的工质对，其中水是制冷剂，溴化锂是吸收剂。溴化锂由碱金属元素锂（Li）和卤素元素溴（Br）两种元素组成，其分子式为 LiBr，与食盐 NaCl 的性质十分相似，是一种化学性质稳定的物质，在空气中不变质、不挥发、不分解，常温下是无色粒状晶体，无毒、无臭，有咸苦味，沸点为 1265℃，远远高于水的沸点，在溶液沸腾时所产生的蒸气中没有溴化锂的成分，全部为水蒸气。

溴化锂具有极强的吸水性，极易溶解于水。20℃时溴化锂的溶解度可以达到 108g 左右，饱和溶液的浓度可达 60％左右。图 10-2 为溴化锂溶解度曲线，溶解度随温度的升高而增大。当温度降低时，饱和溴化锂水溶液中多余的溴化锂就会与水结合成含有 1、2、3 或 5 个水分子的溴化锂水合物晶体析出，形成结晶现象。溴化锂溶液的结晶温度与质量浓度有关，质量浓度略有变化时，结晶温度就有很大变化。当质量浓度在 65％以上时，这种情况尤为突出。作为机组的工质，溴化锂溶液应始终处于液体状态，无论是运行或停机期间，都必须防止溶液结晶。

溴化锂水溶液对碳钢和紫铜等金属材料有腐蚀作用，尤其在有氧气存在的情况下腐蚀更为严重。金属铁和铜在通常呈碱性的溴化锂溶液中被氧化，生成铁和铜的氢氧化物，最后形成腐蚀的产物和不凝性气体氢气。腐蚀直接影响了机组的使用寿命。腐蚀产生的氢气是机组运行中不凝性气体的主要来源，而不凝性气体在机组内的积聚，直接影响了吸收过程和冷凝过程的进行，导致机组性能下降。因此，一般机组中都设置自动抽气装置来排除运行过程中产生的不凝性气体。腐蚀形成的铁锈、铜锈等脱落后随溶液循环极易造成喷嘴和屏蔽泵过滤

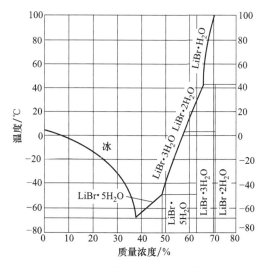

图 10-2 溴化锂溶解度曲线

器的堵塞，妨碍机组的正常运行。

在溴化锂吸收式机组中，最根本的防腐措施是保持高度真空，隔绝氧气。此外在溶液中添加缓蚀剂也可以有效地抑制溴化锂溶液对金属的腐蚀。常用的缓蚀剂有铬酸锂、钼酸锂、苯并三唑、氧化铅和三氧化二砷等。同时，在操作和维护保养中要防止空气漏入系统中。

(2) 溴化锂水溶液的 h-ξ 图

溴化锂水溶液的焓-浓度图（h-ξ 图）对于吸收式制冷循环的热力分析和热力计算有如蒸气压缩式制冷循环中使用的制冷剂的压-焓图（$\lg p$-h）一样重要，它是进行溴化锂吸收式制冷循环理论分析、热力计算、设计计算，以及进行运行工况分析的主要线图。该图以焓 h 为纵坐标，以溶液的浓度 ξ 为横坐标，它表达了溴化锂水溶液的焓 h、浓度 ξ、温度 t 以及溶液表面上水蒸气饱和压力 p 之间的相互关系。如图 10-3 所示，只要知道了其中任意两个参数，就能确定其他两个参数，同时也能确定位于溶液液面上处于过热状态的水蒸气焓值。

该图分为两部分：下半部分为液相部分，由等温线（虚线）和等压线（实线）组成；上半部分为等压辅助线。

当压力不大时，压力对液体的比焓和混合热的影响很小，故可认为液态等温线与压力无关，液态溶液的比焓只是温度和浓度的函数。不论是饱和液态还是过冷液态溶液的比焓，都可在比焓-浓度图上用等温线与等浓度线的交点求得，仅用等温线不能判别 h-ξ 图上某点溶液的状态。

图的下半部分的实线为等压饱和液线。某一压力下溶液的饱和液态一定落在该压力值的等压线上。某一等压线以下为该溶液的过冷液区，当压力升高时，过冷液区的上界线也随着等压线而上移。根据某状态点与相应等压饱和线的位置关系，可以判别该点的相态。

溴化锂溶液的 h-ξ 图只有液态区，气态为纯水蒸气，集中在 $\xi=0$ 的纵轴上。由于平衡时气液同温，蒸气的温度由与之平衡的液态溶液温度求得。因溶液沸点升高的特点，平衡状态溶液面上的蒸气都是过热蒸气。其焓值可由纵坐标轴上查得。与液相部分相对应，气相部分也有相应的等压线。但这等压线只是辅助线，并不说明蒸气的浓度，只能确定蒸气的焓值。

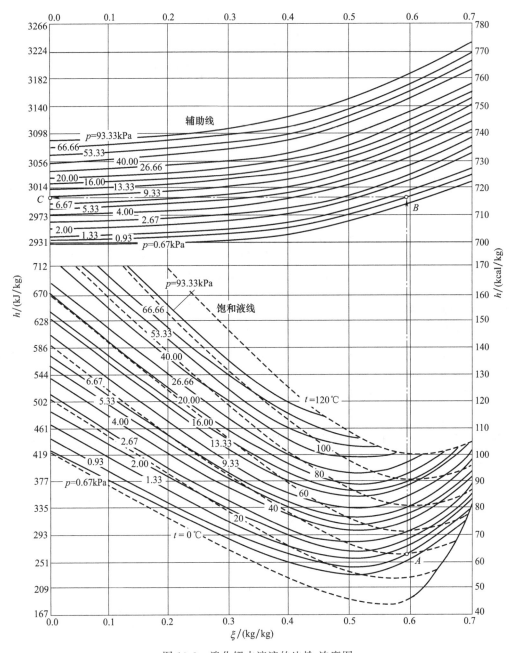

图 10-3 溴化锂水溶液的比焓-浓度图

10.3 溴化锂吸收式制冷

溴化锂吸收式制冷机按用途可分为冷水机组、冷热水机组和热泵机组。

① 冷水机组：供应空调或工艺用冷水，冷水出口温度分为 7℃、10℃、13℃、15℃四种。

② 冷热水机组：供应空调和生活用冷、热水，冷水供、回水温度为 7℃/12℃，用于采暖的热水供、回水温度为 60℃/55℃。

③ 热泵机组：依靠驱动热源的能量，将低势位热量提高到高势位，供采暖或工艺使用，称为吸收式热泵。

按驱动热源的利用方式可分为单效机组、双效机组和多效机组。

① 单效机组：驱动热源在机组内被直接利用一次。

② 双效机组：驱动热源在机组的高压发生器内被直接利用，产生的高温制冷剂水蒸气在低压发生器内被二次间接利用。

③ 多效机组：驱动热源在机组内被直接和间接多次利用。

按使用的驱动热源可分为蒸汽型、热水型和直燃型。

① 蒸汽型：以蒸汽为驱动热源，单效机组工作蒸汽表压力一般为 $0.03\sim0.15$MPa，双效机组工作蒸汽表压力通常为 $0.25\sim0.8$MPa。

② 热水型：以热水为驱动热源，单效机组热水温度一般为 $85\sim150$℃，双效机组热水温度大于 150℃。

③ 直燃型：以燃料的燃烧为驱动热源，又可分为燃油型（轻油或重油）和燃气型（液化气、天然气或城市煤气）。

按机组结构可分为单筒型、双筒型、三筒或多筒型。

① 单筒型机组：将高压部分的发生器、冷凝器与低压部分的吸收器、蒸发器安置在同一个筒体内，高低压两部分之间完全隔离。

② 双筒型机组：将高压部分的发生器和冷凝器安置在一个筒体内，将低压部分的吸收器和蒸发器安置在另一个筒体内，从而形成上、下两个筒的组合。

③ 三筒或多筒型机组：将主要换热设备布置在三个或多个筒体内。

10.3.1　单效溴化锂吸收式制冷

单效溴化锂吸收式冷水机组是溴化锂吸收式制冷机的基本形式，这种制冷机可采用低势热能，通常采用 $0.03\sim0.15$MPa 的饱和蒸汽或 $85\sim150$℃ 的热水为热源。机组的热力系数较低，约为 $0.65\sim0.7$，可利用余热、废热、生产工艺过程中产生的排热等能源，特别在热、电、冷联供中配套使用，有着明显的节能效果。

(1) 单效溴化锂吸收式制冷机的工作原理及其 h-ξ 图

图 10-4 为单效溴化锂吸收式制冷机的工作原理图。

工作时，发生器中的稀溴化锂溶液被蒸汽或热水等驱动热源加热到沸腾，产生的水蒸气（制冷剂）进入到冷凝器中，而被浓缩的溴化锂溶液在重力作用下经溶液热交换器回流到吸收器中。制冷剂水蒸气在冷凝器内在冷凝压力 p_k 下冷凝，将热量释放给冷却水后变为制冷剂液体。制冷剂液体经节流机构降压降温后进入蒸发器。在蒸发器内，制冷剂液体在蒸发压力 p_0 下汽化，吸收被冷却对象的热量产生制冷效应。汽化产生的制冷剂蒸气进入吸收器中，被吸收器内的浓溴化锂溶液所吸收。吸收器中的浓溴化锂溶液在吸收制冷剂水蒸气时会放出吸收热，这部分热量被冷却水吸收后带走，从而保证吸收过程的顺利进行。吸收器中被稀释的溴化锂溶液经溶液泵加压、热交换器预热后送入发生器。这样，制冷剂和吸收剂都完成了一次循环。系统中溶液热交换器的存在，可以减少驱动热源和冷却水的消耗，提高系统对热能的利用程度。

在溴化锂吸收式制冷装置中，冷却水系统如果采用串联式，则冷却水首先通过吸收器，出来后再去冷凝器冷却。这是因为吸收器中冷却水温对制冷机的性能影响大，而且冷却负荷也大。

在对理论循环进行分析时可做一些假定：工质流动时无损失，因此在热交换设备内进行的是等压过程；发生器压力 p_g 等于冷凝压力 p_k，吸收器压力 p_a 等于蒸发压力 p_0。发生过程和吸收过程终了的溶液状态，以及冷凝过程和蒸发过程终了的制冷剂状态都是饱和状态。

图 10-5 是图 10-4 所示的单效溴化锂吸收式制冷理论循环的 h-ξ 图。

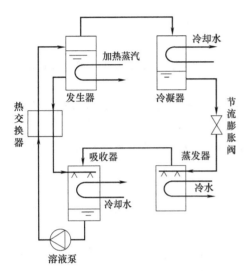

图 10-4   单效溴化锂吸收式制冷机工作原理图   图 10-5   单效溴化锂吸收式制冷理论循环 h-ξ 图

过程 1-2 为泵的加压过程。将来自吸收器的稀溶液由压力 p_0 下的饱和液体加压为压力 p_k 下的再冷液体。$\xi_1 = \xi_2$，$t_1 \approx t_2$，点 1 与点 2 基本重合。

过程 2-3 为再冷状态稀溶液在溶液热交换器中的预热过程，$\xi_2 = \xi_3$。

过程 3-4 为稀溶液在发生器中的加热过程。其中过程 3-3′ 是将稀溶液由过冷液体加热至饱和液体的过程；过程 3′-4 是将稀溶液在等压 p_k 下沸腾汽化变为浓溶液的过程。自发生器排出的蒸气状态可认为是与沸腾过程溶液的平均状态相平衡的水蒸气（状态 7 的过热蒸气）。

过程 4-5 为浓溶液在溶液热交换器中的预冷过程。即把来自发生器的浓溶液在压力 p_k 下由饱和液体冷却为过冷液体。

过程 5-6 为浓溶液的节流过程。将压力 p_k 下的过冷浓溶液 5 变为压力 p_0 下的闪蒸溶液（浓溶液＋水蒸气）。

过程 7-8 为制冷剂水蒸气在冷凝器内的冷凝过程，其压力为 p_k。

过程 8-9 为制冷剂水的节流过程。将压力 p_k 下的饱和制冷剂水变为压力 p_0 下的湿蒸气。状态 9 的湿蒸气是由 p_0 压力下的饱和水 9′ 与饱和水蒸气 9″组成。

过程 9-10 为制冷剂吸热相变制冷过程。湿蒸气 9 在蒸发器内吸热汽化（即蒸发）为饱和水蒸气状态 10 的蒸发过程，其压力为 p_0。

过程 6-1 为浓溶液在吸收器内的吸收过程。进入吸收器的浓溶液 6 与部分稀溶液 1 混合而成为中间溶液 11。这些中间溶液吸收由蒸发器进入吸收器的冷剂水蒸气。6-11 和 1-11 表示浓溶液与稀溶液的混合过程，11-1 表示中间溶液在吸收器中吸收冷剂水蒸气的过程，这些过程都是在压力 p_e 下进行的。

(2) 单效溴化锂吸收式制冷机的典型流程

溴化锂吸收式制冷机是在高度真空下工作的，稍有空气渗入制冷量就会降低，甚至不能制冷。因此，结构的密封性是最重要的技术条件，要求结构安排必须紧凑，连接部件尽量减少。通常把发生器等四个主要换热设备合置于一个或两个密闭筒体内，即所谓单筒或双筒结构。此处以双筒型机组为例介绍单效溴化锂吸收式制冷机的典型流程。

图 10-6 为单效双筒溴化锂吸收式制冷机结构简图，其循环流程可分为两个部分：

1）制冷剂循环

发生器 2 中产生的制冷剂水蒸气通过发生器挡液板上升到冷凝器 1（挡液板的作用是避免溴化锂溶液进入冷凝器内），在冷凝器中制冷剂水蒸气在管间流动，将热量释放给管束内的冷却水，冷凝为制冷剂水，收集在冷凝器底部水盘内，靠压力差的作用沿 U 形管 6 降压降温后进入蒸发器 3。U 形管相当于膨胀阀，起减压节流作用，其高度应大于上下筒之间的压力差。吸收式制冷机也可不采用 U 形管，而采用孔口节流，采用孔口节流简化了结构，但对负荷变化的适应性则不如 U 形管强。制冷剂水进入蒸发器后，流入蒸发器底部水囊中，靠蒸发器泵 9 送往蒸发器内的喷淋系统，经喷嘴喷出，淋洒在冷媒水管束外表面，吸收管束内冷媒水的热量（管内的冷媒水温度被降至 7℃ 左右，送往需冷用户），汽化为水蒸气。制冷剂水蒸气再经过挡水板进入吸收器 4 内，这样可以把蒸气中混有的制冷剂水滴阻留在蒸发器内继续汽化，以避免造成制冷量的损失。

2）溶液循环

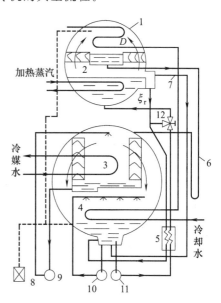

图 10-6　单效双筒溴化锂吸收式
制冷机结构简图

1—冷凝器；2—发生器；3—蒸发器；
4—吸收器；5—溶液热交换器；6—U 形管；
7—防晶管；8—抽气装置；9—蒸发器泵；
10—吸收器泵；11—发生器泵；12—三通阀

发生器 2 中发生完毕后流出的溴化锂浓溶液，经过热交换器 5 预冷和沿途管道降压后进入吸收器 4，流入吸收器底部的浓溶液囊中，由吸收器泵送入溶液喷淋系统，淋洒在冷却水管束外表面，将热量释放给管束内的冷却水，溶液温度降低，同时吸收充满于管束之间的制冷剂水蒸气而变成稀溶液，汇流入吸收器底部稀、浓两个液囊中。流入浓溶液囊的稀溶液与来自发生器的浓溶液混合，由吸收器泵重新送至溶液喷淋系统。流入稀溶液囊的稀溶液，由发生器泵 11 加压后经溶液热交换器 5 预热，送入发生器 2 中。在发生器 2 内，稀溶液吸收加热管束内的热媒的热量，被加热、升温至沸点，经过沸腾过程，溴化锂稀溶液分离成制冷剂水蒸气和浓溶液两部分。水蒸气进入冷凝器，浓溶液再次去吸收器进行循环。

从溶液热交换器到发生器去的稀溶液管路上装有电磁三通阀。它是用来调节制冷装置的制冷量。它一般是根据蒸发器冷媒水的入口水温，用改变加热介质流量和稀溶液循环量的方法进行调节的。当装置的负荷减少时，调节三通阀，将部分稀溶液旁通到浓溶液管路中，使其短路而流回吸收器。这样，从发生器流入吸收器的浓溶液，因掺入稀溶液而浓度降低，降低了其吸收冷剂水蒸气的能力。由于吸收能力的降低，蒸发器中冷剂水的蒸发量就随之减少，从而减少了装置的制冷能力。而且，因为部分稀溶液直接由三通阀返回吸收器，那么进入发生器的稀溶液量就减少，因而发生器中产生的水蒸气量、冷凝器中凝结的冷剂水量均相应减少。用这种方法，可以实现10%~100%范围内制冷量的无级调节。

（3）溴化锂吸收式制冷机的特点

与吸收式制冷的原理循环相比较，可以看到单效双筒溴化锂吸收式制冷机有如下特点。

1）吸收器与蒸发器、发生器与冷凝器封闭在同一容器内

一个大气压下，水的饱和温度为100℃，水作为制冷剂要达到制冷所需的5℃低温，就必须降低水的饱和压力。5℃时水的饱和压力为0.0087个大气压（0.87kPa）。因此，通常吸收器与蒸发器内的压力为0.0087个大气压左右，处于高度真空状态。同理，由于环境介质冷却水需先经过吸收器吸热，再去冷凝器。而冷却水进水温度一般在30℃左右，因而冷凝温度一般为45℃左右，对应冷凝压力一般为0.095个大气压（9.5kPa），即发生器、冷凝器内工作压力小于大气压，处于真空状态。由于吸收器与蒸发器、发生器与冷凝器各设备均在真空状态下运行，密封要求将提高。另外，水蒸气的比体积很大，流动时要求连接管道的截面积较大，否则将产生较大的压力降，降低制冷循环效率。把吸收器与蒸发器、发生器与冷凝器分别密封在一个容器内，只需密封两个容器，容器间的连接管路也可省略，制冷循环效率提高。

实际循环中，发生器与冷凝器压力较高，通常密封在称为高压筒的筒体内；吸收器与蒸发器压力较低，密封在称为低压筒的另一个筒体内。

2）节流降压装置为U形管

溴化锂吸收式制冷循环中，冷凝压力一般为9.5kPa左右，蒸发压力一般为0.87kPa左右，冷凝压力与蒸发压力的差值较小，仅有8kPa左右。而同样条件下，蒸气压缩式制冷循环中冷凝压力与蒸发压力的差值一般为7个大气压以上（1个大气压＝101325Pa）。因而用U形管（或节流短管、节流小孔）即可达到节流降压的目的。

3）吸收器内需通入冷却水对溶液进行冷却

吸收过程伴随着大量的溶解热放出，并且溶液的浓度也随着吸收过程的进行不断下降，如果吸收器内温度升高，溶液吸收水蒸气的能力将大为降低。

4）系统设有抽气装置

溴化锂吸收式制冷机是在真空状态下运行，外界空气很容易渗入；同时，溴化锂制冷系统极易因腐蚀产生不凝性气体（氢）。为了及时抽出系统中的不凝性气体，提高溴化锂吸收式制冷机性能，机组中备有一套抽气装置。图10-7所示为一套常用的抽气装置。不凝性气体分别由冷凝器上部和吸收器溶液上部抽出。在抽气装置中设有水气分离器，让抽出的不凝性气体首先进入水气分离器，在分离器内，用来自吸收器泵的中间溶液喷淋，吸收不凝气体中的冷剂水蒸气。吸收了水蒸气的稀溶液由分离器底部返回吸收器，吸收过程中放出的热量由在管内流动的冷剂水带走，未被吸收的不凝性气体从分离器顶部排出，经阻油室进入真空泵，压力升高后排至大气。

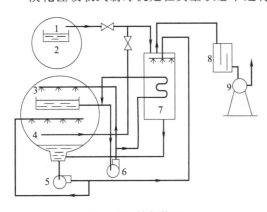

图10-7　抽气装置

1—冷凝器；2—发生器；3—蒸发器；4—吸收器；

5—吸收器泵；6—蒸发器泵；7—水气分离器；

8—阻油器；9—旋片式真空泵

阻油室内设有阻油板，防止真空泵停止运行时大气压力将真空泵油压入制冷机系统。

　　5）系统增设了防结晶装置

　　溴化锂水溶液的温度过低或浓度过高，会使溴化锂制冷机在运行中结晶，堵塞管道，破坏机组的正常运行。这是溴化锂吸收式制冷机最大的故障，必须设法杜绝。

　　产生结晶的原因很多，例如：加热蒸汽压力不稳定，加热蒸汽量突然增大，导致发生器出口浓溶液浓度过高；由于操作不当或系统大量漏气，使吸收器中吸收制冷剂蒸气的能力大大减弱，而引起发生器出口浓溶液的浓度过高；运行中突然停电，由发生器出来的浓溶液来不及稀释；进入吸收器的冷却水温过低，稀溶液与浓溶液在热交换器热交换程度过于激烈，致使浓溶液温度过低等。这些原因都可能发生结晶。结晶现象一般首先发生在溶液热交换器的浓溶液出口端，因为那里溶液的浓度最高，温度较低，流动通道窄小。发生结晶后，浓溶液通道被堵塞，引起吸收器液位下降，发生器液位上升，直到制冷装置无法运行。

　　为防止溴化锂溶液结晶，通常设置自动溶晶管（也称防晶管），如图 10-6 中发生器出口处溢流箱的上部连接的一条 J 形管，J 形管的另一端通入吸收器。机器正常运行时，浓溶液由溢流箱的底部流出，经溶液热交换器降温后流入吸收器。如果浓溶液在热交换器出口处因温度过低而结晶，将管道堵塞，则溢流箱内的液位将因溶液不再流通而升高，当液位高于 J 形管的上端位置时，高温的浓溶液便通过 J 形管直接流入吸收器，吸收器出口的稀溶液温度升高，从而提高溶液热交换器中浓溶液出口处的温度，使结晶的溴化锂自动溶解，结晶消除后，发生器中的浓溶液又重新从正常的回流管流入吸收器。

　　除了采用浓溶液溢流管作为自动溶晶装置外，在溴化锂吸收式制冷机中，还需要配置一定的自控装置，预防结晶的发生。

　　6）系统增加吸收器泵、蒸发器泵

　　系统增加吸收器泵、蒸发器泵，目的是为了提高制冷循环效率。

　　(4) 单效溴化锂吸收式冷水机组构造示例

　　图 10-8 所示为一种单效双筒型溴化锂吸收式冷水机组的构造示意图。上筒中放置冷凝器和发生器，下筒中放置蒸发器和吸收器，机组的底部设置溶液热交换器，并在其旁装设溶液泵、真空泵等辅助设备。

　　图 10-9 为蒸汽型单效溴化锂吸收式冷水机组的实物照片。

10.3.2　双效溴化锂吸收式制冷

　　为了防止浓溶液发生结晶，单效溴化锂吸收式制冷机的热源温度不能太高。单效溴化锂吸收式制冷机主要利用低势热能，通常采用 0.03～0.15MPa 的饱和蒸汽或 85～150℃ 的热水为热源。当有较高压力的蒸汽或高温水时，在溴化锂吸收式制冷系统中增设一个高压发生器，即有两个发生器。高压发生器由外界的高品位的驱动热源提供热量，低压发生器则由高压发生器中产生的高温制冷剂水蒸气提供热量，有效利用制冷剂水蒸气的凝结潜热。驱动热源的能量在高压发生器和低压发生器中得到了两次利用，所以称为双效循环。这样，一方面使进入发生器的稀溶液进行了两次发生，获得了更多的制冷剂水蒸气；另一方面减少了冷凝器中的冷却负荷（冷凝器中冷却水带走的主要是低压发生器的制冷剂蒸气的凝结热，冷凝器的热负荷仅为普通单效溴化锂吸收式制冷机的一半），使机组的效率得到提高。这种溴化锂吸收式制冷机称为双效溴化锂吸收式制冷机。常见的为利用 0.25～0.8MPa 的蒸汽或 150℃以上的高温热水作为热源的双效溴化锂吸收式制冷机。

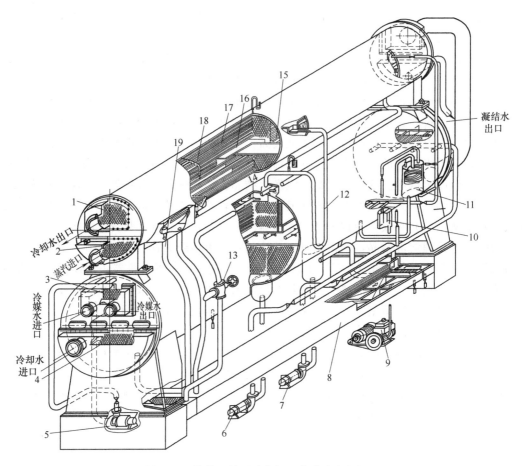

图 10-8 单效双筒型溴化锂吸收式冷水机组

1—冷凝器；2—发生器；3—蒸发器；4—吸收器；5—蒸发器泵；6—发生器泵；7—吸收器泵；8—溶液热交热器；
9—真空泵；10—阻油器；11—冷剂分离器；12—节流装置；13—三通调节阀；14—喷淋管；
15—挡液板；16—水盘；17—传热管；18—隔板；19—防晶管

图 10-9 蒸汽型单效溴化锂吸收式冷水机组实物照片

　　为了提高热交换效率，更好地完成制冷循环，双效型溴化锂吸收式制冷机设有两套溶液热交换器。从高压发生器流出的温度较高的浓溶液与来自吸收器低温的稀溶液发生热交换的换热器称为高温溶液热交换器。从低压发生器流出的浓溶液与稀溶液进行热交换的换热器称为低温溶液热交换器。同时为使进入低压发生器的稀溶液的温度更接近低压发生器的发生温度，并充分利用加热蒸汽的余热，在稀溶液离开低温热交换器进入低压发生器前，增设一套凝水回热器。

　　综上所述，与单效机相比，双效机增加了高压发生器、高温溶液热交换器和凝水回热器，使得热力系数有很大提高，有利于节能。相对于单效机组，双效机组的循环流程要复杂得多。下面简要介绍双效溴化锂吸收式冷水机组的几种循环流程。

（1）串联流程的双效溴化锂吸收式冷水机组

　　串联流程的机组中，吸收器出来的稀溶液，在溶液泵的输送下，以串联的方式先后进入高、低压发生器。串联流程在双效溴化锂吸收式机组中应用得最早，也最为广泛。图 10-10 为串联式蒸汽型双效溴化锂吸收式冷水机组的工作原理图和其对应的 h-ξ 图。

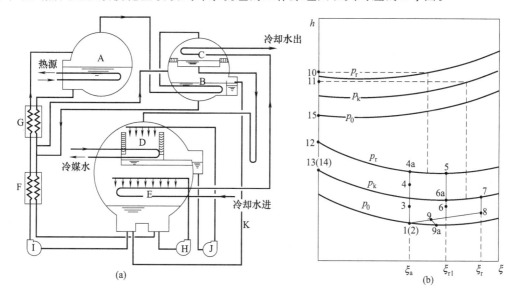

图 10-10　串联式蒸汽型双效溴化锂吸收式制冷原理及 h-ξ 图

A—高压发生器；B—低压发生器；C—冷凝器；D—蒸发器；E—吸收器；F—低温溶液热交换器；

G—高温溶液热交换器；H—吸收器泵；I—发生器泵；J—蒸发器泵；K—浓溶液溢流管

　　与单效机组相比，串联流程的双效机组多了一个高压发生器和一个高温溶液热交换器。在高压发生器中，稀溶液被驱动热源加热。在发生压力下产生的制冷剂水蒸气又被通入低压发生器作为热源，加热低压发生器中的溶液，使之在冷凝压力下产生制冷剂水蒸气。其工作过程如下。

1）制冷剂循环

　　高压发生器中产生的制冷剂水蒸气，通过管道经过低压发生器，在低压发生器中加热溶液后，凝结为制冷剂水，经沿途的流动降压后进入冷凝器，部分闪发的水蒸气与低压发生器中产生的制冷剂水蒸气一起被冷凝器管内的冷却水冷却，凝结为冷凝压力下的制冷剂水。制冷剂水经管道或其他装置节流后进入蒸发器，由冷剂泵输送，喷淋在蒸发器管簇外面，吸取管簇内冷冻水的热量，在蒸发压力下蒸发，使冷冻水温度降低，达到制冷的目的。蒸发器中产生的制冷剂水蒸气流入吸收器，被进入吸收器的浓溶液吸收成为稀溶液，稀溶液由溶液泵经低温溶液热交换器和高温溶液热交换器进入高压发生器，在发生器内发生。完成了双效制冷循环的制冷剂回路。

2）溶液循环

自低压发生器流出的浓溶液，进入低温溶液热交换器，在其中加热进入高压发生器的稀溶液。浓溶液温度降低后，喷淋（降压）在吸收器管簇上，吸收来自蒸发器的制冷剂水蒸气。从而维持蒸发器中较低的蒸发压力，使制冷过程得以连续进行。在管簇内冷却水的冷却下，浓溶液吸收水蒸气后成为稀溶液。流出吸收器的稀溶液由溶液泵升压，按串联流程经低温溶液热交换器和高温溶液热交换器送往高压发生器发生，再经高温溶液热交换器降温后，送往低压发生器发生。完成了双效制冷循环的溶液回路。

除了上述制冷剂回路、溶液回路，机组还有热源回路、冷却水回路和冷冻水回路。热源回路有两个：一个是由高压发生器和驱动热源等构成的驱动热源加热回路；另一个是由高压发生器和低压发生器等构成的制冷剂水蒸气加热回路。冷却水回路由吸收器、冷凝器、冷却水泵和冷却塔等构成，向环境介质排放溶液的吸收热和制冷剂水蒸气的凝结热。冷冻水回路由蒸发器、空气处理箱、冷冻水泵等构成，向空调或工艺用户提供冷量。

(2) 并联流程的双效溴化锂吸收式冷水机组

并联流程的机组中，吸收器出来的稀溶液，在溶液泵的输送下，分成两路，分别进入高、低压发生器。如图 10-11 为并联式蒸汽型双效溴化锂吸收式冷水机组的工作原理图和其对应的 h-ξ 图。

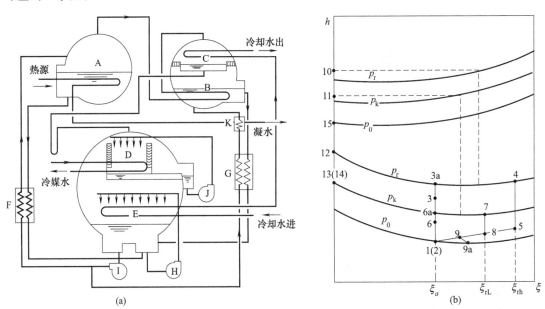

(a)　　　　　　　　　(b)

图 10-11　并联式蒸汽型双效溴化锂吸收式制冷原理及 h-ξ 图

A—高压发生器；B—低压发生器；C—冷凝器；D—蒸发器；E—吸收器；F—高温溶液热交换器；
G—低温溶液热交换器；H—吸收器泵；I—发生器泵；J—蒸发器泵；K—凝水回热器

溴化锂溶液的流动过程：从吸收器 E 出来的低压稀溶液 1（浓度为 ξ_a，压力为 p_0）经发生器泵 I 加压后为高压稀溶液 2（压力提高至 p_r，浓度为 ξ_a）后，分为两路，一路在高温溶液热交换器 F 中预热到 3 状态，然后在高压发生器 A 中加热，先到达 3a，进一步加热，产生水蒸气 10，溶液变为浓溶液 4（压力为 p_r，浓度为 ξ_{rh}）。此浓溶液 4 在高温溶液热交换器 F 中冷却至点 5，然后回流到吸收器中，与吸收器中的部分稀溶液 1 以及低压发生器 B 回来的浓溶液 8 混合，成为溶液 9，闪发后至点 9a，再吸收水蒸气 15 成为低压稀溶液 1。另一路稀溶液 1 经低温溶液热交换器 G 加热至点 6，再经过凝水回热器 K 和低压发生器 B 中加热，先到达 6a，进一步加热，产生水蒸气 11，溶液变为浓溶液 7（压力为 p_k，浓度为 ξ_{rL}）。此浓溶液 7 在低温溶液热交换器 G 中冷却至点 8，然后回流到吸收器中，与吸收器中的部分稀溶液 1 以及高压发生器 A 回来的浓溶液 5 混合，成为溶液 9，闪发后至点 9a，再吸收水蒸气 15 成为低压稀溶液 1。

制冷剂水的流动：高压发生器 A 中产生的高压蒸气 10 在低压发生器 B 中释放热量后凝结为水 12，进入冷凝器 C 后闪发、冷却至 13。同时低压发生器 B 产生的水蒸气 11 也在冷凝器 C 中冷凝为制冷剂水 13。制冷剂水节流为 14 后进入蒸发器 D，在蒸发器 D 中吸收冷媒水的热量后成为水蒸气 15，此水蒸气在吸收器中被溴化锂溶液吸收。

凝水回热器起到了充分利用高压加热蒸汽凝水显热的作用，利用高压蒸汽凝水预热进入低压发生器的稀溶液，降低了机组的汽耗。

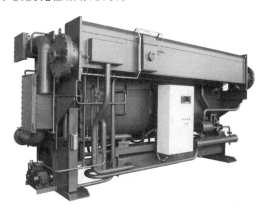

各种流程均有其特点，一般来说，先后进入高、低压发生器的串联流程操作方便，调节稳定，为国外大部分产品所采用；并联流程具有较高的热力系数，为国内的大部分产品所采用；串并联流程介于两者之间，近年来被国内外较多的产品所采用。根据驱动热源的不同情况，合理选择循环流程，对于提高机组的热效率，降低机组的成本有着重要意义。图 10-12 为蒸汽型双效溴化锂吸收式冷水机组的实物照片。

图 10-12　蒸汽型双效溴化锂吸收式冷水机组实物照片

10.3.3　直燃型溴化锂吸收式冷热水机组

直燃型溴化锂吸收式冷热水机组的制冷原理与蒸汽型双效溴化锂吸收式冷水机组基本相同，只是高压发生器不以蒸汽为加热热源，而是以燃气或燃油为能源，以燃料燃烧所产生的高温烟气为热源。这种机组燃烧效率高、热源温度高、传热损失小；对大气环境污染小；体积小、占地省；既可用于夏季供冷，又可用于冬季采暖，必要时还可提供生活用热水，使用范围广。广泛地用于宾馆、商场、体育场馆、办公大楼、影剧院等无余热、废热可利用的中央空调系统。

直燃机的溶液循环可采用串联和并联流程，多采用串联流程。根据制取热水的方式不同，可分为三类：① 设置和高压发生器相连的热水器；② 将冷媒水回路切换成热水回路；③ 将冷却水回路切换成热水回路。

(1) 设置和高压发生器相连的热水器的直燃机机型

图 10-13 表示出了该直燃机的工作原理。直燃机在高压发生器的上方设置了一个热水器 12。制冷运行时，开启阀 A、B、C 阀，直燃机按照串联蒸汽双效溴化锂吸收式制冷机的工

作原理制取冷媒水,还可以同时利用热水器 12 制取生活热水。制热运行时,关闭与高压发生器 1 相连管路上的 A、B、C 阀,热水器借助高压发生器所产生的高温蒸汽的凝结热来加热管内热水,凝水则流回高压发生器。

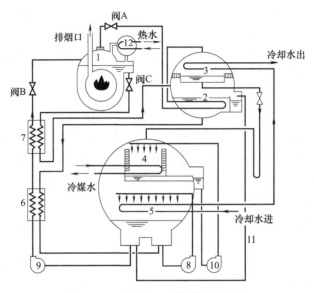

图 10-13　直燃机 1 制热循环原理图

1—高压发生器;2—低压发生器;3—冷凝器;4—蒸发器;5—吸收器;6—低温溶液热交换器;7—高温溶液热交换器;
8—吸收器泵;9—发生器泵;10—蒸发器泵;11—浓溶液溢流管;12—热水器

(2) 将冷媒水回路切换成热水回路的直燃机机型

图 10-14 表示出了该直燃机的工作原理。制热运行时,同时开启冷热转换阀 A 与 B(制冷运行时,需关闭图中冷热转换阀 A 与 B),冷冻水回路则切换成热水回路。冷却水回路及冷剂水回路停止运行。

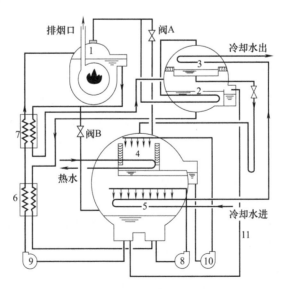

图 10-14　直燃机 2 制热循环原理图

1—高压发生器;2—低压发生器;3—冷凝器;4—蒸发器;5—吸收器;6—低温溶液热交换器;
7—高温溶液热交换器;8—吸收器泵;9—发生器泵;10—蒸发器泵;11—浓溶液溢流管

稀溶液由发生器泵 9 送往高压发生器 1，加热沸腾，发生制冷剂蒸气，经阀 A 进入蒸发器 4；同时高温浓溶液经阀 B 进入吸收器 5，因压力降低闪发出部分制冷剂蒸气，也进入蒸发器。两股高温蒸气在蒸发器传热管表面冷凝释放热量，蒸发器传热管内的水吸收制冷剂蒸气的热量而升温，制取热水，而凝结水自动流回吸收器与浓溶液混合成稀溶液，稀溶液再由发生器泵送往高压发生器加热。

(3) 将冷却水回路切换成热水回路的直燃机型

如图 10-15 为该直燃机的工作原理。关闭阀 B，开启阀 A，即为制冷循环；开启阀 B，关闭阀 A，将冷却水回路切换成热水回路，发生器泵 9 和吸收器泵 8 运行，蒸发器泵 10 和冷冻水泵停止运转。

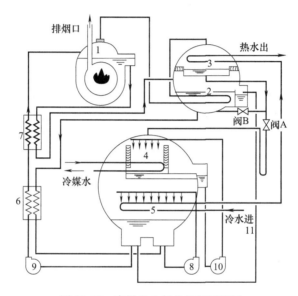

图 10-15　直燃机 3 制热循环原理图

1—高压发生器；2—低压发生器；3—冷凝器；4—蒸发器；5—吸收器；6—低温溶液热交换器；
7—高温溶液热交换器；8—吸收器泵；9—发生器泵；10—蒸发器泵；11—浓溶液溢流管

从吸收器 5 返回的稀溶液，在高压发生器 1 中吸收燃气或燃油的燃烧热，产生高温蒸汽，溶液浓缩后经高温溶液热交换器 7 进入低压发生器 2；高压发生器发生的蒸气进入低压发生器的加热管中，加热其中的溶液，发生蒸气，并进入冷凝器 3，加热管内热水。低压发生器传热管内的凝水和冷凝器的凝水经过阀 A 一同进入低压发生器，稀释由高压发生器送入的浓溶液。温度较高的稀溶液通过低温溶液热交换器 6 返回吸收器 5，经喷淋系统喷洒在吸收器冷却盘管上，预热管内流动的热水，积存在吸收器底部的稀溶液由发生器泵 9 加压进入高压发生器；预热后的热水进入冷凝器盘管内，被进一步加热，制取温度更高的热水。

10.3.4　溴化锂吸收式制冷装置的特点

溴化锂吸收式制冷装置是以热能作为补偿来实现制冷的装置。它的主要特点如下：

① 以水作制冷剂，溴化锂溶液作吸收剂，因为它无臭、无味、无毒，对人体无危害，对大气臭氧层无破坏作用。

② 对热源要求不高。一般的低压蒸汽（120kPa 以上）或 75℃ 以上的热水均能满足要求，特别适用于有废气、废热水可利用的化工、冶金和轻工业企业，有利于热源的综合利

用。随着地热和太阳能的开发利用，它将具有更为广泛的前途。

③ 整个装置基本上是换热器的组合体，除泵外，没有其他运动部件，所以振动、噪声都很小，运转平稳，对基建要求不高，可在露天甚至楼顶安装，尤其适用于船舰、医院、宾馆等场合使用。

④ 结构简单、制造方便。

⑤ 整个装置处于真空状态下运行，无爆炸危险。

⑥ 操作简单，维护保养方便，易于实现自动化运行。

⑦ 能在 $10\%\sim100\%$ 范围内进行制冷量的自动、无级调节，而且在部分负荷时，机组的热力系数并不明显下降。

⑧ 溴化锂溶液对金属，尤其是黑色金属有强烈的腐蚀性，特别在有空气存在的情况下更为严重，因此对装置的密封性要求非常严格。

⑨ 由于系统以热能作为补偿，加上溴化锂溶液的吸收过程是放热过程，故对外界的排热量大，通常比蒸气压缩式制冷机大一倍，因此冷却水消耗量大。但溴化锂吸收式制冷装置组允许有较高的冷却水温升，冷却水可以采用串联流动方式，以减少冷却水的消耗量。

⑩ 因用水作为制冷剂，故一般只能制取 5℃ 以上的冷水，多用于空气调节及一些生产工艺用冷冻水。

⑪ 热力系数较低。

⑫ 溴化锂价格较贵，机组充灌量大，故初投资较高。

直燃型溴化锂吸收式冷热水机组除具有上述特点外，还具有下列优势：

① 燃烧效率高，对大气环境污染小。

② 一机多能。可供夏季空调、冬季采暖，必要时也可兼顾提供生活用热水。

③ 体积小、用地少。

④ 只存在一次传热温差，传热损失少。

⑤ 可实现能源消耗的季节平衡。

思考与练习

1. 简述吸收式制冷循环的原理和工作过程。

2. 吸收式制冷有哪些基本设备？其作用分别是什么？

3. 吸收式制冷循环与蒸气压缩式制冷循环的相同处和不同处各是什么？

4. 吸收式制冷的工质对有何特点要求？常用的吸收式制冷工质对有哪些？

5. 叙述溴化锂的主要性质和溴化锂水溶液的特性。

6. 简述单效溴化锂吸收式制冷循环的工作过程。

7. 溴化锂吸收式制冷装置主要由哪些设备组成？它们在装置的工作过程中分别起什么作用？

8. 为了溴化锂吸收式制冷装置的正常工作和提高运行的经济性，装置中还有哪些辅助设备？它们在装置的运行中分别起什么作用？

9. 溴化锂吸收式制冷机中溶液热交换器起什么作用？

10. 什么叫双效溴化锂吸收式制冷装置？它与单效溴化锂吸收式制冷装置有哪些不同和特点？

11. 叙述双效溴化锂吸收式制冷机的工作流程。

12. 溴化锂吸收式制冷机组如何防止结晶？

第 11 章

热泵和蓄冷技术

目标要求：

    ① 认识热泵和蓄冷技术的基本概念；

    ② 了解热泵和蓄冷的常用分类形式、各种低位热源热泵的热工特性以及各种蓄冷装置的构成和主要特性；

    ③ 熟悉各种热泵系统和蓄冷系统的基本组成和工作流程；

    ④ 掌握热泵和蓄冷的工作原理。

11.1 热泵技术

11.1.1 热泵的工作原理

    所谓热泵，是以消耗外界的能量为代价，通过制冷剂在热泵循环中的状态变化，使热量由低温物体向高温物体进行转移的机械装置。它是一种利用高位能使热量由低位热源流向高位热源的装置，可以把自然界中很多不能直接利用的低位热源（如空气、土壤、工业废热、太阳能等）转化为可以利用的高位热源，从而达到节约部分高位能（如电能、燃煤、燃气、燃油等）的目的。

    热泵的工作原理与制冷机的工作原理相同。对于蒸气压缩式热泵而言，制热和制冷都通过压缩机、冷凝器、节流阀和蒸发器等四个主要装置来完成，它与前面所学的制冷系统相比，增加了一个四通换向阀。下面以家用热泵型空调器为例加以说明，如图 11-1 所示。

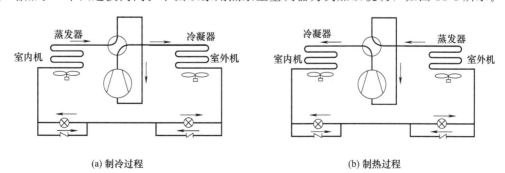

(a) 制冷过程   (b) 制热过程

图 11-1　空气源热泵的工作过程

图 11-1（a）为家用热泵型空调器的制冷过程，制冷剂在室内机蒸发器内吸收室内的热量蒸发成制冷剂蒸气而使室内冷却，制冷剂蒸气经压缩机压缩成高温高压蒸气，进入冷凝器，在室外机冷凝器中向室外空气放热，而自身冷凝为制冷剂液体，节流降压后回到蒸发器。

图 11-1（b）为家用热泵型空调器的制热过程，制冷剂的流动方向与制冷时相反，制冷剂在室外机蒸发器内吸收室外空气的热量蒸发成制冷剂蒸气，制冷剂蒸气经压缩机压缩成高温高压蒸气，进入室内机冷凝器，在室内机冷凝器中向室内空气放热达到采暖的目的，而自身冷凝为制冷剂液体，节流降压后回到蒸发器。

在实际工程应用时，热泵既可以单独作为所需要的冷源，也可以单独作为所需要的热源，但更多的是将热泵同时用于供热和制冷。

当将热泵作为热源而进行供热时，假设外界的耗能为 Q_1，从低位热源中获得的热量为 Q_L，而在高位热源处（用于采暖等）的热量为 Q_H，则热泵的性能可以用 COP 表示如下：

$$COP = \frac{\text{高位热源的热量}}{\text{外界的耗能}} = \frac{Q_H}{Q_1} = \frac{Q_L + Q_1}{Q_1} = 1 + \frac{Q_L}{Q_1}$$

通过计算关系式可以看出，热泵制热时的性能系数 COP 大于 1。即热泵的供热量永远大于所消耗的能量，所以热泵是能量综合利用中很有价值的装置。

11.1.2　热泵的分类

热泵的种类很多，分类方法各不相同，可以按照热源种类、热泵驱动方式、热泵工作原理等进行分类，归纳如图 11-2 所示。

11.1.3　热泵在空调供热中的应用

空调热泵系统有很多种应用，常见的有：空气源热泵、水源热泵、土壤源热泵、水环热泵、吸收式热泵等。

（1）空气源热泵机组

空气源热泵在冬季供热时，以室外空气作为低温热源，在夏季制冷时，以室外空气作为高温热源。空气作为低温热源，取之不尽、用之不竭、处处都有，可以无偿获取。空气源热泵装置安装灵活、使用方便。但是空气作为热泵的低温热源也有一些缺点，其中最主要的缺点是在夏季室外温度越高，室内需要的冷量增加，而热泵的制冷量却降低，冬季室外温度越低，室内需要的热量增加，而热泵的制热量却大大降低；其次是在冬季室外温度很低时，室外换热器中的制冷剂工质的蒸发温度也会很低，当室外换热器表面的温度低于周围空气的露点温度，空气当中的水蒸气就会凝结成水，如果室外换热器表面的温度降至 0℃ 以下，凝水就会冻结成霜，霜层逐渐加厚，恶化换热器的传热效果，增大了空气阻力，降低机组的供热能力，严重时机组会停止运行。还有空气的热容量小，为了足够的冷量（夏季）和热量（冬季），需要较大的空气量，风机风量的增加，会增大热泵装置的噪声。

空气源热泵机组包括空气-空气热泵机组和空气-水热泵机组，常见的空气-空气热泵机组有家用热泵型空调器和热泵型多联机组。

1）家用热泵型空调器

家用热泵型空调器基本都是分体式结构，由室内机组和室外机两部分组成，分别安装在室内和室外，中间通过管路和电线连接起来。室内机组由室内换热器、室内换热器风机、过滤器、操作开关、电器控制等组成，室外机组由压缩机、室外换热器、室外换热器风机、四通换向阀、节流机构等组成。其工作原理如图 11-3 所示。

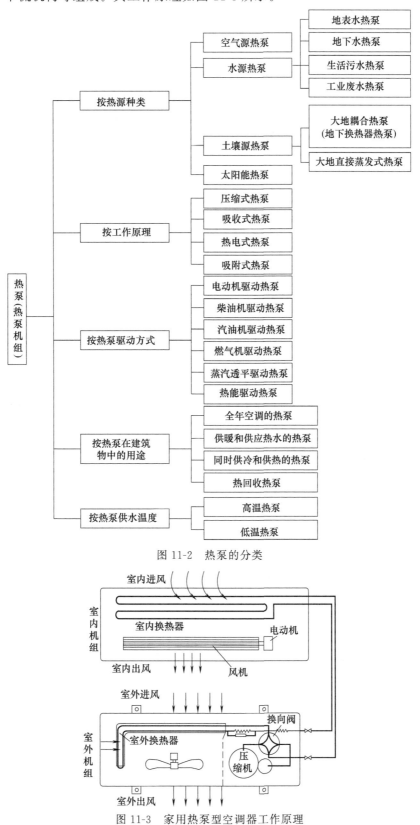

图 11-2 热泵的分类

图 11-3 家用热泵型空调器工作原理

2）热泵型多联机组

热泵型多联机组（简称多联机）是由一台或多台容量可调的室外机和多台不同或相同形式、容量的直接蒸发式室内机组成的热泵式空调系统，其中制冷剂为冷（热）量的输送介质，它可以向一个或多个区域供冷或供热，即通常所说的变制冷剂流量系统或 VRV 系统。

图 11-4 为典型的热泵型多联机的系统原理图。该系统的室外机组由 2 台压缩机、2 台室外换热器、2 台轴流风机、1 台再冷器和一些辅助设备（如电磁阀、毛细管、过滤器、电子膨胀阀、气液分离器、单向阀）等组成，类似与分体机热泵型空调器的室外机；室内机组有3 台室内换热器、3 台离心风机、过滤器、电子膨胀阀、单向阀等构成，类似与分体式空调器的室内机。室外机组和室内机组之间通过制冷剂管路连接起来，构成热泵型多联空调系统。通过四通阀换向，可以实现制冷和制热模式的转换。

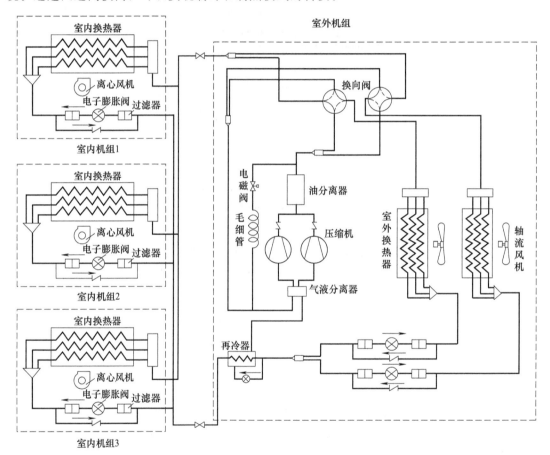

图 11-4　热泵型多联机的系统原理图

制热模式的制冷剂流程：压缩机出来的高温高压的制冷剂蒸气进入油分离器（分离制冷剂中的油），然后经过四通换向阀（转变为制热循环）进入室内换热器（起冷凝器作用），将热量释放给室内空气后，成为制冷剂液体，再经再冷器（过冷）、过滤器（滤去制冷剂中的杂质）、电子膨胀阀节流降压，再经过滤器进入分液器（保证制冷剂均匀分配），进入室外换热器（起蒸发器作用）吸收室外空气的热量，成为低温低压的制冷剂蒸气，再经四通换向阀进入气液分离器（确保干压缩和储存低压液体），回流到压缩机。

在多联机系统中，为了保证系统安全、稳定运行，需要设置很多辅助设备和相应的回路，比如设置单向阀限定其流向；在膨胀阀前设置过滤器等。

3）空气-水热泵机组

空气-水热泵机组的特点是，其制冷与制热所得冷量或热量通过介质水输送到较远的用冷、用热设备。空气-水热泵机组的优点是：一机两用，既能制冷，也能制热；可露天安装，不占有效建筑面积，安装简单、方便；夏季制冷时采用风冷，省去了冷却塔以及冷却水系统，冬季制热时利用的是大气中的能量，比直接电加热的 COP 值要高。其主要缺点是：夏季采用风冷冷凝器，冷凝压力高，COP 值比水冷机组低；冬季制热时，机组制热能力随室外空气温度的降低而降低，与建筑所需热负荷的特性刚好相反（室外温度越低，所需热负荷越大），在寒冷或严寒地区当供暖能力不足时，还需要辅助热源供暖。因此，它适用于冬季室外空调计算温度较高、无集中供热热源的地区，作为集中式空调系统的冷、热源。

空气-水热泵机组主要有压缩机、空气侧换热器、水侧换热器、节流机构等设备组成。其种类很多，如从压缩机的形式来看，有全封闭、半封闭式往复式压缩机、涡旋式压缩机、半封闭螺杆式压缩机等；按机组容量大小分，有别墅式小型机组（制冷量 10～53kW），中大型机组（制冷量 70～1407kW），其中一台或几台压缩机共用一台水侧换热器的机组称为整体式机组（制冷量 140～1407kW），有几个独立模块组成的机组称为模块化机组，一个基本模块的制冷量一般为 70.3kW；从功能看，有一般机组、带热回收的机组以及蓄冷热机组。

下面以螺杆式压缩机的空气源热泵为例，了解空气-水热泵机组的制冷剂流程，如图 11-5 所示。

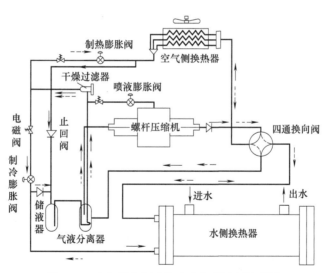

图 11-5　空气源热泵冷热水机组制冷剂流程图

机组夏季制冷时，在水侧换热器处制备冷冻水供空调使用。其制冷剂流程如图 11-5 中实线所示：螺杆压缩机—止回阀—四通换向阀—空气侧换热器—止回阀—储液器—气液分离器—干燥过滤器—电磁阀—制冷膨胀阀—水侧换热器—四通换向阀—气液分离器—螺杆压缩机。

机组冬季制热时，在水侧换热器处制备热水供空调使用。其制冷剂流程如图 11-5 中虚线所示：螺杆压缩机—止回阀—四通换向阀—水侧换热器—止回阀—储液器—气液分离器—干燥过滤器—电磁阀——制热膨胀阀—空气侧换热器—四通换向阀—气液分离器—螺杆压缩机。

(2) 水源热泵机组

以水为源的热泵称为水源热泵。水的热容量大、流动性和传热性能好、水温相对于气温较稳定，这些使得水是一种非常好的低温热源。在热泵系统中常选用地下水（深井、浅井、地热尾水等）、地表水（河水、海水、湖水等）、生活废水和工业废水作为低温热源。

水源热泵机组按使用侧换热设备的形式可以分为水-空气和水-水两种水源热泵机组；按水源类型可以分为地下水源热泵机组、地表水源热泵机组、污水源热泵、海水源热泵等。

1) 水-空气热泵机组

水-空气热泵机组的结构及流程如图 11-6 所示。从图中可以看出，机组由压缩机、水侧换热器、空气侧换热器、风机等组合而成的整体式机组。可以做成卧式的，装于吊顶内；也可以做成立式，倚墙或柱安装。

机组制冷时，如图 11-6（a）所示，制冷剂流程为：压缩机 1—四通换向阀 5—水侧换热器 2—毛细管 4—空气侧换热器 3—四通换向阀 5—压缩机 1。

机组制热时，如图 11-6（b）所示，制冷剂流程为：压缩机 1—四通换向阀 5—空气侧换热器 3—毛细管 4—水侧换热器 2—四通换向阀 5—压缩机 1。

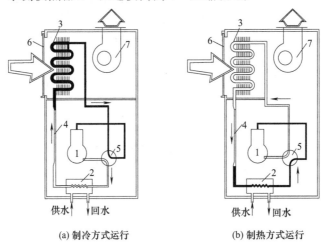

(a) 制冷方式运行　　　　　　(b) 制热方式运行

图 11-6　水-空气源热泵工作原理图

1—压缩机；2—水侧换热器；3—空气侧换热器；4—毛细管；5—四通换向阀；6—过滤器；7—风机

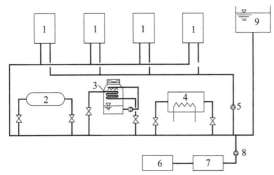

图 11-7　水环热泵空调系统原理图

1—水-空气热泵机组；2—蓄热装置；3—冷却塔；
4—加热设备；5—循环水泵；6—水处理设备；
7—补给水箱；8—补给水泵；9—膨胀水箱

小型的水-空气热泵机组主要用在水环热泵空调系统中，用水环路将小型的水-空气热泵机组并联在一起，构成一个以回收建筑物内部余热为主要特征的热泵供暖、供冷系统。典型的水环热泵空调系统由四部分组成：室内的小型水-空气热泵机组；水循环环路、辅助设备（如冷却塔、加热设备、蓄热装置等）和补水定压设备组成，如图 11-7 所示。根据空调场所的需要，水环热泵可以按制冷工况运行，也可以按制热工况运行，还可以部分室内水-空气热泵机组制冷、部分室内机组制热运行。

　　水环热泵机组在夏季制冷工况运行时，室内的回风直接经过室内热泵机组内的直接蒸发式蒸发器降温除湿后送入房间，冷凝器的冷却水通过冷却塔冷却后循环使用。在冬季制热工况运行时，通过室内机组的换向阀，改变制冷剂流向，水侧换热器为蒸发器，空气侧换热器为冷凝器，回风通过冷凝器被加热后送入房间，实现室内供热。

　　在冬季，如果一栋建筑物内，部分房间需要供热，部分房间需要供冷，或者在一些大型建筑内，建筑内区往往有全年性冷负荷，导致冬季周边区需供热，内区需供冷。若周边区需供热房间的热负荷与内区需供冷房间的冷负荷比例适当时，即排入水环路中的热量与从水环路中提取的热量相当，水温维持在 13～32℃ 范围内，此时系统高效运行，冷却塔和加热设备停止运行。由于从水环路中提取的热量与释放到水环路中的热量不可能每时每刻都相等，因此系统中还设有蓄热装置，暂存多余的热量。

　　2）地下水源热泵机组

　　以地下水作为低位热源，消耗少量的电能，实现热量由低温物体向高温物体转移，从而达到制冷或制热的热泵系统，称为地下水源热泵系统。该系统适合于地下水资源丰富，且当地资源管理部门允许开发利用地下水的场合。地下水源热泵系统是我国应用较早且较为普遍的一种地源热泵系统，其中大部分是以井水为低位热源。

　　地下水源热泵系统可分为地下水-水热泵机组和地下水-空气热泵机组（水环热泵机组）。还可以根据地下水供水系统，分为间接供水系统和直接供水系统。在间接供水的地下水系统中，使用板式换热器把地下水和水源热泵的循环水分开。而在直接供水的地下水系统中，地下水直接供给水源热泵机组。采用间接供水的地下水系统，可以保证水源热泵机组不受地下水水质的影响，防止机组出现结垢、腐蚀、泥渣堵塞等现象，从而延长机组的使用寿命。

　　典型的地下水源热泵空调系统原理图如图 11-8 所示。其系统是由地下水换热系统、水

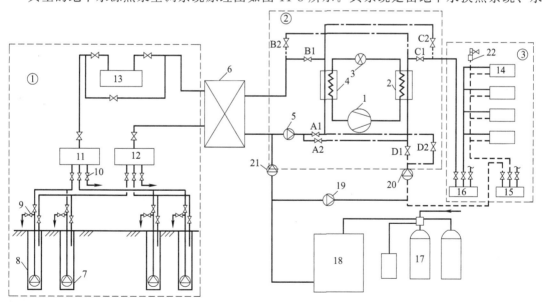

图 11-8　典型地下水源热泵空调系统原理图

①—地下水采集系统；②—水源热泵机组；③—建筑物空调系统；

1—压缩机；2—冷凝器；3—节流机构；4—蒸发器；5—水源侧循环泵；6—板式换热器；7—深井泵；

8—抽水井或回灌井；9—排污阀；10—排污泄水阀；11—生产井转换阀门组；12—回灌井转换阀门组；

13—除砂设备；14—热用户；15—集水器；16—分水器；17—软水器；18—补给水箱；

19—用户侧补给水泵；20—用户侧循环水泵；21—水源侧补给水泵；22—放气装置

源热泵机组、和空调末端系统组成。其中，水源系统包括水源、取水构筑物、输水管网和水处理设备等。

冬季，水源热泵机组中的阀门 A1、B1、C1、D1 开启，阀门 A2、B2、C2、D2 关闭，深井泵从抽水井中抽出的地下水经过处理，通过板式换热器 6 把热量传递给中间介质水，中间介质水在经过蒸发器 4，通过热泵机组将热量转移到热泵机组的冷凝器 2，进一步给空调末端系统供热；夏季，水源热泵机组中的阀门 A1、B1、C1、D1 关闭，阀门 A2、B2、C2、D2 开启，热泵机组中的蒸发器 4 的制冷剂吸收空调末端系统的热量，通过热泵机组中的冷凝器 2，将热量传递给中间介质水，再通过板式换热器将热量传递给地下水，吸收了热量的地下水再通过回灌井回灌到地下同一含水层内。

地下水水温几乎与全年平均环境温度相同，夏季可获得较低的冷凝温度，冷却效果好于风冷式和冷却塔式，机组效率提高；冬季可以获得较高的蒸发温度，热泵机组的能效比提高。水体的温度一年四季相对稳定，其波动的范围远远小于空气的变动，是很好的热泵热源和空调冷源，水体温度较恒定的特性，使得热泵机组运行更可靠、稳定，也保证了系统的高效性和经济性。不存在空气源热泵的冬季除霜、制热不稳定等难点问题。但是地下水的过度开采会引发地下水资源枯竭、地面沉降、河道断流以及海水入侵等地质灾害。所以为了保护地下水资源，要求100％回灌地下水，并且回灌到原水层，可以形成取水、回灌水之间的良性循环，及保障了地下水源热泵系统运行的稳定性，又避免了因为地下水资源改变而导致的地质灾害。

(3) 土壤源热泵

与空气和地表水相比，一定深度的土壤或岩石温度相对恒定，该温度性质对于热泵而言，可以作为很好的低位冷热源。这种利用地下土壤作为热泵低位热源的热泵系统称为土壤源热泵。它主要包括三套管路系统：室外的地埋管系统、热泵机组的制冷机循环系统、末端的室内空调系统。它与一般热泵系统相比，其不同点主要在于室外管路系统是由埋设于土壤中的一组盘管构成。该组盘管作为换热器，冬季从土壤中取热，夏季向土壤中释放热量，典型的土壤源热泵系统原理图如图 11-9 所示。

夏季制冷时，水源热泵机组中的阀门 A1、B1、C1、D1 关闭，阀门 A2、B2、C2、D2 开启，室内的余热经过热泵转移后通过埋地换热器释放于土壤中，同时蓄存热量，以备冬季采暖用；冬季供暖时，水源热泵机组中的阀门 A1、B1、C1、D1 开启，阀门 A2、B2、C2、D2 关闭，通过埋地换热器从土壤中取热，经过热泵提升后，供给采暖用户，同时，在土壤中蓄存冷量，以备夏季空调用。

土壤源热泵根据地埋管中的传热介质和热泵机组之间是否存在中间介质，可以分为直接连接的土壤源热泵系统和间接连接的土壤源热泵系统。如果采用直接连接的方式（图11-9），地埋管的埋深将受到地下埋管的最大额定承压能力的限制；如果系统中最下端管道的静压超过地埋管换热器的承压能力，可设置中间换热器将地埋管换热器与热泵机组分开，即间接连接。

土壤源热泵系统中，还可以根据地埋管换热器的布置形式分为水平埋管、竖直埋管换热器和螺旋形埋管三大类。还可以根据地埋管换热器的连接方式分为串联方式和并联方式。

大地土壤本身就是一个巨大的储能体，具有较好的蓄能特性；通过埋地换热器，夏季利用冬季蓄存的冷量进行制冷，同时将部分热量蓄存于土壤中以备冬季采暖用，冬季利用夏季蓄存的热量来供暖，同时蓄存部分冷量以备夏季空调用。一方面，实现了冬夏能量的互补

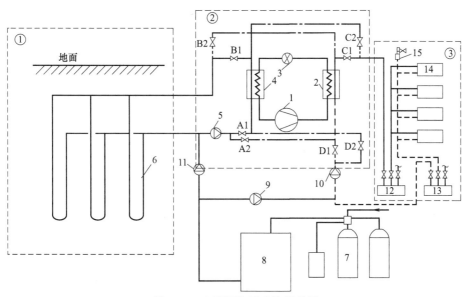

图 11-9　土壤源热泵系统原理图

①—室外的地埋管系统；②—水源热泵机组；③—建筑物空调系统；

1—压缩机；2—冷凝器；3—节流机构；4—蒸发器；5—土壤源侧循环泵；6—地下埋管；

7—软水器；8—补给水箱；9—用户侧补给水泵；10—用户侧循环水泵；

11—土壤源侧补给水泵；12—分水器；13—集水器；14—热用户；15—放气装置

性；另一方面，由于土壤的蓄能特性，地下土壤温度一年四季相对稳定，冬季比外界环境空气温度高，夏季比环境温度低，是很好的热泵热源和空调冷源，土壤的这种温度特性使得土壤源热泵比传统冷热源空调系统运行效率高，可节省运行费用。同时，土壤温度较恒定的特性也使得热泵机组运行更稳定、可靠，整个系统的维护费用也较常规冷热源空调系统大大减小，从而保证了系统的高效性和经济性，也提高了热泵的性能系数，达到明显节能的效果，同时也消除了常规热泵系统带来的"冷、热污染"。

尽管土壤源热泵技术有着许多优势，但结合目前国内外关于土壤源热泵换热性能的研究和实际工程应用的情况而言，也不可避免地存在如下缺点：土壤热物性参数直接影响着地埋管换热器换热性能；土壤源热泵系统在长期运行时，热泵蒸发温度或冷凝温度受地下土壤温度变化带来的影响会发生波动；由于土壤源热泵系统在与土壤换热过程中必然改变土壤温度分布，而土壤温度恢复也需要时间，故只适用于间歇运行的空调系统中，而且在实际工程中，钻井费用投资能占到整个系统总投资的 30％以上。

(4) 吸收式热泵

吸收式制冷机也可以作为热泵使用，它可以回收废热水的热量，制取高温热水，用于生活热水以及采暖等。吸收式热泵是热能驱动实现热量从低温物体向高温物体转移的设备。

吸收式热泵有两种类型：输出热的温度低于驱动热源的第一类热泵（增热型）和输出热的温度高于驱动热源的第二类热泵（升温型）。第一类吸收式热泵用于采暖和制备生活热水，第二类热泵常用于制备工业热水和蒸汽。

1) 第一类热泵

利用高温热源，把低温热源的热能提高到中温的热泵系统，它是同时利用吸收热和冷凝热以制取中温热水的吸收式循环。

图 11-10 为第一类单效溴化锂热泵机组的工作原理图。利用高温热源,让低温水获得吸收热和冷凝热后被加热成较高温度的水。

例如:蒸发器将 25～35℃ 水冷却 5～10℃,用吸收热和冷凝热将工艺排出的 25～35℃ 水加热至 60～80℃,热媒温度为 160～180℃,此时发生器每输入 1kW 的热量可以获得 1.6～1.8kW 的热量(制热系数 1.6～1.8)。

从图中可以看出,单效溴化锂热泵机组的热水回路,实际上就是单效溴化锂制冷机的冷却水回路。冷水机组和热泵机组的差别仅在于两者的使用目的不同,前者用于制冷,后者用于制热,而且两者的运行工况和热力系数有很大差别。现有的第一类吸收式热泵提升热水的温度一般不超过 40℃。

2)第二类热泵

利用中温废热和发生器形成驱动热源系统,同时还利用中温废热系统和蒸发器构成热源系统,在吸收器中制取温度高于中温废热热水的热泵系统。

图 11-11 为单效第二类热泵机组的工作原理图。在吸收器中,吸收了制冷剂蒸气后的稀溶液,先经过溶液热交换器预冷,再经节流阀节流降压进入发生器 D 中,被发生器 D 中流动的废热水加热沸腾,产生的制冷剂水蒸气进入冷凝器 E 中,浓缩后的溴化锂浓溶液由溶液泵 B 加压,再经溶液热交换器 C 预热后,进入吸收器。而进入冷凝器 E 中的水蒸气把热量传给冷却水后,称为制冷剂水,经制冷剂水泵加压送至蒸发器 F 中,吸收蒸发器盘管中废热水的热量化为制冷剂蒸气,被吸收器 A 中的溴化锂浓溶液吸收,由于吸收过程放出热量,因而在吸收器盘管内流动的水被加热,得到所需要的热水。

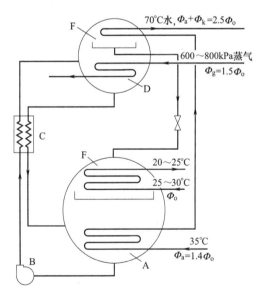

图 11-10 第一类吸收式热泵原理图
A—吸收器;B—溶液泵;C—溶液热交换器;
D—发生器;E—冷凝器;F—蒸发器

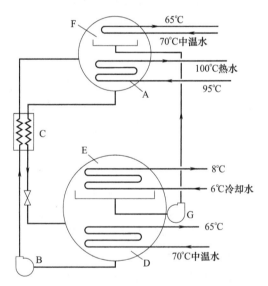

图 11-11 第二类吸收式热泵原理图
A—吸收器;B—溶液泵;C—溶液热交换器;
D—发生器;E—冷凝器;F—蒸发器;G—制冷剂水泵

由于热泵循环的冷凝压力低于蒸发压力,所以需由溶液泵 B 将浓溶液从发生器送至吸收器,制冷剂水需要用制冷剂水泵 G 将其从冷凝器送至蒸发器。

3)联合型热泵

图 11-12 为第一类和第二类联合型吸收式热泵工作原理图。在这个循环中,第一类吸收

式热泵和第二类吸收式热泵共用一个发生器和冷凝器。较高温度的废热输入系统后，可以从第二吸收器得到更高温度的热能，同时还可以从第一蒸发器获得冷量。

　　从第一吸收器出来的稀溶液经溶液泵加压，流经第一热交换器进入发生器，在发生器中，被废热水加热，制冷剂水蒸气分离出来进入冷凝器，凝结为液态制冷剂水。制冷剂水一部分被减压送入第一蒸发器，实现制冷；另一部分经制冷剂水泵加压送入第二蒸发器，被废热水加热汽化。发生器中释放了水蒸气的溴化锂浓溶液，经溶液泵加压，再流经第二热交换器，进入第二吸收器，吸收来自第二蒸发器的制冷剂水蒸气，同时向外释放吸收热，供用户使用。而从吸收器出来的中间浓度的中间溶液，经第二热交换器和第一热交换器后，送入第一吸收器，吸收来自第一蒸发器的制冷剂蒸气，至此完成了整个循环。冷却水流经第一吸收器和冷凝器，将这两部分热量带走。

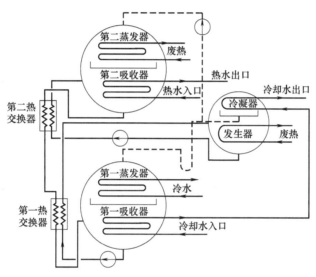

图 11-12　联合型吸收式热泵工作原理图

11.2　蓄冷技术

11.2.1　蓄冷技术的原理

　　所谓蓄冷空调技术，就是在夜间电网低谷时段（同时也是空调负荷较低的时段），制冷机组利用物体在状态变化过程中所具有的显热、潜热效应或化学反应中的反应热来进行冷量制备，同时利用蓄冷设备将此冷量储存起来；到白天电网高峰时段（同时也是空调负荷较大的时段），再将蓄冷设备中的冷量释放出来，满足空调高峰负荷的需求。蓄冷系统的工作原理如图 11-13 所示。常规空调供冷循环，阀1、阀2、泵1、泵2开启，阀3关闭，制冷机组直接向空调机组供冷，蓄冷槽不工作；蓄冷时，如图 11-13（a）所示，阀1、阀3、泵1开启，阀2、泵2关闭，制冷主机工作向蓄冷槽供冷；蓄冷槽单独供冷时，如图 11-13（b）所示，阀2、阀3、泵2开启，阀1、泵1关闭，制冷主机不工作，蓄冷槽向空调机组；制冷机组和蓄冷槽联合供冷，阀1、阀2、阀3、泵1、泵2都开启，此时蓄冷补充制冷机组供冷不足的那部分空调负荷。

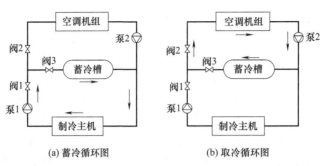

(a) 蓄冷循环图　　　　　　　(b) 取冷循环图

图 11-13　蓄冷系统工作原理图

与常规空调制冷系统相比，蓄冷空调系统有如下特点：

① 移峰填谷，改善国家的电力状况。蓄冷空调可以将白天用电高峰期的负荷或部分负荷转移到低谷期来制冷蓄冷，到用电高峰时，蓄冷设备放冷来满足空调需求，这样既可以不用增建发电装备，也不必拉闸限电，还能很好地满足人们生活或工艺生产的需求。

② 对于同样的空调系统而言，蓄冷空调系统可以减少制冷机组的容量，减少设备投资，并且能让制冷机组基本满负荷、高效、稳定运转。

③ 蓄冷空调充分利用夜间较低的大气温度，提高制冷机组产冷量和能效比 COP。

④ 峰谷电价，增加用户的经济效益。蓄冷系统充分利用夜间优质廉价的电力谷值负荷，可以为用户获得相当大的经济效益，并且峰谷电价差值越大，经济效益愈显著；同时还可以减少相应的电力增容费，以及由于蓄冷系统的使用，也大大降低了燃煤电站的烟尘和 CO_2 的排放。

⑤ 蓄冷系统冷量调节灵活，过渡季节可以不开或少开冷机，节能效果明显。

⑥ 和常规空调系统相比，蓄冷空调系统还有一个显著特点就是多了一套蓄冷设备和复杂的控制策略。

表 11-1 为同样空调冷负荷下常规制冷系统和蓄冷制冷系统的比较。从表 11-1 可见，相比常规空调制冷系统，蓄冷机组运行更稳定，并且因为夜间环境温度降低会使制冷机组更高效、更节能，但因需要配置蓄冷装置增加了系统投资，这会涉及一个合理的投资回收年限。并且蓄冷空调系统的使用还会受到具体工程所在地的能源政策、电价结构、建筑物的使用性质及其负荷特点，还有选配的制冷机组和蓄冷装置的性能等诸多因素的影响。

表 11-1　同样空调冷负荷下常规制冷系统与蓄冷制冷系统的比较

项目	机组容量	运行特点	制冷系数	运行费用	运行负荷
常规制冷系统	大	即制即用	小	高	随冷负荷变化
带蓄冷的制冷系统	小	夜制昼用	大	低	不变,经济负荷

11.2.2　蓄冷技术的分类

蓄冷技术有很多种分类方式，如图 11-14 所示。按照蓄冷工作原理分为显热蓄冷、潜热蓄冷和热化学蓄冷，空调用的显热蓄冷主要指的是水蓄冷，即通过水温变化来蓄存显热；而潜热蓄冷则包括冰蓄冷和其他相变材料蓄冷（如共晶盐蓄冷），利用的是水或是相变材料在一定压力、温度下放热或吸热导致物质状态变化来实现蓄冷或放冷。按照蓄冷系统蓄冷模式分为全负荷蓄冷模式和部分负荷蓄冷模式。按照蓄冷时制冷剂与蓄冷设备内的介质是否接触分为直接接触蓄冷和间接接触蓄冷。按照蓄冷的介质不同可以分为水蓄冷、冰蓄冷和共晶盐蓄冷。

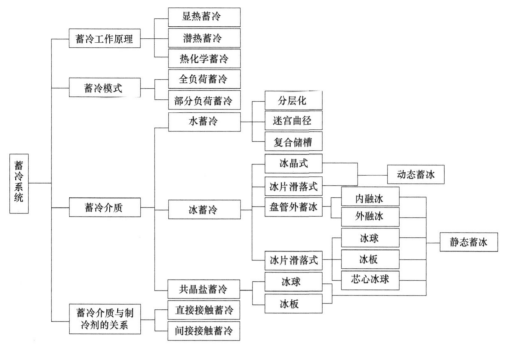

图 11-14　蓄冷技术的分类

11.2.3　蓄冷在空调系统中的应用

蓄冷空调系统有很多种应用，比较常见的是水蓄冷空调系统和冰蓄冷空调系统。

(1) 水蓄冷空调系统

水蓄冷就是把制冷机组制备的冷冻水储存在蓄冷水箱里，它是利用 4~7℃ 的低温水进行蓄冷，属于显热蓄冷。和常规空调制冷系统相比，增加了蓄冷水设备，但同时大大减少了制冷机组容量以及与制冷机组配套的冷冻水泵、冷却塔和冷却水泵的容量，并且制冷机组在制冷或是蓄冷时基本都是满负荷运行，大大提高了制冷效率，减少了能耗和运行费用，但是水蓄冷利用的是显热蓄冷，对于蓄存同样的冷量，相比冰蓄冷而言，蓄冷槽的容积大了很多，相应导致冷损耗增大。

水蓄冷系统为了防止或减少蓄冷放冷阶段蓄冷水箱内温度较高的水和温度较低的水发生混合，引起能量损失，水蓄冷系统中的蓄冷水箱中的结构和配管设计时，通常设计成分层化、迷宫曲板、复合储槽等形式。

自然分层法：利用水在不同温度下密度不同而实现自然分层。系统组成是在常规制冷系统中加入蓄水罐，如图 11-15 所示。在循环蓄冷时，制冷设备送来的冷水由底部布水器进入蓄水罐，热水则从顶部排出，罐中水量保持不变。在循环放冷时，水流动方向相反，冷水由底部送至负荷侧，回流热水从顶部布水器进入蓄水罐。一般来说，自然分层方法是最简单有效和经济的，如果设计合理，蓄冷效率可以达到 85%~95%。自然分层蓄冷时，冷水与热水之间存在一个温度过渡层，通常称为斜温层。明确而稳定的斜温层能防止冷水与热水的混合，但斜温层的存在降低了蓄冷效率。蓄冷系统能否在高效率下保持正常而稳定的工作主要取决于顶部和底部布水器的设计和蓄水罐的设计。布水器用于均布进入罐中的水流，减少扰动和对斜温层的破坏。

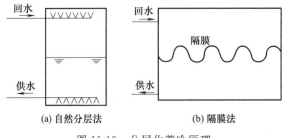

图 11-15　分层化蓄冷原理

　　迷宫法：采用隔板把蓄水槽分成很多个单元格，水流按照设计的路线依次流过每个单元格。图 11-16 所示为迷宫式蓄水罐示意图。迷宫法能较好地防止冷热水混合。但在蓄冷和放冷过程中热水从底部进口进入或冷水从顶部进口进入，这样易因浮力造成混合；另外，水的流速过高会导致扰动及冷热水的混合；流速过低会在单元格中形成死区，降低蓄冷系统的容量。

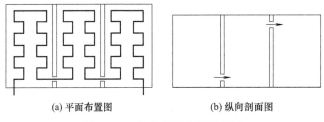

图 11-16　迷宫式蓄水罐示意图

　　还可以在单槽的基础增加多个槽，形成独立的温水槽和冷水槽，然后采用集管的方式将各单元槽进出水管并联，保证水量均匀分配。

　　图 11-17 为常规水蓄冷空调系统原理图。该系统可以实现以下几种运行模式：①制冷机单独制冷；② 制冷机边蓄冷边供冷；③ 制冷机仅仅是蓄冷；④蓄冷水箱单独供冷；⑤ 制冷机和蓄冷水箱联合供冷。

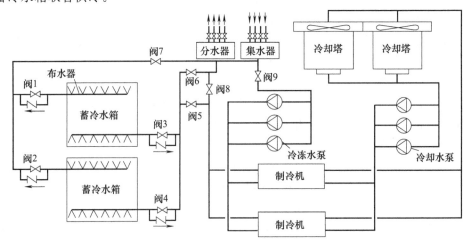

图 11-17　水蓄冷机房系统原理图

工况1：制冷机单独制冷时，阀1、阀2、阀3、阀4、阀5、阀6、阀7关闭，阀8、阀9开启，制冷机工作，制备的冷水经阀8进入分水器供给到空调设备中去，在空调设备中吸收了空气热量的回水经集水器、阀9，再经冷冻水泵，回到制冷机。

工况2：制冷机边蓄冷边供冷时，阀1、阀2、阀6关闭，阀3、阀4、阀5、阀7、阀8、阀9开启，制冷机工作，制备的冷水一部分经阀8进入分水器供给到空调设备中去，一部分经阀5、阀3（或阀4），再经过布水器进入蓄冷水箱；同时，蓄冷水箱上部温度稍高一些的水经过布水器、旁通单向阀、阀7，和来自集水器的回水一起经阀9，再经冷冻水泵回到制冷机。

工况3：制冷机仅仅是蓄冷时，阀1、阀2、阀6、阀8关闭，阀3、阀4、阀5、阀7、阀9开启，制冷机工作，制备冷水经过阀5、阀3（或阀4），再经过布水器进入蓄冷水箱；蓄冷水箱上部温度稍高一些的水经过布水器、旁通单向阀、阀7、阀9，再经冷冻水泵回到制冷机。

工况4：蓄冷水箱单独供冷时，阀3、阀4、阀5、阀8、阀9关闭，阀1、阀2、阀6、阀7开启，在空调设备中吸收了空气的热量的回水经集水器、阀7、阀1（或阀2），再经蓄冷水箱中的布水器回流至水箱，蓄冷水箱储存的冷冻水经单向阀、阀6，进入分水器，通过分水器供给相应的空调设备。

工况5：制冷机和蓄冷水箱联合供冷时，阀3、阀4、阀5关闭，阀1、阀2、阀6、阀7、阀8、阀9开启，蓄冷水箱供应的冷冻水经布水器、单向阀、阀6，和制冷机制备的冷冻水经阀8混合，进入分水器，供应给空调设备；空调设备的回水经集水器，一部分经阀9，再经过冷冻水泵至制冷机，而另一部分经阀7、阀1（或阀2），再经布水器回流至蓄冷水箱。

(2) 冰蓄冷空调系统

冰蓄冷空调是制冷机组利用夜间电力负荷低谷制冰储存在蓄冰装置中，白天融冰将所储存冷量释放出来，减少电网高峰时段空调用电负荷及空调系统装机容量。它是利用冰的相变潜热来进行冷量储存。由于0℃冰的蓄冷潜热值大约为334kJ/kg，而水的比热容才为4.2 kJ/(kg·℃)，使得同样的蓄冷量而言，冰蓄冷槽的容积要比水蓄冷槽的容积大为减少，冰蓄冷槽的冷损失也比水蓄冷槽的小。由于冰的相变潜热大，本身无毒，又可与冷水直接接触，因此冰蓄冷得到广泛的应用。冰蓄冷空调系统主要由制冰设备（制冷机）、蓄冰装置、空调设备、自控设备、各种连接管路与构件等几部分组成。又因为乙二醇溶液在管内流动时，流速高、传热性能好、不易渗漏、系统安全性能好，蓄冰空调系统多选用乙二醇水溶液作载冷剂，借以实现冷量在蓄冷装置与空调用户之间的运输。

图11-18所示为工程中常见的冰蓄冷空调系统原理图。该空调系统采用温、湿度独立控制，其中冰蓄冷系统为新风机组提供较低温度的水，让新风承担系统的所有湿负荷和部分冷负荷，冷水机组为风机盘管（承担部分室内负荷）提供温度较高的冷水，这样既能提高冷水机组的制冷效率，又能让风机盘管干式运行。该系统能实现如下四种运行模式：① 双工况冷机单独制冷；② 双工况冷机仅蓄冷；③ 蓄冰槽单独供冷；④ 双工况冷机和蓄冰槽联合供冷。

工况1：双工况冷机单独制冷时，阀1、阀3、阀5、阀9关闭，阀2、阀4、阀6、阀7、阀8开启，双工况冷机工作，制备的温度较低的乙二醇经阀2、阀4进入乙二醇-水的板式换热器，乙二醇释放冷量给冷冻水后经阀8、乙二醇泵、阀6或阀7回到双工况冷机。在新风

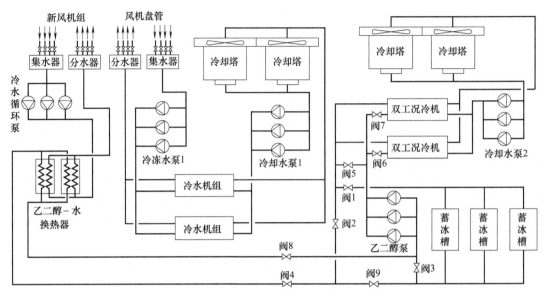

图 11-18　冰蓄冷空调系统原理图

机组中吸收了冷负荷的温度较高的冷水回到集水器，经冷水循环泵加压送到乙二醇-水换热器，将热量释放给乙二醇后温度有所降低，再进入分水器供给到新风机组中。

　　工况 2：双工况冷机制冰时，阀 2、阀 4、阀 5、阀 8、阀 9 关闭，阀 1、阀 3、阀 6、阀 7 开启，双工况冷机工作，制备的温度更低的乙二醇经阀 1 进入蓄冰槽，乙二醇释放冷量给蓄冰槽内的冷水后经阀 3、乙二醇泵、阀 6 或阀 7 回到双工况冷机。同时蓄冰槽内的水释放热量给乙二醇后变成冰，用以蓄存冷量。

　　工况 3：双工况冷机和蓄冰槽同时供冷时，阀 3、阀 5 关闭，阀 1、阀 2、阀 4、阀 6、阀 7、阀 8、阀 9 开启，双工况冷机工作，制备的温度较低的乙二醇，一部分经阀 2、阀 4 进入乙二醇-水的板式换热器，另一部分经阀 1 进入蓄冰槽进一步降温后经阀 9、阀 4 也进入乙二醇-水的板式换热器，混合后的乙二醇释放冷量给冷冻水后经阀 8、乙二醇泵、阀 6 或阀 7 回到双工况冷机。在新风机组中吸收了冷负荷的温度较高的冷水回到集水器，经冷水循环泵加压送到乙二醇-水换热器，将热量释放给乙二醇温度有所降低，再进入分水器供给到新风机组中去。

　　工况 4：蓄冰槽单独供冷时，阀 2、阀 3、阀 6、阀 7 关闭，阀 1、阀 4、阀 5、阀 8、阀 9 开启，乙二醇经阀 1 进入蓄冰槽释放热量给冰槽内的冰（冰融化成水），自身温度降低后经阀 9、阀 4 进入乙二醇-水的板式换热器，乙二醇释放冷量给冷冻水，温度有所升高的乙二醇溶液经阀 8、乙二醇泵、阀 5、阀 1，再回流至蓄冰槽继续携带冷量给冷冻水。

　　比较图 11-17 和图 11-18，不难发现，冰蓄冷和水蓄冷除了前面所说同作为蓄冷系统的一些共同点之外，它们还有很多区别：

　　① 蓄冷方式不同。水蓄冷是显热蓄冷，而冰蓄冷是潜热蓄冷。对于同样的蓄冷量而言，冰蓄冷槽的容积要比水蓄冷槽的容积大为减少，冰蓄冷槽的冷损失也比水蓄冷槽的小。

　　② 冰蓄冷和水蓄冷对制冷机组的要求不同。水蓄冷是通过水温在 4～6℃之间的变化来蓄存显热，即水蓄冷在蓄冷工况和制冷机供冷工况下对制冷机的要求几乎相同，故不需要设置双工况的制冷机组。对于冰蓄冷系统，制冰机组是系统的重要组成部分，其效率直接影响冰蓄冷系统的运行效率和费用节省情况。由于在制冰过程中，蒸发温度很低（通常为－6～

—10℃），远离普通空调用冷水机组的运行工况，为了最大限度地减少主机投资，冰蓄冷空调系统蓄冰主机多采用既能白天制取 7℃冷水又能夜间制冰的双工况的冷机。双工况冷机运行时空调工况和制冰工况的蒸发温度和冷凝温度有显著不同，见表 11-2。

表 11-2　双工况冷机的额定空调工况和制冰工况　　　　　　　　℃

项目	蒸发器侧			冷凝器侧		
	冷冻水/载冷剂入口	冷冻水/载冷剂出口	蒸发温度	冷却水入口	冷却水出口	冷凝温度
空调工况	12	7	5	32	37	40
制冰工况	−2	−6	−9	30	34	37

③ 冰蓄冷系统的双工况机组在制冰过程中，由于蒸发温度很低，导致制冷机组的制冷性能和制冷效率大大降低。即对于蓄存同样的冷量而言，冰蓄冷的双工况机组的机组容量要比水蓄冷的机组容量大，耗电量大。

④ 冰蓄冷系统由于制冰蓄冷过程温度低，需要设置一套载冷剂系统，而水蓄冷则不需要。

⑤ 就蓄冷装置而言，水蓄冷系统的蓄冷水池也可以作为冬季的蓄热水池，这一点对于热泵运行的制冷机组特别适用。而冰蓄冷系统的蓄冰槽则没有此项功能。

制冰设备和蓄冷设备是冰蓄冷系统实现蓄冷最基本的内容。冰蓄冷系统根据制冰方式可以分为静态制冰和动态制冰两种。所谓静态制冰就是指冰的制备和融化在同一个位置进行，蓄冰设备和制冰部件为同一结构，常见的形式有盘管外蓄冰系统和封装冰蓄冷系统。所谓动态制冰就是指冰的制备和融化不在同一个位置进行，蓄冰槽和制冰机相对独立，如冰片滑落式和冰晶式等。不同的蓄冰设备有不同的蓄冷和放冷特性，会直接影响到整个系统的运行特性。目前在国内外应用较多的是静态制冰，即常见的盘管外蓄冰系统和封装式蓄冰系统。

1）盘管外蓄冰装置

盘管外蓄冰是由沉浸在充满水的储槽中的钢盘管或是塑料盘管构成冰载体的一种蓄冰系统。蓄冷时，低温载冷剂乙二醇在盘管内流动，将盘管外表面的水逐渐冷却至结冰。盘管外蓄冰根据其放冷融冰形式的不同，可以分为内融冰式管外蓄冰和外融冰式管外蓄冰。

所谓内融冰式，就是指来自换热器的较高温度的载冷剂乙二醇在盘管内流动，使蓄冰槽内的冰自管壁向外逐渐融化、放冷。最常见的内融冰式蓄冰槽形式有螺旋形盘管（如美国 Calmac 蓄冰筒，如图 11-19 所示）和采用并联方式将管排以一集箱连接起来的（如美国 Fafco 蓄冰槽，如图 11-20 所示）两种。以 Calmac 蓄冰筒为例，制冰时，管内通以冷水机组制出的低温乙二醇溶液，使蓄冰筒内的水冻结成冰；融冰时，从空调负荷端的换热器流回的温度较高的乙二醇溶液通过螺旋形的聚乙烯盘管内部，将管外的冰融化而放冷。

外融冰式是直接让温度较高的空调回水直接送入盘管表面结有冰层的蓄冰槽，使盘管表面的冰层自外向内逐渐融化，是直接接触放冷。一般蓄冰槽为开式的，为使蓄冰槽的结冰和融冰均匀，在蓄冰槽内设置有空气搅拌器，增加水流扰动。在蓄冰时，水的搅动使槽内的水温快速均匀降低，从而促使管壁表面结冰厚度一致；融冰放冷时，扰动可促进蓄冰槽内的水流分布均匀，加速冰的融化，如图 11-21 所示。

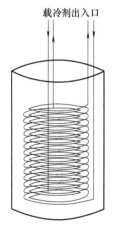

图 11-19　Calmac
蓄冰筒示意图

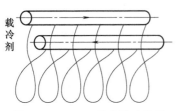

图 11-20 Fafco 蓄冰槽示意图

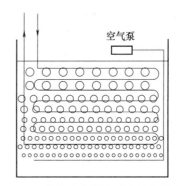

图 11-21 外融冰盘管外蓄冰结构示意图

2）封装式蓄冰装置

封装式蓄冰装置是将大量封装有蓄冷介质（水-冰或其他相变材料）的相对较小的容器（球形或板形）浸泡在箱体或容器（称为蓄冰槽）中构成的一种蓄冷装置。蓄冷时，冷水机组制出的低于蓄冷介质相变温度的载冷剂乙二醇溶液在球或板之间流动，使球或板内蓄冷介质结成冰，储存冷量。释冷时，温度较高的载冷剂乙二醇溶液进入蓄冰槽，球或板内的冰融化，释放出冷量，直接或间接（通过热交换设备）向空调用户供冷。封装式蓄冷装置目前有三种形式：圆形冰球、蕊心冰球、冰板。

① 圆形冰球：圆形蓄冰球有法国的 Cristopia 圆形冰球（图 11-22），也有以美国的 Cryogel 为代表的凹坑冰球（图 11-23）。美国 Cryogel 凹坑冰球的外壳由高性能的复合聚乙烯材料制成，冰球表面设计成有对称分布的凹坑。当水结成冰时，体积膨胀，凹坑向外凸起容纳膨胀的量。

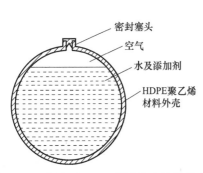

图 11-22 法国 Cristopia 圆形冰球结构示意图

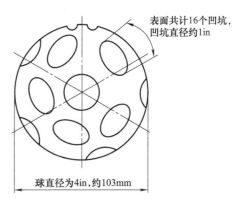

图 11-23 美国 Cryogel 凹坑冰球外形示意图

冰球蓄冷装置分为密闭式和敞开式两种，根据安装方式的不同又可以分为卧式和立式两种。图 11-24 所示意的为卧式密闭式冰球罐。密闭罐的上部有两个用于装卸冰球的入孔，底部的支架承受罐体内部的冰球以及载冷剂乙二醇液体的重量，支架和底板之间设有保温层。考虑到在蓄冷和放冷的过程中，载冷剂进、出口温差导致的自然对流的影响，将载冷剂进出口放在上、下两端。

② 蕊心冰球：如图 11-25 所示，蕊心冰球外壳由高弹性高强度聚乙烯（PE）吹制而成，外形设计有伸缩褶，有利于蕊心冰球内结冰和融冰时球内冰与水的膨胀和收缩变化；冰球两侧还设有直径 2mm 的铝合金翅片管，起到强化换热的作用。杭州华源人工环境工程公司改

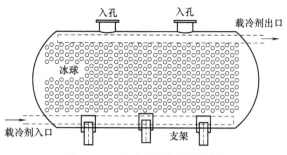

图 11-24　冰球蓄冷装置示意图

进和生产的蕊心冰球已经在很多工程中得到
应用。

　　③ 冰板：冰板如图 11-26 所示，冰板为扁
平板状，由高密度聚乙烯材料制成，板内注入
蓄冷介质去离子水。蓄冷或放冷时，冰板有次
序地放置密封罐（或槽）内，冰板约占蓄冷槽
体积的 80%。蓄冰罐（或槽）根据形状有圆形
和方形，对于冰板蓄冷装置，大多采用方形蓄
冷槽。

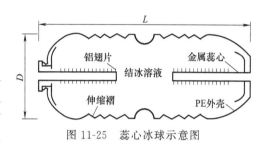

图 11-25　蕊心冰球示意图

　　图 11-27 所示为方形冰板蓄冰槽。方形蓄冷槽可用钢板、玻璃钢或钢筋混凝土制作，冰
板呈立式且有序地放置在方形蓄冷槽内，槽内设置有折流板，整个蓄冰槽被分为 4 部分，载
冷剂乙二醇在槽内流动换热，形成 4 个通程，每个通程有 4 块冰板，载冷剂乙二醇溶液在板
与板之间的流道内流动，与板内的水（或冰）进行热量交换。

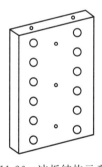

图 11-26　冰板结构示意图

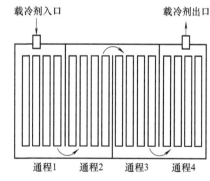

图 11-27　方形冰板蓄冰槽示意图

　　3）冰片滑落式

　　冰片滑落式系统主要由制冰机和蓄冰槽所组成。制冰机主要由压缩机、冷凝器、蒸发
器、节流机构等组成，可以现场组装，也可以在工厂组装成成套设备，如图 11-28 所示。制
冰机中的蒸发器一般采用平行板状或管状蒸发器。制冰时，制冷剂在蒸发器内低温蒸发（蒸
发温度为 $-4 \sim -8 ℃$），使泵入并喷洒到蒸发器表面的循环水在蒸发器外表面均匀结成 3～
6mm 厚的薄冰。脱冰时，热的制冷剂气体进入蒸发器，薄冰从蒸发器表面脱落，靠自重滑
落至蓄冰槽内，冰槽内可设有耙冰机构。如此反复制冰和脱冰，实现蓄冷。放冷供冷运行
时，来自用户的回水可以向蒸发器的表面喷洒，经融冰放冷即可将低温水直接或间接地供给

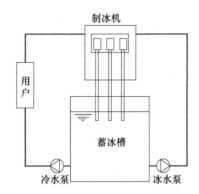

图 11-28　冰片滑落式蓄冷系统示意图

用户。

　　冰片滑落式蓄冷系统和其他系统相比，片状冰具有更大的表面积，热交换性能好，使得其能获得较高的融冰速率和较低的供冷温度（1~2℃）。由于其放冷速率大，适合于高峰用冷的场合。

（3）几种蓄冷技术的比较

　　前面已经对水蓄冷和冰蓄冷的工作原理以及流程做了大致的分析比较，其中冰蓄冷中又有内融冰、外融冰、封装冰和动态冰片滑落式蓄冰等不同方式，每种方式各有特性，对几种蓄冷技术的主要特性的综合比较分析见表 11-3。

表 11-3　几种蓄冷技术的主要特性

蓄冷方式	水蓄冷	内融冰	外融冰	封装冰	冰片滑落
蓄冷槽体积 /[m³/(kW·h)]	0.089~0.169	0.019~0.023	0.023	0.019~0.023	0.024~0.027
蓄冷温度/℃	4~6	−6~−3	−9~−4	−6~−3	−9~−4
放冷温度/℃	高出蓄冷温度 0.5~2	1~3 或 >3	1~3 或 >2	1~3 或 >3	1~2
蓄冷槽结构	开式钢、混凝土	闭式或开式钢、玻璃钢、混凝土	开式钢、混凝土	闭式或开式钢、混凝土	开式钢、玻璃钢、混凝土
制冷机种类	标准冷水机组	双工况冷水机组	直接蒸发式制冷机或双工况机组	双工况冷水机组	分装式或组装式制冷机组
制冷机蓄冷工况的 COP 值	5~5.9	2.9~4.1	2.5~4.1	2.9~4.1	2.7~3.7
放冷介质	水	乙二醇溶液	水	乙二醇溶液	水
制冷机组投资估算/(元/t)	200~300	200~500	200~500	200~500	1100~1500
蓄冷槽投资估算/(元/t)	30~100	50~70	50~70	50~70	20~30
主要特点	使用常规制冷机组，蓄冷槽可以与消防水池结合	标准化的蓄冷装置	较高的放冷速率	蓄冷槽结构以及形状可以灵活设置	较高的放冷速率和较低的放冷温度

　　注：1. 表中制冷机组以及蓄冷槽的投资估算价格引自 1994 年出版的《蓄冷设计指南》一书，其中制冷机价格仅指冷水机组或制冷机组，不包括设备安装费用；蓄冷槽的价格包括内部散热器、集箱以及换热器等。

　　2. 放冷温度是在额定的蓄冷条件下，从蓄冷介质可以获得的最低温度。实际运行温度可能会高一些，该温度与蓄冷装置的放冷速率有关。

思考与练习

1. 什么是热泵？试用能量守恒原理解释为什么热泵的 COP 总是大于 1？

2. 热泵系统与一般制冷系统相比，有哪些特点以及值得注意的问题？

3. 热泵的分类以及热泵在空调中有哪些应用？

4. 试分析 VRV 系统、空气源热泵、水源热泵以及地土壤源热泵各自的特点以及设计时应注意的问题。

5. 简述吸收式热泵的工作原理以及分类。

6. 什么叫蓄冷？它有哪些主要类型？

7. 什么叫水蓄冷空调技术？它有哪些应用特点？

8. 什么叫冰蓄冷空调技术？它有哪些应用特点？

9. 水蓄冷空调系统和冰蓄冷空调系统有哪些区别？

10. 冰蓄冷系统有哪些主要形式？各自的工作原理是什么？

附 录

附表 1 R717 饱和液体及饱和蒸气热力性质表

温度 t /℃	压力 p /kPa	比焓/(kJ/kg)		比熵/[kJ/(kg·K)]		比体积/(L/kg)	
		液体 h'	气体 h''	液体 s'	气体 s''	液体 v'	气体 v''
−60	21.86	−69.699	1371.333	−0.10927	6.65138	1.4008	4715.8
−55	30.09	−48.732	1380.388	−0.01209	6.53900	1.4123	3497.5
−50	40.76	−27.489	1387.182	0.08412	6.43263	1.4242	2633.4
−45	54.40	−5.919	1397.887	0.17962	6.33175	1.4364	2010.6
−40	71.59	15.914	1405.887	0.27418	6.23589	1.4490	1555.1
−35	93.00	38.046	1413.754	0.36797	6.14461	1.4619	1217.3
−30	119.36	60.469	1421.262	0.46089	6.0575	1.4753	963.49
−28	131.46	69.517	1424.170	0.49797	6.02374	1.4808	880.04
−26	144.53	77.870	1426.993	0.53483	5.99056	1.4864	805.11
−24	158.63	87.742	1429.762	0.57155	5.95794	1.4920	737.70
−22	173.82	96.916	1432.465	0.60813	5.92587	1.4977	676.97
−20	190.15	106.130	1435.100	0.64458	5.89431	1.5035	622.14
−18	207.07	115.381	1437.665	0.68108	5.86325	1.5093	572.57
−16	226.47	124.668	1440.160	0.71702	5.83268	1.5153	527.68
−14	246.59	133.988	1442.581	0.75300	5.80256	1.5213	486.96
−12	268.10	143.341	1444.929	0.78883	5.77289	1.5274	449.97
−10	291.06	152.723	1447.201	0.82448	5.74365	1.5336	416.32
−9	303.12	157.424	1448.308	0.84224	5.72918	1.5367	400.63
−8	315.56	162.132	1449.396	0.86026	5.71481	1.5399	385.65
−7	328.40	166.846	1450.464	0.87772	5.70054	1.5430	371.35
−6	341.64	171.567	1451.513	0.89526	5.68637	1.5462	357.68
−5	355.31	176.293	1452.541	0.91254	5.67229	1.5495	344.61
−4	369.39	181.025	1453.550	0.93037	5.65831	1.5527	332.12
−3	383.91	185.761	1454.468	0.94785	5.64441	1.5560	320.17
−2	398.88	190.503	1455.505	0.96529	5.63061	1.5593	308.74
−1	414.29	195.249	1456.452	0.98267	5.61689	1.5626	297.74
0	430.17	200.000	1457.739	1.00000	5.60326	1.5660	287.31
1	446.52	204.754	1458.284	1.01728	5.58970	1.5693	277.28
2	463.34	209.512	1459.168	1.03451	5.57642	1.5727	267.66
3	480.66	214.273	1460.031	1.05168	5.56286	1.5762	258.45
4	498.47	219.038	1460.873	1.06880	5.54954	1.5796	249.61
5	516.79	223.805	1461.693	1.08587	5.53630	1.5831	241.14
6	535.63	228.574	1462.492	1.10288	5.52314	1.5866	233.02
7	554.99	233.346	1463.269	1.11966	5.51006	1.5902	225.22
8	574.89	238.119	1464.023	1.13672	5.49705	1.5937	217.74
9	595.34	241.894	1463.757	1.15365	5.48410	1.5973	210.55
10	616.35	247.670	1465.466	1.17034	5.47123	1.6010	203.65

温度 t /℃	压力 p /kPa	比焓/(kJ/kg)		比熵/[kJ/(kg·K)]		比体积/(L/kg)	
		液体 h'	气体 h''	液体 s'	气体 s''	液体 v'	气体 v''
11	637.92	252.447	1466.154	1.18706	5.45842	1.6046	197.02
12	660.07	257.225	1466.820	1.20372	5.44568	1.6083	190.65
13	682.80	262.003	1467.462	1.22032	5.43300	1.6120	184.53
14	706.13	266.781	1468.082	1.23686	5.42039	1.6158	178.64
15	730.07	271.559	1468.680	1.25333	5.40784	1.6196	172.98
16	754.62	276.336	1469.250	1.26974	5.39534	1.6234	167.54
17	779.80	281.113	1469.805	1.28609	5.39291	1.6273	162.30
18	805.62	285.888	1470.332	1.30238	5.37054	1.6311	157.25
19	832.09	290.662	1470.836	1.32660	5.35824	1.6351	152.40
20	859.22	295.435	1471.317	1.33476	5.34595	1.6390	147.72
21	887.01	300.205	1471.774	1.35085	5.33374	1.64301	143.22
22	915.48	304.975	1472.207	1.36687	5.32158	1.64704	138.88
23	944.65	309.741	1472.616	1.38283	5.30948	1.65111	134.69
24	974.52	314.505	1473.001	1.39873	5.29742	1.65522	130.66
25	1005.1	319.266	1473.362	1.41451	5.28541	1.65936	126.78
26	1036.4	324.025	1473.699	1.43031	5.27345	1.66354	123.03
27	1068.4	328.780	1474.011	1.44600	5.26153	1.66776	119.41
28	1101.2	333.532	1474.339	1.46163	5.24966	1.67203	115.92
29	1134.7	338.281	1474.562	1.47718	5.23784	1.67633	112.56
30	1169.0	343.026	1474.801	1.49269	5.22605	1.68068	109.30
31	1204.1	347.767	1475.014	1.50809	5.21431	1.68507	106.17
32	1240.0	352.504	1475.175	1.52345	5.20261	1.68950	103.13
33	1276.7	357.237	1475.366	1.53872	5.19095	1.69398	100.21
34	1314.1	361.966	1475.504	1.55397	5.17932	1.69850	97.376
35	1352.5	366.691	1475.616	1.56908	5.16774	1.70307	94.641
36	1391.6	371.411	1475.703	1.58416	5.15619	1.70769	91.998
37	1431.6	376.127	1475.765	1.59917	5.14467	1.71235	89.442
38	1472.4	380.838	1475.800	1.61411	5.13319	1.71707	86.970
39	1514.1	385.548	1475.810	1.62897	5.12174	1.72183	84.580
40	1556.7	390.247	1475.795	1.64379	5.11032	1.72665	82.266
41	1600.2	394.945	1475.750	1.65852	5.09894	1.73152	80.028
42	1644.6	399.639	1475.681	1.67319	5.08758	1.73644	77.861
43	1689.9	404.320	1475.586	1.68780	5.07625	1.74142	75.764
44	1736.2	409.011	1475.463	1.70234	5.06495	1.74645	73.733
45	1783.4	413.690	1475.314	1.71681	5.05367	1.75154	71.766
46	1831.5	418.366	1475.137	1.73122	5.04242	1.75668	69.860
47	1880.6	423.037	1474.934	1.74556	5.03120	1.76189	68.014
48	1930.7	427.704	1474.703	1.75984	5.01999	1.76716	66.225
49	1981.8	432.267	1474.444	1.77406	5.00881	1.77249	64.491
50	2033.8	437.026	1474.157	1.78821	4.99765	1.77788	62.809
51	2086.9	441.682	1473.840	1.80230	4.98651	1.78334	61.179
52	2141.1	447.334	1473.500	1.81634	4.97539	1.78887	59.598
53	2196.2	450.984	1473.138	1.83031	4.96428	1.79446	58.064
54	2252.5	455.630	1472.728	1.84432	4.95319	1.80013	56.576
55	2309.8	460.274	1472.290	1.85808	4.94212	1.80586	55.132

附表2 R134a饱和液体及饱和蒸气热力性质表

温度 t /℃	压力 p /kPa	比焓/(kJ/kg)		比熵/[kJ/(kg·K)]		比体积/(L/kg)	
		液体 h'	气体 h"	液体 s'	气体 s"	液体 v'	气体 v"
-85	2.56	94.12	345.37	0.5348	1.8702	0.64884	5899.997
-84	2.78	95.18	345.97	0.5416	1.8675	0.65022	5515.059
-83	3.03	96.36	346.58	0.5480	1.8639	0.65143	5097.447
-82	3.29	97.54	347.19	0.5543	1.8604	0.65262	4715.850
-81	3.57	98.71	347.80	0.5606	1.8569	0.65382	4366.959
-80	3.87	99.89	348.41	0.5668	1.8535	0.65501	4045.366
-79	4.19	101.04	349.02	0.5731	1.8503	0.65623	3759.812
-78	4.54	102.20	349.63	0.5792	1.8471	0.65744	3493.348
-77	4.91	103.36	350.24	0.5853	1.8439	0.65864	3248.319
-76	5.30	104.51	350.86	0.5914	1.8409	0.65986	3025.483
-75	5.72	105.68	351.48	0.5974	1.8379	0.66106	2816.477
-74	6.17	106.83	352.09	0.6034	1.8349	0.66227	2626.073
-73	6.65	107.99	352.71	0.6094	1.8320	0.66349	2450.663
-72	7.16	109.16	353.33	0.6153	1.8292	0.66471	2288.719
-71	7.70	110.33	353.95	0.6212	1.8264	0.66591	2137.182
-70	8.27	111.46	354.57	0.6272	1.8239	0.66719	2004.070
-69	8.88	112.64	355.19	0.6330	1.8211	0.66840	1873.702
-68	9.53	113.83	355.81	0.6388	1.8184	0.66960	1752.404
-67	10.22	115.00	356.44	0.6446	1.8158	0.67083	1641.775
-66	10.95	116.19	357.06	0.6504	1.8132	0.67205	1538.115
-65	11.72	117.38	357.68	0.6562	1.8107	0.67327	1442.296
-64	12.53	118.57	358.31	0.6619	1.8082	0.67450	1353.013
-63	13.40	119.76	358.93	0.6676	1.8057	0.67574	1270.244
-62	14.31	120.96	359.56	0.6733	1.8033	0.67697	1193.497
-61	15.27	122.16	360.19	0.6790	1.8010	0.67822	1122.071
-60	16.29	123.37	360.81	0.6847	1.7987	0.67947	1055.363
-59	17.36	124.57	361.44	0.6903	1.7964	0.68073	993.557
-58	18.49	125.78	362.07	0.6959	1.7942	0.68199	935.875
-57	19.68	126.99	362.70	0.7016	1.7920	0.68326	882.258
-56	20.93	128.20	363.32	0.7072	1.7900	0.68455	832.420
-55	22.24	129.42	363.95	0.7127	1.7878	0.68583	785.161
-54	23.63	130.64	364.58	0.7183	1.7858	0.68712	741.612
-53	25.08	131.86	365.21	0.7239	1.7838	0.68843	700.754
-52	26.61	133.08	365.84	0.7294	1.7819	0.68973	662.603
-51	28.21	134.31	366.47	0.7349	1.7800	0.69105	626.867
-50	29.90	135.54	367.10	0.7405	1.7782	0.69238	593.412
-49	31.66	136.77	367.73	0.7460	1.7763	0.69372	561.993
-48	33.51	137.99	368.36	0.7515	1.7747	0.69510	533.282
-47	35.44	139.24	368.99	0.7569	1.7728	0.69642	505.116
-46	37.47	140.47	369.62	0.7624	1.7713	0.69782	479.896
-45	39.58	141.72	370.25	0.7678	1.7695	0.69916	454.926
-44	41.80	142.96	370.88	0.7733	1.7679	0.70055	432.125
-43	44.11	144.21	371.51	0.7787	1.7663	0.70194	410.626
-42	46.53	145.46	372.14	0.7841	1.7647	0.70334	390.430
-41	49.05	146.71	372.77	0.7895	1.7632	0.70476	371.402

温度 t /℃	压力 p /kPa	比焓/(kJ/kg)		比熵/[kJ/(kg·K)]		比体积/(L/kg)	
		液体 h'	气体 h"	液体 s'	气体 s"	液体 v'	气体 v"
−40	51.69	147.96	373.40	0.7949	1.7618	0.70619	353.529
−39	54.44	149.22	374.03	0.8002	1.7603	0.70762	336.610
−38	57.30	150.48	374.66	0.8056	1.7589	0.70907	320.695
−37	60.28	151.74	375.29	0.8109	1.7575	0.71053	305.661
−36	63.39	153.00	375.91	0.8162	1.7562	0.71200	291.481
−35	66.63	154.26	376.54	0.8216	1.7549	0.71348	278.087
−34	69.99	155.53	377.17	0.8269	1.7536	0.71497	265.480
−33	73.50	156.78	377.80	0.8322	1.7526	0.71654	254.035
−32	77.14	158.07	378.42	0.8374	1.7512	0.71799	242.169
−31	80.92	159.35	379.05	0.8427	1.7500	0.71951	231.457
−30	84.85	160.62	379.67	0.8479	1.7488	0.72105	221.302
−29	88.94	161.90	380.30	0.8532	1.7477	0.72260	211.679
−28	93.17	163.18	380.92	0.8584	1.7466	0.72416	202.582
−27	97.57	164.47	381.55	0.8636	1.7455	0.72574	193.928
−26	102.13	165.75	382.17	0.8688	1.7444	0.72732	185.709
−25	106.86	167.04	382.79	0.8740	1.7434	0.72892	177.937
−24	111.76	168.32	383.42	0.8792	1.7425	0.73059	170.783
−23	116.84	169.61	384.04	0.8844	1.7416	0.73223	163.788
−22	122.10	170.92	384.65	0.8895	1.7405	0.73380	156.856
−21	127.54	172.20	385.28	0.8947	1.7397	0.73553	150.767
−20	133.18	173.52	385.89	0.8997	1.7387	0.73712	144.450
−19	139.01	174.82	386.51	0.9049	1.7378	0.73880	138.728
−18	145.03	176.11	387.13	0.9100	1.7371	0.74057	133.457
−17	151.27	177.43	387.74	0.9151	1.7361	0.74221	128.035
−16	157.71	178.74	388.35	0.9201	1.7353	0.74393	123.054
−15	164.36	180.04	388.97	0.9253	1.7346	0.74572	118.481
−14	171.23	181.35	389.58	0.9303	1.7338	0.74747	113.962
−13	178.33	182.67	390.19	0.9354	1.7331	0.74924	109.640
−12	185.65	183.99	390.80	0.9404	1.7323	0.75102	105.499
−11	193.20	185.31	391.40	0.9454	1.7316	0.75281	101.566
−10	201.00	186.63	392.01	0.9504	1.7309	0.75463	97.832
−9	209.03	187.96	392.62	0.9554	1.7302	0.75646	94.243
−8	217.32	189.29	393.22	0.9604	1.7295	0.75829	90.783
−7	225.85	190.62	393.82	0.9654	1.7289	0.76016	87.527
−6	234.65	191.95	394.42	0.9704	1.7283	0.76203	84.374
−5	243.71	193.29	395.01	0.9753	1.7276	0.76388	81.304
−4	253.04	194.62	395.61	0.9803	1.7270	0.76584	78.495
−3	262.64	195.96	396.21	0.9852	1.7265	0.76776	75.747
−2	272.52	197.31	396.80	0.9901	1.7258	0.76967	73.063
−1	282.68	198.65	397.40	0.9951	1.7254	0.77168	70.601
0	293.14	200.00	397.98	1.0000	1.7248	0.77365	68.164
1	303.89	201.35	398.57	1.0049	1.7243	0.77565	65.848
2	314.94	202.70	399.16	1.0098	1.7238	0.77769	63.645
3	326.30	204.06	399.73	1.0146	1.7232	0.77967	61.441
4	337.98	205.42	400.32	1.0196	1.7228	0.78176	59.429

续表

温度 t /℃	压力 p /kPa	比焓/(kJ/kg)		比熵/[kJ/(kg·K)]		比体积/(L/kg)	
		液体 h'	气体 h''	液体 s'	气体 s''	液体 v'	气体 v''
5	349.96	206.78	400.90	1.0244	1.7223	0.78384	57.470
6	362.28	208.14	401.48	1.0293	1.7219	0.78593	55.569
7	374.92	209.51	402.05	1.0341	1.7214	0.78805	53.767
8	387.90	210.88	402.62	1.0390	1.7210	0.79017	52.002
9	401.22	212.25	403.20	1.0438	1.7206	0.79235	50.339
10	414.88	213.63	403.76	1.0486	1.7201	0.79453	48.721
11	428.90	215.01	404.33	1.0534	1.7197	0.79673	47.176
12	443.27	216.39	404.89	1.0583	1.7193	0.79896	45.680
13	458.01	217.77	405.45	1.0631	1.7190	0.80120	44.249
14	473.12	219.16	406.01	1.0679	1.7186	0.80348	42.866
15	488.60	220.55	406.57	1.0727	1.7182	0.80577	41.532
16	504.47	221.94	407.12	1.0774	1.7179	0.80810	40.260
17	520.73	223.34	407.67	1.0822	1.7175	0.81044	39.016
18	537.38	224.74	408.21	1.0870	1.7171	0.81281	37.823
19	554.43	226.14	408.76	1.0917	1.7168	0.81520	36.682
20	571.88	227.55	409.30	1.0965	1.7165	0.81762	35.576
21	589.75	228.96	409.84	1.1012	1.7162	0.82007	34.503
22	608.04	230.37	410.37	1.1060	1.7158	0.82255	33.475
23	626.76	231.79	410.90	1.1107	1.7155	0.82506	32.486
24	645.90	233.20	411.43	1.1154	1.7152	0.82760	31.526
25	665.49	234.63	411.96	1.1202	1.7149	0.83017	30.603
26	685.52	236.05	412.47	1.1249	1.7146	0.83276	29.703
27	706.00	237.49	412.99	1.1296	1.7144	0.83539	28.847
28	726.93	238.92	413.51	1.1343	1.7141	0.83805	28.008
29	748.34	240.36	414.01	1.1390	1.7137	0.84073	27.195
30	770.21	241.80	414.52	1.1437	1.7135	0.84347	26.424
31	792.56	243.24	415.02	1.1484	1.7132	0.84622	25.663
32	815.39	244.69	415.52	1.1531	1.7129	0.84903	24.942
33	838.72	246.15	416.01	1.1578	1.7127	0.85186	24.235
34	862.54	247.61	416.50	1.1625	1.7124	0.85474	23.551
35	886.87	249.07	416.99	1.1672	1.7121	0.85768	22.899
36	911.71	250.53	417.45	1.1718	1.7117	0.86051	22.234
37	937.07	252.00	417.94	1.1765	1.7116	0.86359	21.634
38	962.95	253.48	418.41	1.1812	1.7113	0.86663	21.034
39	989.36	254.96	418.87	1.1859	1.7110	0.86971	20.451
40	1016.32	256.44	419.34	1.1906	1.7108	0.87284	19.893
41	1043.82	257.93	419.79	1.1952	1.7104	0.87601	19.343
42	1071.88	259.43	420.24	1.1999	1.7102	0.87922	18.812
43	1100.50	260.93	420.69	1.2046	1.7099	0.88254	18.308
44	1129.69	262.43	421.11	1.2092	1.7096	0.88579	17.799
45	1159.45	263.94	421.55	1.2139	1.7093	0.88919	17.320
46	1189.80	265.46	421.97	1.2186	1.7090	0.89261	16.849
47	1220.74	266.97	422.39	1.2232	1.7087	0.89604	16.390
48	1252.28	268.50	422.81	1.2279	1.7084	0.89965	15.956
49	1284.43	270.03	423.22	1.2326	1.7081	0.90325	15.529

温度 t /℃	压力 p /kPa	比焓/(kJ/kg)		比熵/[kJ/(kg·K)]		比体积/(L/kg)	
		液体 h'	气体 h''	液体 s'	气体 s''	液体 v'	气体 v''
50	1317.19	271.57	423.62	1.2373	1.7078	0.90694	15.112
51	1350.58	273.12	424.01	1.2420	1.7075	0.91067	14.711
52	1384.60	274.67	424.39	1.2466	1.7071	0.91448	14.315
53	1419.25	276.22	424.77	1.2513	1.7068	0.91834	13.931
54	1454.56	277.79	425.15	1.2560	1.7064	0.92231	13.566
55	1490.52	279.36	425.51	1.2607	1.7061	0.92634	13.203
56	1527.15	280.94	425.86	1.2654	1.7057	0.93045	12.852
57	1564.45	282.52	426.20	1.2701	1.7053	0.93464	12.509
58	1602.43	284.12	426.54	1.2748	1.7049	0.93893	12.177
59	1641.10	285.72	426.87	1.2795	1.7045	0.94330	11.854
60	1680.47	287.33	427.18	1.2842	1.7041	0.84775	11.538
61	1720.56	288.94	427.48	1.2890	1.7036	0.95232	11.227
62	1761.36	290.57	427.79	1.2937	1.7032	0.95702	10.932
63	1802.89	292.21	428.07	1.2985	1.7027	0.96181	10.640
64	1845.15	293.85	428.34	1.3033	1.7021	0.96672	10.354
65	1888.17	295.51	428.61	1.3080	1.7016	0.97175	10.080
66	1931.94	297.17	428.84	1.3128	1.7011	0.97692	9.805
67	1976.48	298.85	429.09	1.3176	1.7005	0.98222	9.545
68	2021.80	300.53	429.31	1.3225	1.6999	0.98766	9.286
69	2067.90	302.23	429.51	1.3273	1.6993	0.99326	9.033
70	2114.81	303.94	429.70	1.3321	1.6986	0.99902	8.788
71	2162.53	305.67	429.86	1.3370	1.6979	1.00496	8.546
72	2211.07	307.41	430.02	1.3419	1.6972	1.01110	8.311
73	2260.44	309.16	430.16	1.3469	1.6964	1.01741	8.082
74	2310.67	310.93	430.29	1.3518	1.6956	1.02396	7.858
75	2361.75	312.71	430.38	1.3568	1.6948	1.03073	7.638
76	2413.70	314.51	430.47	1.3618	1.6939	1.03774	7.424
77	2466.53	316.33	430.53	1.3668	1.6930	1.04500	7.213
78	2520.27	318.17	430.56	1.3719	1.6920	1.05259	7.006
79	2574.91	320.03	430.56	1.3771	1.6909	1.06047	6.802
80	2630.48	321.92	430.53	1.3822	1.6898	1.06869	6.601
81	2687.00	323.82	430.78	1.3874	1.6886	1.07728	6.407
82	2744.47	325.76	430.40	1.3927	1.6874	1.08628	6.214
83	2802.91	327.72	430.27	1.3981	1.6860	1.09574	6.024
84	2862.35	329.71	430.10	1.4035	1.6846	1.10570	5.836
85	2922.80	331.74	429.86	1.4089	1.6829	1.11621	5.647
86	2984.27	333.80	429.61	1.4145	1.6813	1.12736	5.464
87	3046.80	335.91	429.29	1.4202	1.6795	1.13923	5.283
88	3110.39	338.05	428.91	1.4259	1.6775	1.15172	5.103
89	3175.08	340.27	428.51	1.4318	1.6755	1.16552	4.929
90	3240.89	342.54	427.99	1.4379	1.6732	1.18024	4.751
91	3307.85	344.88	427.37	1.4441	1.6706	1.19624	4.572
92	3375.98	347.31	426.69	1.4505	1.6679	1.21380	4.397
93	3445.32	349.83	425.83	1.4572	1.6648	1.23325	4.215
94	3315.91	352.48	424.84	1.4642	1.6613	1.22507	4.033
95	3587.80	355.23	423.70	1.4714	1.6574	1.27926	3.851
96	3661.03	358.27	422.30	1.4794	1.6529	1.30887	3.661
97	3735.68	361.53	420.69	1.4880	1.6478	1.34352	3.469
98	3811.83	365.18	418.60	1.4975	1.6415	1.38682	3.261
99	3889.62	369.47	415.94	1.5088	1.6336	1.44484	3.037
100	3969.25	375.04	412.19	1.5234	1.6230	1.53410	2.779

附表3　R22饱和液体及饱和蒸气热力性质表

温度 t /℃	压力 p /kPa	比焓/(kJ/kg)		比熵/[kJ/(kg·K)]		比体积/(L/kg)	
		液体 h'	气体 h"	液体 s'	气体 s"	液体 v'	气体 v"
−60	37.48	134.763	379.114	0.73254	1.87886	0.68208	537.152
−55	49.47	139.830	381.529	0.75599	1.86389	0.68856	414.827
−50	64.39	144.959	383.921	0.77919	1.85000	0.69526	324.557
−45	82.71	150.153	386.282	0.80216	1.83708	0.70219	256.990
−40	104.95	155.414	388.609	0.82490	1.82504	0.70936	205.745
−35	131.68	160.742	390.896	0.84743	1.81380	0.71680	166.400
−30	163.48	166.140	393.138	0.86976	1.80329	0.72452	135.844
−28	177.76	168.318	394.021	0.87864	1.79927	0.72769	125.563
−26	192.99	170.507	394.896	0.88748	1.79535	0.73092	116.214
−24	209.22	172.708	395.762	0.89630	1.79152	0.73420	107.701
−22	226.48	174.919	396.619	0.90509	1.78779	0.73753	99.9362
−20	244.83	177.142	397.467	0.91386	1.78415	0.74091	92.8432
−18	264.29	179.376	398.305	0.92259	1.78059	0.74436	86.3546
−16	284.93	181.622	399.133	0.93129	1.77711	0.74786	80.4103
−14	306.78	183.878	399.951	0.93997	1.77371	0.75143	75.9572
−12	329.89	186.147	400.759	0.94862	1.77039	0.75506	69.9478
−10	354.30	188.426	401.555	0.95725	1.76713	0.75876	65.3399
−9	367.01	189.571	401.949	0.96155	1.76553	0.76063	63.1746
−8	380.06	190.718	402.341	0.06585	1.76394	0.76253	61.0958
−7	393.47	191.868	402.729	0.97014	1.76237	0.76444	59.0996
−6	407.23	193.021	403.114	0.97442	1.76082	0.76636	57.1820
−5	421.35	194.176	403.496	0.97870	1.75928	0.76831	55.3394
−4	435.84	195.335	403.876	0.98297	1.75775	0.77028	33.5682
−3	450.70	196.497	404.252	0.98724	1.75624	0.77226	51.8653
−2	465.94	197.662	404.626	0.99150	1.75475	0.77427	50.2274
−1	481.57	198.828	404.994	0.99575	1.75326	0.77629	48.6517
0	497.59	200.000	405.261	1.00000	1.75279	0.77804	47.1354
1	514.01	201.174	405.724	1.00424	1.75034	0.78041	45.6757
2	540.83	202.351	406.084	1.00848	1.74889	0.78249	44.2702
3	548.06	203.530	406.440	1.01271	1.74746	0.78460	42.9166
4	565.71	204.713	406.793	1.01694	1.74604	0.78673	41.6124
5	583.78	205.899	407.143	1.02116	1.74463	0.78889	40.3556
6	602.28	207.089	407.489	1.02537	1.74324	0.79107	39.1441
7	621.22	208.281	407.831	1.02958	1.74185	0.79327	37.9759
8	640.59	209.477	408.169	1.03379	1.74047	0.79549	36.8493
9	660.42	210.675	408.504	1.03799	1.73911	0.79775	35.7624
10	680.70	211.877	408.835	1.04218	1.73775	0.80002	34.7136
11	701.44	213.083	409.162	1.04637	1.73640	0.80232	33.7013
12	722.65	214.291	409.485	1.05056	1.73506	0.80465	32.7239
13	744.33	215.503	409.804	1.05474	1.73373	0.80701	31.7801
14	766.50	216.719	410.119	1.05892	1.73241	0.80939	30.8683
15	789.15	217.937	410.430	1.06309	1.73109	0.81180	29.9874
16	812.29	219.160	410.736	1.06726	1.72978	0.81424	29.1361
17	835.93	220.386	411.038	1.07142	1.72848	0.81671	28.3131
18	860.08	221.615	411.336	1.07559	1.72719	0.81922	27.5173
19	884.75	222.848	411.629	1.07974	1.72590	0.82175	26.7477
20	909.93	224.084	411.918	1.08390	1.72462	0.82431	26.0032
21	935.64	225.324	412.202	1.08805	1.72334	0.82691	25.2829

温度 t /℃	压力 p /kPa	比焓/(kJ/kg)		比熵/[kJ/(kg·K)]		比体积/(L/kg)	
		液体 h'	气体 h''	液体 s'	气体 s''	液体 v'	气体 v''
22	961.89	226.568	412.481	1.09220	1.72206	0.82954	24.5857
23	988.67	227.816	412.755	1.09634	1.72080	0.83221	23.9107
24	1016.0	229.068	413.025	1.10048	1.71953	0.83491	23.2572
25	1043.9	230.324	413.289	1.10462	1.71827	0.83765	22.6242
26	1072.3	231.583	413.548	1.10876	1.71701	0.84043	22.0111
27	1101.4	232.847	413.802	1.11299	1.71576	0.84324	21.4169
28	1130.9	234.115	414.050	1.11703	1.71450	0.84610	20.8411
29	1161.1	235.387	414.293	1.12116	1.71325	0.84899	20.2829
30	1191.9	236.664	414.530	1.12530	1.71200	0.85193	19.7417
31	1223.2	237.944	414.762	1.12943	1.71075	0.85491	19.2168
32	1255.2	239.230	414.987	1.13355	1.70950	0.85793	18.7076
33	1287.8	240.520	415.207	1.13768	1.70826	0.86101	18.2135
34	1321.0	241.814	415.420	1.14181	1.70701	0.86412	17.7341
35	1354.8	243.114	415.627	1.14594	1.70576	0.86729	17.2686
36	1389.0	244.418	415.828	1.15007	1.70450	0.87051	16.8168
37	1424.3	245.727	416.021	1.15420	1.70325	0.87378	16.3779
38	1460.1	247.041	416.208	1.15833	1.70199	0.87710	15.9517
39	1496.5	248.361	416.388	1.16246	1.70073	0.88048	15.5375
40	1533.5	249.686	416.561	1.16655	1.69946	0.88392	15.1351
41	1571.2	251.016	416.726	1.17073	1.69819	0.88741	14.7439
42	1609.6	252.352	416.883	1.17486	1.69692	0.89997	14.3636
43	1648.7	253.694	417.033	1.17900	1.69564	0.89459	13.9938
44	1688.5	255.042	417.174	1.18310	1.69435	0.89828	13.6341
45	1729.0	256.396	417.038	1.18730	1.69305	0.90203	13.2841
46	1770.2	257.756	417.432	1.19145	1.69174	0.90586	12.9436
47	1812.1	259.123	417.548	1.19560	1.69043	0.90976	12.6122
48	1854.8	260.497	417.655	1.19977	1.68911	0.91374	12.2895
49	1898.2	261.877	417.752	1.20393	1.68777	0.91779	11.9753
50	1942.3	263.264	417.838	1.20811	1.68643	0.92193	11.6693

附表 4　R600a 饱和液体及饱和蒸气热力性质表

项　目		比容/(m³/kg)		比焓/(kJ/kg)		比熵/[kJ/(kg·K)]	
温度/℃	压力/MPa	液体	气体	液体	气体	液体	气体
−60	0.009	0.00155	3.3033	70.89	476.75	0.469	2.373
−59	0.010	0.00155	3.1163	72.91	478.00	0.478	2.370
−58	0.010	0.00155	2.9418	74.93	479.25	0.488	2.367
−57	0.011	0.00156	2.7788	76.96	480.51	0.497	2.364
−56	0.012	0.00156	2.6265	78.99	481.76	0.506	2.361
−55	0.012	0.00156	2.4840	81.03	483.02	0.516	2.359
−54	0.013	0.00156	2.3507	83.07	484.29	0.525	2.356
−53	0.014	0.00157	2.2259	85.11	485.55	0.534	2.353
−52	0.015	0.00157	2.1089	87.16	486.82	0.544	2.351
−51	0.016	0.00157	1.9992	89.21	488.09	0.553	2.348

续表

项 目		比容/(m³/kg)		比焓/(kJ/kg)		比熵/[kJ/(kg·K)]	
温度/℃	压力/MPa	液体	气体	液体	气体	液体	气体
−50	0.017	0.00157	1.8963	91.27	489.36	0.562	2.346
−49	0.018	0.00158	1.7996	93.33	490.63	0.571	2.344
−48	0.019	0.00158	1.7089	95.39	491.91	0.580	2.342
−47	0.020	0.00158	1.6236	97.46	493.19	0.590	2.340
−46	0.021	0.00159	1.5433	99.54	494.47	0.599	2.337
−45	0.022	0.00159	1.4678	101.61	495.75	0.608	2.335
−44	0.023	0.00159	1.3967	103.69	497.03	0.617	2.334
−43	0.024	0.00159	1.3297	105.78	498.32	0.626	2.332
−42	0.026	0.00160	1.2666	107.87	499.61	0.635	2.330
−41	0.027	0.00160	1.2070	109.97	500.90	0.644	2.328
−40	0.028	0.00160	1.1508	112.06	502.19	0.653	2.326
−39	0.030	0.00160	1.0977	114.17	503.48	0.662	2.325
−38	0.032	0.00161	1.0476	116.28	504.78	0.671	2.323
−37	0.033	0.00161	1.0002	118.39	506.08	0.680	2.322
−36	0.035	0.00161	0.9554	120.51	507.38	0.689	2.320
−35	0.037	0.00161	0.9130	122.63	508.68	0.698	2.319
−34	0.038	0.00162	0.8728	124.76	509.98	0.707	2.318
−33	0.040	0.00162	0.8348	126.89	511.28	0.716	2.316
−32	0.042	0.00162	0.7988	129.02	512.59	0.725	2.315
−31	0.044	0.00163	0.7647	131.16	513.90	0.733	2.314
−30	0.046	0.00163	0.7323	133.31	515.21	0.742	2.313
−29	0.049	0.00163	0.7016	135.46	516.52	0.751	2.312
−28	0.051	0.00163	0.6724	137.61	517.83	0.760	2.311
−27	0.053	0.00164	0.6447	139.77	519.14	0.769	2.310
−26	0.056	0.00164	0.6183	141.94	520.46	0.777	2.309
−25	0.058	0.00164	0.5933	144.10	521.78	0.786	2.308
−24	0.061	0.00165	0.5695	146.28	523.09	0.795	2.307
−23	0.063	0.00165	0.5469	148.46	524.41	0.804	2.307
−22	0.066	0.00165	0.5253	150.64	525.73	0.812	2.306
−21	0.069	0.00165	0.5048	152.83	527.06	0.821	2.305
−20	0.072	0.00166	0.4852	155.02	528.38	0.830	2.304
−19	0.075	0.00166	0.4666	157.22	529.70	0.838	2.304
−18	0.078	0.00166	0.4488	159.43	531.03	0.847	2.303
−17	0.082	0.00167	0.4319	161.64	532.35	0.856	2.303
−16	0.085	0.00167	0.4157	163.85	533.68	0.864	2.302
−15	0.089	0.00167	0.4003	166.07	535.01	0.873	2.302
−14	0.092	0.00168	0.3856	168.29	536.34	0.881	2.302
−13	0.096	0.00168	0.3715	170.52	537.67	0.890	2.301
−12	0.100	0.00168	0.3581	172.76	539.00	0.898	2.301
−11	0.104	0.00169	0.3452	175.00	540.33	0.907	2.301
−10	0.108	0.00169	0.3329	177.24	541.67	0.915	2.300
−9	0.112	0.00169	0.3211	179.50	543.00	0.924	2.300
−8	0.117	0.00170	0.3099	181.75	544.33	0.932	2.300
−7	0.121	0.00170	0.2991	184.01	545.67	0.941	2.300
−6	0.126	0.00170	0.2888	186.28	547.01	0.949	2.300
−5	0.131	0.00171	0.2789	188.55	548.34	0.958	2.300
−4	0.136	0.00171	0.2694	190.83	549.68	0.966	2.300
−3	0.141	0.00171	0.2604	193.12	551.02	0.975	2.300
−2	0.146	0.00172	0.2517	195.40	552.36	0.983	2.300
−1	0.151	0.00172	0.2433	197.70	553.69	0.992	2.300
0	0.157	0.001723	0.23529	200.00	555.03	1.000	2.300
1	0.162	0.001726	0.22760	202.31	556.37	1.008	2.300
2	0.168	0.001730	0.22021	204.62	557.71	1.017	2.300
3	0.174	0.001733	0.21312	206.94	559.05	1.025	2.300
4	0.180	0.001737	0.20631	209.26	560.40	1.034	2.301

项　目		比容/(m³/kg)		比焓/(kJ/kg)		比熵/[kJ/(kg·K)]	
温度/℃	压力/MPa	液体	气体	液体	气体	液体	气体
5	0.186	0.001741	0.19976	211.59	561.74	1.042	2.301
6	0.193	0.001744	0.19346	213.92	563.08	1.050	2.301
7	0.199	0.001748	0.18741	216.26	564.42	1.059	2.301
8	0.206	0.001751	0.18159	218.61	565.76	1.067	2.302
9	0.213	0.001755	0.17599	220.96	567.10	1.075	2.302
10	0.220	0.001759	0.17059	223.32	568.44	1.084	2.302
11	0.228	0.001763	0.16540	225.69	569.79	1.092	2.303
12	0.235	0.001766	0.16041	228.06	571.13	1.100	2.303
13	0.243	0.001770	0.15559	230.43	572.47	1.108	2.304
14	0.251	0.001774	0.15095	232.82	573.81	1.117	2.304
15	0.259	0.001778	0.14648	235.21	575.15	1.125	2.305
16	0.267	0.001782	0.14218	237.60	576.49	1.133	2.305
17	0.275	0.001786	0.13802	240.00	577.83	1.141	2.306
18	0.284	0.001790	0.13401	242.41	579.17	1.150	2.306
19	0.293	0.001794	0.13015	244.82	580.51	1.158	2.307
20	0.302	0.001798	0.12642	247.25	581.85	1.166	2.307
21	0.311	0.001802	0.12281	249.67	583.19	1.174	2.308
22	0.321	0.001806	0.11934	252.10	584.53	1.182	2.309
23	0.330	0.001810	0.11598	254.54	585.86	1.191	2.309
24	0.340	0.001814	0.11274	256.99	587.20	1.199	2.310
25	0.350	0.001819	0.10960	259.44	588.53	1.207	2.311
26	0.361	0.001823	0.10657	261.90	589.87	1.215	2.311
27	0.371	0.00183	0.10365	264.37	591.20	1.223	2.312
28	0.382	0.00183	0.10082	266.84	592.54	1.231	2.313
29	0.393	0.00184	0.09808	269.32	593.87	1.240	2.314
30	0.405	0.00184	0.09543	271.80	595.20	1.248	2.315
31	0.416	0.00184	0.09287	274.29	596.53	1.256	2.315
32	0.428	0.00185	0.09039	276.79	597.86	1.264	2.316
33	0.440	0.00185	0.08799	279.30	599.18	1.272	2.317
34	0.452	0.00186	0.08567	281.81	600.51	1.280	2.318
35	0.465	0.00186	0.08342	284.33	601.83	1.288	2.319
36	0.477	0.00187	0.08124	286.86	603.15	1.296	2.320
37	0.490	0.00187	0.07912	289.39	604.47	1.305	2.321
38	0.504	0.00188	0.07708	291.93	605.79	1.313	2.321
39	0.517	0.00188	0.07509	294.48	607.11	1.321	2.322
40	0.531	0.00189	0.07317	297.03	608.43	1.329	2.323
41	0.545	0.00189	0.07131	299.59	609.74	1.337	2.324
42	0.559	0.00190	0.06950	302.16	611.05	1.345	2.325
43	0.574	0.00190	0.06775	304.74	612.36	1.353	2.326
44	0.589	0.00191	0.06604	307.32	613.66	1.361	2.327
45	0.604	0.00191	0.06439	309.91	614.97	1.369	2.328
46	0.620	0.00192	0.06279	312.51	616.27	1.377	2.329
47	0.635	0.00192	0.06123	315.12	617.57	1.385	2.330
48	0.652	0.00193	0.05972	317.73	618.86	1.393	2.331
49	0.668	0.00193	0.05826	320.35	620.16	1.401	2.332
50	0.685	0.00194	0.05683	322.98	621.45	1.410	2.333
51	0.702	0.00194	0.05544	325.61	622.73	1.418	2.334
52	0.719	0.00195	0.05410	328.26	624.02	1.426	2.335

项目		比容/(m³/kg)		比焓/(kJ/kg)		比熵/[kJ/(kg·K)]	
温度/℃	压力/MPa	液体	气体	液体	气体	液体	气体
53	0.736	0.00195	0.05279	330.91	625.30	1.434	2.336
54	0.754	0.00196	0.05152	333.57	626.58	1.442	2.337
55	0.773	0.00197	0.05028	336.23	627.85	1.450	2.338
56	0.791	0.00197	0.04908	338.91	629.12	1.458	2.339
57	0.810	0.00198	0.04791	341.59	630.38	1.466	2.340
58	0.829	0.00198	0.04677	344.28	631.64	1.474	2.342
59	0.849	0.00199	0.04567	346.98	632.90	1.482	2.343
60	0.869	0.00200	0.04459	349.69	634.15	1.490	2.344
61	0.889	0.00200	0.04354	352.41	635.40	1.498	2.345
62	0.909	0.00201	0.04252	355.13	636.65	1.506	2.346
63	0.930	0.00201	0.04153	357.86	637.88	1.514	2.347
64	0.952	0.00202	0.04056	360.61	639.12	1.522	2.348
65	0.973	0.00203	0.03961	363.36	640.35	1.530	2.349
66	0.995	0.00203	0.03869	366.12	641.57	1.538	2.350
67	1.018	0.00204	0.03780	368.89	642.79	1.546	2.351
68	1.040	0.00205	0.03693	371.66	644.00	1.554	2.352
69	1.063	0.00205	0.03608	374.45	645.20	1.562	2.353
70	1.087	0.00206	0.03525	377.25	646.40	1.570	2.354
71	1.111	0.00207	0.03444	380.06	647.59	1.578	2.355
72	1.135	0.00207	0.03365	382.87	648.78	1.586	2.356
73	1.159	0.00208	0.03288	385.70	649.95	1.594	2.357
74	1.184	0.00209	0.03213	388.53	651.12	1.602	2.359
75	1.210	0.00209	0.03140	391.38	652.29	1.610	2.360
76	1.236	0.00210	0.03068	394.24	653.44	1.618	2.361
77	1.262	0.00211	0.02998	397.10	654.59	1.626	2.362
78	1.288	0.00212	0.02930	399.98	655.72	1.634	2.363
79	1.315	0.00213	0.02864	402.87	656.85	1.642	2.364
80	1.343	0.00213	0.02799	405.77	657.97	1.650	2.365
81	1.371	0.00214	0.02735	408.68	659.08	1.658	2.365
82	1.399	0.00215	0.02673	411.61	660.18	1.667	2.366
83	1.428	0.00216	0.02612	414.54	661.27	1.675	2.367
84	1.457	0.00217	0.02553	417.49	662.35	1.683	2.368
85	1.486	0.00217	0.02495	420.45	663.41	1.691	2.369
86	1.516	0.00218	0.02438	423.43	664.47	1.699	2.370
87	1.547	0.00219	0.02383	426.41	665.51	1.707	2.371
88	1.578	0.00220	0.02329	429.41	666.54	1.715	2.372
89	1.609	0.00221	0.02276	432.43	667.55	1.723	2.373
90	1.641	0.00222	0.02224	435.46	668.56	1.731	2.373
91	1.673	0.00223	0.02173	438.50	669.54	1.740	2.374
92	1.706	0.00224	0.02123	441.56	670.52	1.748	2.375
93	1.739	0.00225	0.02075	444.64	671.47	1.756	2.376
94	1.773	0.00226	0.02027	447.73	672.41	1.764	2.376
95	1.807	0.00227	0.01980	450.84	673.33	1.772	2.377
96	1.842	0.00228	0.01934	453.96	674.24	1.781	2.377
97	1.877	0.00229	0.01890	457.11	675.12	1.789	2.378
98	1.913	0.00230	0.01846	460.27	675.99	1.797	2.379
99	1.949	0.00231	0.01802	463.46	676.83	1.806	2.379
100	1.986	0.00233	0.01760	466.66	677.66	1.814	2.380

附表 5　R407c 饱和液体及饱和蒸气热力性质表

绝对压力 p/MPa	温度 t/℃		比容 v/(m³/kg)	比焓 h/(kJ/kg)		比熵 s/[kJ/(kg·K)]	
	泡点	露点	气体	液体	气体	液体	气体
0.01000	−82.82	−74.96	1.89611	91.52	365.89	0.5302	1.9437
0.02000	−72.81	−65.15	0.98986	104.03	371.89	0.5942	1.9071
0.04000	−61.51	−54.07	0.51699	118.30	378.64	0.6635	1.8730
0.06000	−54.18	−46.89	0.35346	127.63	382.97	0.7068	1.8543
0.08000	−48.61	−41.44	0.26976	134.78	386.21	0.7389	1.8416
0.10000	−44.06	−36.98	0.21867	140.65	388.83	0.7648	1.8321
0.10132	−43.79	−36.71	0.21597	141.01	388.99	0.7663	1.8315
0.12000	−40.19	−33.19	0.18413	145.69	391.04	0.7865	1.8245
0.14000	−36.80	−29.87	0.15918	150.12	392.95	0.8053	1.8183
0.16000	−33.77	−26.90	0.14027	154.10	394.64	0.8220	1.8130
0.18000	−31.02	−24.21	0.12544	157.73	396.15	0.8370	1.8084
0.20000	−28.50	−21.74	0.11348	161.07	397.52	0.8507	1.8043
0.22000	−26.17	−19.46	0.10363	164.17	398.78	0.8632	1.8007
0.24000	−24.00	−17.34	0.09537	167.07	399.94	0.8748	1.7974
0.26000	−21.96	−15.35	0.08834	169.80	401.01	0.8857	1.7945
0.28000	−20.05	−13.47	0.08228	172.38	402.01	0.8959	1.7918
0.30000	−18.23	−11.70	0.07700	174.83	402.95	0.9055	1.7893
0.32000	−16.51	−10.01	0.07236	177.17	403.83	0.9145	1.7869
0.34000	−14.86	−8.41	0.06824	179.41	404.67	0.9232	1.7848
0.36000	−13.29	−6.87	0.06457	181.55	405.45	0.9314	1.7827
0.38000	−11.79	−5.40	0.06127	183.61	406.20	0.9392	1.7808
0.40000	−10.34	−3.99	0.05829	185.60	406.91	0.9468	1.7790
0.42000	−8.95	−2.63	0.05559	187.52	407.59	0.9540	1.7773
0.44000	−7.61	−1.32	0.05312	189.37	408.24	0.9609	1.7757
0.46000	−6.31	−0.05	0.05086	191.17	408.85	0.9676	1.7741
0.48000	−5.06	1.17	0.04878	192.91	409.44	0.9741	1.7726
0.50000	−3.84	2.36	0.04687	194.61	410.01	0.9803	1.7712
0.55000	−0.96	5.17	0.04266	198.65	411.33	0.9951	1.7679
0.60000	1.73	7.79	0.03913	202.45	412.54	1.0088	1.7649
0.65000	4.26	10.25	0.03613	206.04	413.64	1.0217	1.7622
0.70000	6.65	12.58	0.03355	209.45	414.64	1.0338	1.7596
0.75000	8.91	14.78	0.03129	212.71	415.57	1.0452	1.7572
0.80000	11.06	16.87	0.02931	215.82	416.43	1.0561	1.7549
0.85000	13.11	18.86	0.02755	218.81	417.23	1.0664	1.7528
0.90000	15.07	20.77	0.02598	221.69	417.97	1.0763	1.7507

绝对压力 p/MPa	温度 t/℃		比容 v/(m³/kg)	比焓 h/(kJ/kg)		比熵 s/[kJ/(kg·K)]	
	泡点	露点	气体	液体	气体	液体	气体
0.95000	16.95	22.59	0.02457	224.47	418.65	1.0857	1.7488
1.00000	18.76	24.35	0.02330	227.15	419.29	1.0948	1.7469
1.10000	22.19	27.67	0.02109	232.28	420.44	1.1120	1.7433
1.20000	25.39	30.77	0.01923	237.13	421.44	1.1281	1.7400
1.30000	28.40	33.68	0.01765	241.74	422.30	1.1431	1.7367
1.40000	31.24	36.42	0.01629	246.15	423.04	1.1574	1.7337
1.50000	33.94	39.02	0.01510	250.38	423.68	1.1709	1.7307
1.60000	36.50	41.49	0.01405	254.44	424.21	1.1838	1.7277
1.70000	38.95	43.84	0.01312	258.38	424.66	1.1961	1.7248
1.80000	41.29	46.09	0.01229	262.18	425.02	1.2080	1.7220
1.90000	43.54	48.25	0.01154	265.88	425.31	1.2194	1.7191
2.00000	45.70	50.31	0.01087	269.48	425.51	1.2304	1.7163
2.10000	47.79	52.30	0.01025	273.00	425.65	1.2411	1.7135
2.20000	49.80	54.22	0.00969	276.43	425.71	1.2515	1.7106
2.30000	51.74	56.07	0.00917	279.80	425.70	1.2616	1.7077
2.40000	53.63	57.86	0.00869	283.10	425.63	1.2714	1.7048
2.50000	55.45	59.58	0.00825	286.35	425.48	1.2810	1.7018
2.60000	57.22	61.26	0.00784	289.55	425.27	1.2904	1.6988
2.70000	58.94	62.88	0.00746	292.71	425.00	1.2996	1.6957
2.80000	60.62	64.45	0.00710	295.83	424.65	1.3087	1.6925
2.90000	62.25	65.98	0.00676	298.92	424.23	1.3176	1.6892
3.00000	63.84	67.47	0.00644	301.99	423.74	1.3264	1.6858
3.20000	66.90	70.32	0.00586	308.08	422.52	1.3438	1.6786
3.40000	69.83	73.02	0.00533	314.14	420.96	1.3609	1.6709
3.60000	72.63	75.57	0.00484	320.25	419.00	1.3779	1.6623
3.80000	75.31	78.00	0.00439	326.49	416.54	1.3952	1.6526
4.00000	77.90	80.30	0.00396	332.98	413.42	1.4130	1.6414
4.20000	80.40	82.46	0.00354	339.95	409.31	1.4321	1.6277
4.63500	86.1	86.1	0.00198	375.0	375.0	1.528	1.528

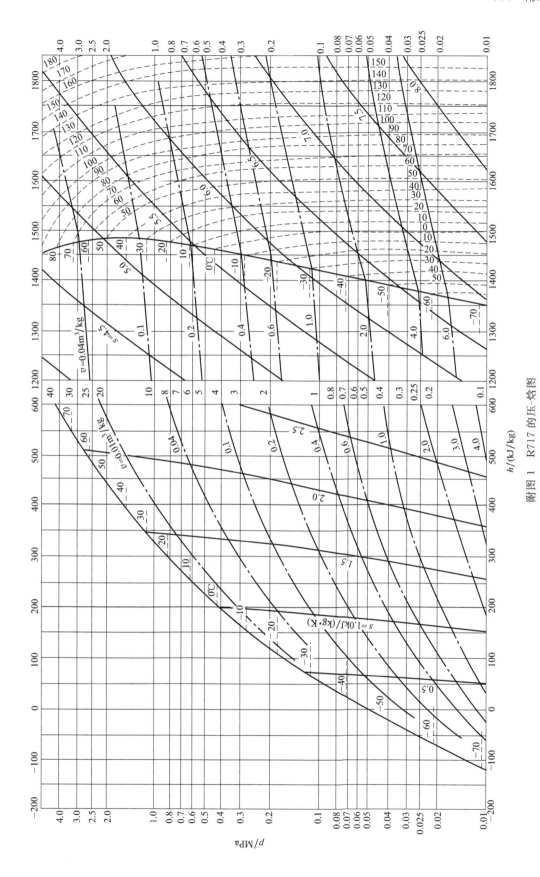

附图 1 R717 的压-焓图

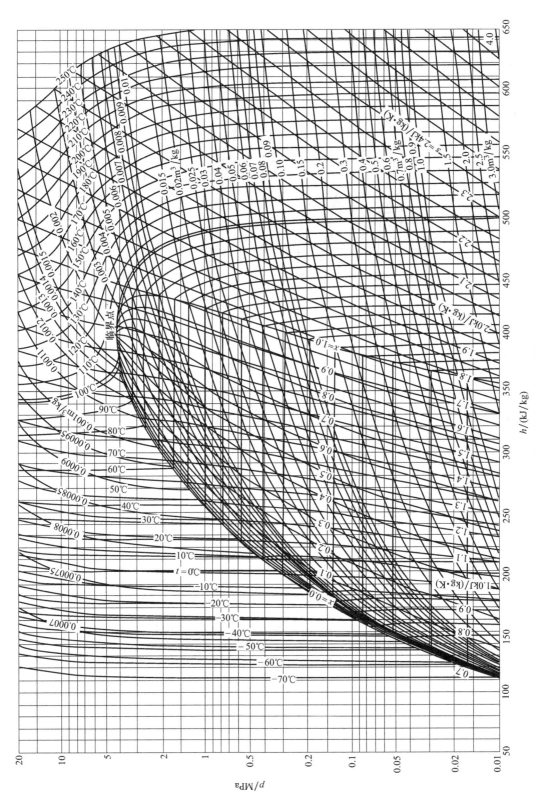

附图 2　R134a 的压-焓图

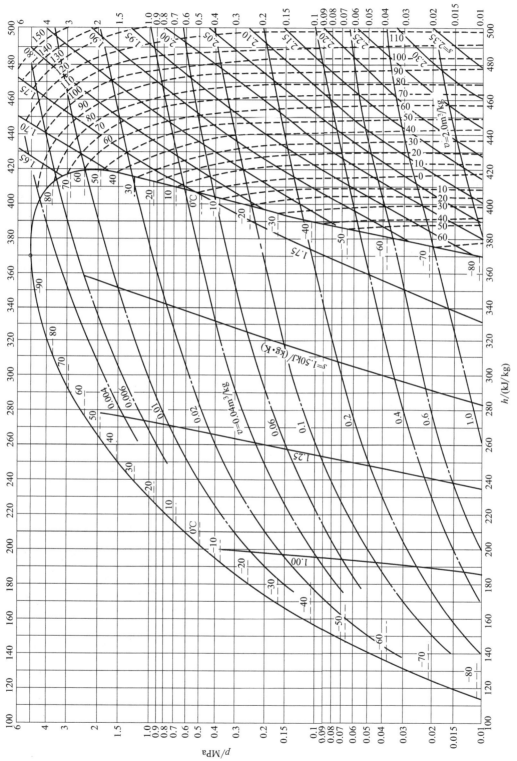

附图 3 R22 的压-焓图

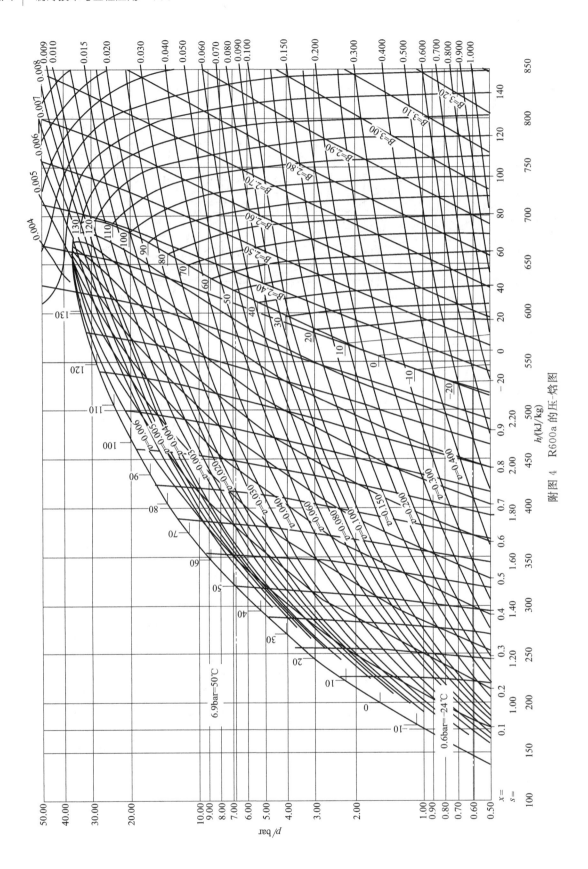

附图 4　R600a 的压-焓图

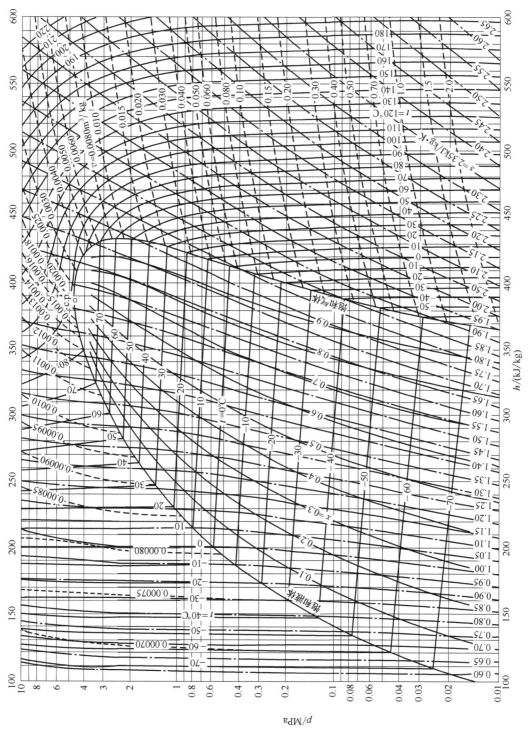

附图 5 制冷剂 R407c 压-焓图

参 考 文 献

[1] 石文星. 空气调节用制冷技术 [M]. 北京：中国建筑工业出版社，2016.

[2] 崔红. 空调用制冷技术 [M]. 北京：北京理工大学出版社，2017.

[3] 狄春红. 制冷技术 [M]. 成都：西南交通大学出版社，2016.

[4] 金文. 制冷技术 [M]. 北京：机械工业出版社，2012.

[5] 雷霞. 制冷原理 [M]. 北京：机械工业出版社，2003.

[6] 陆耀庆. 实用供热空调设计手册 [M]. 北京：中国建筑工业出版社，2002.

[7] 李建华. 冷库设计 [M]. 北京：机械工业出版社，2003.

[8] 李建华. 制冷工艺设计 [M]. 北京：机械工业出版社，2008.

[9] 黄翔. 空调工程 [M]. 北京：机械工业出版社，2006.

[10] 刘泽华. 空调冷热源工程 [M]. 北京：机械工业出版社，2005.

[11] 王军. 冷热源工程课程设计 [M]. 北京：机械工业出版社，2012.

[12] 陆亚俊. 建筑冷热源 [M]. 北京：中国建筑工业出版社，2015.

[13] 尤恩深. 空调冷热源工程 [M]. 重庆：重庆大学出版社，2013.

[14] 金文. 制冷装置 [M]. 北京：化学工业出版社，2007.

[15] 李晓燕. 制冷空调节能技术 [M]. 北京：中国建筑工业出版社，2004.

[16] 田国庆. 食品冷加工工艺 [M]. 北京：机械工业出版社，2008.

[17] 何耀东. 中央空调 [M]. 北京：冶金工业出版社，2002.

[18] 汪善国. 空调与制冷技术手册 [M]. 北京：机械工业出版社，2006.

[19] 徐勇. 通风与空气调节工程 [M]. 北京：机械工业出版社，2007.

[20] 尉迟斌. 实用制冷与空调工程手册 [M]. 北京：机械工业出版社，2001.

[21] 张敏. 冷库建筑 [M]. 北京：中国轻工业出版社，2006.

[22] 易新. 现代空调用制冷技术 [M]. 北京：机械工业出版社，2003.

[23] 蒋秀欣. 空调器维修完全图解 [M]. 北京：化学工业出版社，2013.

[24] 何耀东. 暖通空调制图与设计施工规范应用手册 [M]. 北京：中国建筑工业出版社，1999.

[25] 民用建筑供暖通风与空气调节设计规范（GB 50736—2012）[M]. 北京：中国建筑工业出版社，2012.

[26] 公共建筑节能设计标准（GB 50189—2015）[S]. 北京：中国建筑工业出版社，2015.

[27] 空调用电制冷机房设计与施工（国家建筑标准图集07R202）[S]. 北京：中国计划出版社，2007.

[28] 建筑空调循环冷却水系统设计与安装（国家建筑标准图集07K203）[S]. 北京：中国计划出版社，2008.

[29] 分（集）水器 分汽缸（国家建筑标准图集05K232）[S]. 北京：中国建筑标准设计研究院，2007.

[30] 采暖空调循环水系统定压（国家建筑标准图集05K201）[S]. 北京：中国建筑标准设计研究院，2005.

[31] 暖通空调制图标准（GB/T 50114—2010）[S]. 北京：中国建筑工业出版社，2010.

[32] 江克林. 暖通空调设计指南与工程实例 [M]. 北京：中国电力出版社，2015.

[33] 顾洁. 暖通空调设计与计算方法 [M]. 北京：化学工业出版社，2013.

[34] 马最良. 民用建筑空调设计. 第3版 [M]. 北京：化学工业出版社，2015.

[35] 杨延萍. 建筑环境与能源应用工程专业（空调方向）毕业设计指导书 [M]. 武汉：华中科技大学出版
社，2017.

[36] 陈超. 课程设计·毕业设计指南 [M]. 北京：中国建筑工业出版社，2013.

[37] 戴永庆. 溴化锂吸收式制冷空调技术实用手册 [M]. 北京：机械工业出版社，1999.

[38] 方贵银. 蓄能空调技术 [M]. 北京：机械工业出版社，2006.

[39] 王旭升. 地下水源热泵的特点以及地下工程问题 [J]. 热泵资讯，2010，9.

[40] 曾飞雄. 外融冰和水蓄冷相结合的蓄冷技术，暖通空调，2010，(10) 89-93.

[41] 赵庆珠. 蓄冷技术与系统设计 [M]. 北京：中国建筑工业出版社，2012.

[42] 马最良. 暖通空调热泵技术 [M]. 北京：中国建筑工业出版社，2008.

[43] 蒋能照. 水源·地源·水环热泵空调技术及应用 [M]. 北京：机械工业出版社，2007.

[44] 徐伟. 地源热泵工程技术指南 [M]. 北京：中国建筑工业出版社，2001.

［45］ 马最良. 水环热泵空调系统设计［M］. 北京：化学工业出版社，2004.

［46］ 李清英. 冰球式蓄冷空调系统热传递过程的数值模拟与研究［D］. 硕士学位论文，2008.

［47］ 张宝刚. 两种立式封装板蓄冷装置实验与模拟［J］. 沈阳工业大学学报，2010，32（6）：709-713.

［48］ 赵法锁. 工程地质学［M］. 北京：地质出版社，2009.

［49］ 谷雅秀. 地源热泵土壤-水-汽耦合传热传质性能和机理研究［D］. 博士后出站论文，2016.